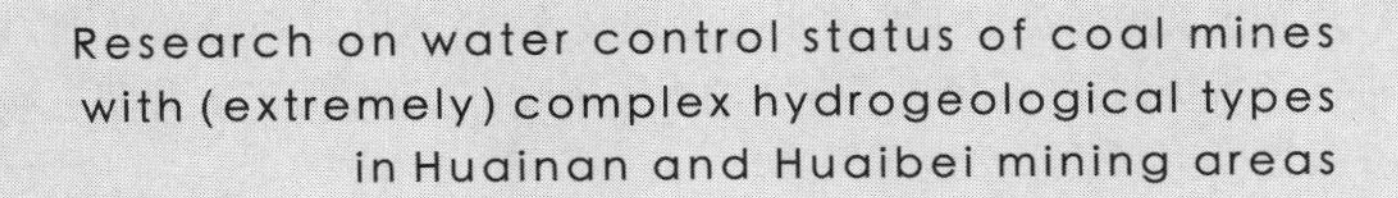
Research on water control status of coal mines
with (extremely) complex hydrogeological types
in Huainan and Huaibei mining areas

两淮(极)复杂水文地质类型煤矿防治水现状研究

鲁海峰　孙尚云　姚多喜　编著

中国科学技术大学出版社

内 容 简 介

本书主要以《煤矿安全规程》《煤矿地质工作规定》以及《煤矿防治水细则》为依据，全面分析了安徽省两淮(极)复杂水文地质类型煤矿的水文工程地质条件，系统总结了(极)复杂水文地质类型矿井的水害治理技术、措施以及经验和教训，并对水害防治工作进行了系统的研究；辨识了存在的水害风险，全面评估了矿井防灾减灾能力，可为安全开采提供可靠的水文地质保障。

本书内容丰富、资料翔实，反映了两淮煤矿水害治理的整体技术水平，适合煤矿防治水工程技术人员和管理人员使用，也可供高校地质工程、地下水科学与工程以及采矿工程等专业的师生参考。

图书在版编目(CIP)数据

两淮(极)复杂水文地质类型煤矿防治水现状研究/鲁海峰，孙尚云，姚多喜编著.—合肥：中国科学技术大学出版社，2021.6

ISBN 978-7-312-05037-4

Ⅰ.两… Ⅱ.①鲁… ②孙… ③姚… Ⅲ.水文地质条件—影响—矿山水灾—防治—研究—中国 Ⅳ.TD745

中国版本图书馆 CIP 数据核字(2020)第 179908 号

两淮(极)复杂水文地质类型煤矿防治水现状研究

LIANG HUAI (JI) FUZA SHUIWEN DIZHI LEIXING MEIKUANG FANGZHI SHUI XIANZHUANG YANJIU

出版 中国科学技术大学出版社
安徽省合肥市金寨路 96 号，230026
http://press.ustc.edu.cn
http://zgkxjsdxcbs.tmall.com

印刷 安徽国文彩印有限公司

发行 中国科学技术大学出版社

经销 全国新华书店

开本 710 mm×1000 mm 1/16

印张 18.5

字数 389 千

版次 2021 年 6 月第 1 版

印次 2021 年 6 月第 1 次印刷

定价 90.00 元

前　言

安徽省的煤炭开采主要集中在皖北的两淮煤田。两淮煤田水文地质条件复杂，煤炭开采受松散层孔隙水、煤系砂岩裂隙水、碳酸盐岩岩溶裂隙水、老空(窑)水等多种水源的严重威胁，水害防治是安徽省煤矿安全管理的重中之重。近年来，随着开采深度的增加和强度的不断加大，两淮煤矿水害事故时有发生，甚至发生了突水淹井、采掘工作面被迫停产及人员伤亡等事故。如 2013 年 2 月 3 日，淮北煤田桃园矿 1035 工作面切眼隐伏陷落柱突水，29 000 m^3/h 的突水量使得这个大型现代化矿井在数小时内被淹没；2015 年 1 月 30 日，淮北煤田朱仙庄煤矿发生顶板侏罗系五含突水事故，造成 7 人死亡、7 人受伤；2017 年 5 月 25 日，淮南煤田潘二煤矿深部开采 12123 工作面发生底板突水事故，矿井被淹。水害事故造成了巨大的经济损失、人员伤亡和严重的社会影响。

目前两淮煤田共有 17 处矿井的水文地质类型为复杂或极复杂，随着开采深度的逐渐加大，水害隐患越来越严重，水害治理难度也越来越大，安全形势不容乐观。查明煤矿水文地质条件，认清矿井防治水现状和存在的问题，针对不同水害类型采取有效的防治措施，对遏制煤矿水害事故的发生具有重要意义。开展复杂、极复杂水文地质类型煤矿防治水现状评价，有利于进一步认识矿井水文地质条件，辨识存在的水害风险，以全面评估矿井防灾减灾能力，补齐短板，切实保障矿井生产安全，也可更好地科学指导今后的煤矿水害防治工作。为此，安徽省能源局特委托安徽理工大学承担全省复杂、极复杂水文地质类型煤矿水害防治研究工作。本书也正是基于此项工作编写而成的。

本书主要以《煤矿安全规程》《煤矿地质工作规定》以及《煤矿防治水细则》为依据，结合安徽省能源局下发的有关水害防治专业技术文件，广泛搜集各复杂、极复杂水文地质类型煤矿的划分报告、2020 年各矿防治水“一矿一策、一面一策”等资料，全面分析了安徽省两淮复杂、极复杂水文地质类型煤矿的水文工程地质条件，系统总结了复杂、极复杂水文地质类型煤矿的水害治理技术、措施以及经验和教训，并对水害防治工作进行了系统研究，辨识了存在的水害风险，全面评估了矿井防灾减灾能力，可为安全开采提供可靠的水文地质保障。

全书编写分工如下：前言和第1章由安徽理工大学姚多喜编写，第4章1～3节由安徽省能源局孙尚云编写，第2章、第3章1～3节由安徽理工大学张元编写，其余由安徽理工大学鲁海峰编写，姚多喜和鲁海峰对全书进行了统稿。值得指出的是，本书的成稿绝非一二人之功，而是安徽省煤矿防治水领域广大科技人员集体智慧的结晶。安徽省能源局方恒林、王军、鹿百东、刘宇宏，淮河能源煤业公司赵伟、汪敏华、刘满才、贺世芳，淮北矿业集团公司倪建明、庞迎春、胡杰、张治、把其欢，皖北煤电集团公司段中稳、汪玉泉、胡荣杰、解建，中煤新集股份公司傅先杰、廉法宪，安徽省煤田地质局章云根、张文永、陈善成、孙林以及中勘资源勘探科技股份有限公司年宾等为本书的编写提供了宝贵的资料并提出了修改意见，在此致以诚挚的谢意。此外，安徽理工大学自然科学处张平松、地球与环境学院盛鹏飞、刘启蒙、吴荣新、吴基文、许光泉等领导、老师为本书的编写与出版提供了大量的帮助，在此表示感谢。安徽理工大学地质工程硕士研究生张桂芳、张曼曼、李超、孟祥帅、张苗、车晓兵、王秉文等在图表制作以及数据整理上做了大量的工作，在此一并致谢。

本书的出版得到了国家自然科学基金“随机溶孔-裂隙网络地质建模及其渗透特性研究”(41977253)、安徽省发改委项目“全省水文地质类型复杂、极复杂煤矿防治水现状评价”(2019FACN3731)的资助，还得到了安徽省高等学校自然科学研究重大项目(KJ2019ZD11)的资助，在此谨表衷心感谢！

由于时间仓促，加之作者水平有限，书中可能还存在不少问题，敬请读者不吝指教。

作　者

2021年3月

目　　录

前言 …………………………………………………………………………（ⅰ）
第1章　概况 ……………………………………………………………………（1）
　1.1　研究意义 …………………………………………………………………（1）
　1.2　复杂、极复杂水文地质类型煤矿分布 ………………………………………（2）
　1.3　两淮矿区矿井生产建设情况 ………………………………………………（4）
　1.4　矿井储量及服务年限 ………………………………………………………（6）
第2章　矿井地质及水文地质 ……………………………………………………（10）
　2.1　地层 ………………………………………………………………………（10）
　2.2　煤层 ………………………………………………………………………（14）
　2.3　构造 ………………………………………………………………………（17）
　2.4　主要含(隔)水层(组) ……………………………………………………（21）
　2.5　水文地质单元划分 ………………………………………………………（41）
第3章　矿井充水因素及水害类型 ………………………………………………（56）
　3.1　充水水源 …………………………………………………………………（56）
　3.2　充水通道 …………………………………………………………………（63）
　3.3　矿井涌(突)水分析 ………………………………………………………（66）
　3.4　充水强度 …………………………………………………………………（74）
　3.5　主要水害类型 ……………………………………………………………（78）
　3.6　水文地质类型划分结果 …………………………………………………（79）
第4章　水害治理措施 ……………………………………………………………（80）
　4.1　水害防治保障体系 ………………………………………………………（80）
　4.2　近三年主要水害治理技术 ………………………………………………（113）
　4.3　典型问题及相关技术措施 ………………………………………………（146）
　4.4　2020～2022年采煤工作面接替情况 ……………………………………（149）
　4.5　2020～2022年掘进工作面接替 …………………………………………（150）
　4.6　2020～2022年采场主要水害分析 ………………………………………（152）
　4.7　2020～2022年水害防治工程及装备计划 ………………………………（155）

第5章 水害防治工作评价 ……………………………………………… (182)
5.1 水文地质条件探查评价 …………………………………………… (182)
5.2 水文地质类型划分合理性总结评价 ………………………………… (186)
5.3 水害防治保障体系评价 …………………………………………… (190)
5.4 防治水措施总结评价 ……………………………………………… (194)
5.5 下一步水害治理科研课题及攻关建议 ……………………………… (196)
5.6 总体评价结论和建议 ……………………………………………… (199)
附录1 两淮矿区(极)复杂水文地质类型煤矿疑似陷落柱及物探异常体 …… (202)
附录2 两淮矿区(极)复杂水文地质类型煤矿突水点 ……………………… (219)
附录3 2020～2022年淮北矿区各煤矿水文地质类型划分标准 ……………… (230)
附录4 2020～2022年淮南矿区各煤矿水文地质类型划分标准 ……………… (246)
附录5 2020～2022年淮南矿区(极)复杂水文地质类型煤矿采煤工作面接替表 ……………………………………………………………… (264)
附录6 2020～2022年淮北矿区(极)复杂水文地质类型煤矿采煤工作面接替表 ……………………………………………………………… (278)
参考文献 ……………………………………………………………………… (286)

第1章　概　　况

1.1　研究意义

近年来，安徽省煤炭工业有了较快的发展，安全形势基本稳定，但零星事故时有发生。特别是矿井水害防治问题，是影响与制约安徽省煤矿安全生产的主要障碍之一。加强煤矿防治水工作，查明煤矿水文地质条件，认清矿井防治水现状和存在的问题，针对不同水害类型采取有效的防治措施，对遏制安徽省煤矿水害事故发生具有重要意义。故开展复杂、极复杂水文地质类型煤矿防治水现状评价，有利于进一步认识矿井水文地质条件、辨识存在的水害风险、全面评估矿井防灾减灾能力、补齐短板、切实保障矿井生产安全，对有效遏制重特大水害事故、保障矿工生命安全、减少和避免损失具有重要意义。

本书的编写依据如下：

1. 规程、规范

①《煤矿安全规程》(国家安全监管总局令第87号，2016年2月25日发布)；

②《煤矿地质工作规定》(安监总煤调〔2013〕135号)；

③《煤矿防治水细则》(煤安监调查〔2018〕14号)；

④《安徽省煤矿防治水和水资源化利用管理办法》(皖经信煤炭〔2017〕218号)。

⑤ 本书所称"某矿"皆特指"某煤矿"。

2. 资料

①《朱庄煤矿水文地质类型划分报告》(淮北矿业股份有限公司，2019年8月)；

②《朱仙庄煤矿水文地质类型划分报告》(淮北矿业股份有限公司，2018年9月)；

③《桃园煤矿水文地质类型划分报告》(淮北矿业股份有限公司，2019年10月)；

④《祁南煤矿水文地质类型划分报告》(淮北矿业股份有限公司，2019年10月)；

⑤《恒源公司煤矿水文地质类型划分报告》(安徽理工大学高科技中心，2019年11月)；

⑥《祁东煤矿水文地质类型划分报告》(安徽理工大学高科技中心，2019年11月)；

⑦《任楼煤矿水文地质类型划分报告》(安徽理工大学高科技中心,2019年11月);

⑧《界沟煤矿水文地质类型划分报告》(河南省煤田地质局三队,2019年2月);

⑨《潘二煤矿水文地质类型划分报告》(华安奥特(北京)科技股份有限公司,2017年9月);

⑩《谢桥煤矿水文地质类型划分报告》(山东省煤田地质局物探测量队,2019年11月);

⑪《张集煤矿水文地质类型划分报告》(安徽理工大学,2019年11月);

⑫《潘四东煤矿水文地质类型划分报告》(安徽省煤田地质局第二勘探队,2019年10月);

⑬《顾北煤矿水文地质类型划分报告》(安徽省煤田地质局勘查研究院,2019年10月);

⑭《新集二煤矿水文地质类型划分报告》(国投新集安徽设计研究院有限公司,2016年11月);

⑮《刘庄煤矿水文地质类型划分报告》(国投新集安徽设计研究院有限公司,2016年12月);

⑯《口孜东煤矿水文地质类型划分报告》(国投新集安徽设计研究院有限公司,2018年1月);

⑰《板集煤矿水文地质类型划分报告》(安徽省煤田地质局第一勘探队,2018年9月);

⑱《淮南煤田水文地质分区》(安徽省煤田地质局勘查研究院,2014年);

⑲《淮北煤田水文地质分区》(安徽省煤田地质局第三勘探队,2014年);

⑳ 2020年各矿防治水"一矿一策、一面一策"、防治水评价报告等。

1.2　复杂、极复杂水文地质类型煤矿分布

两淮煤田位于华北石炭二叠纪巨型聚煤坳陷的东南隅、秦岭东西向构造带的北缘。地理位置在安徽省北部,地跨淮南、阜阳、亳州、宿州、淮北五市的凤台、颍上、利辛、蒙城、涡阳、濉溪、怀远、埇桥等县(区)。其中,淮南煤田东部自淮南东部九龙岗地区,西部延展到阜阳附近,煤田在平面呈北西西向长椭圆状,长约118 km,宽15～35 km,地域面积约3 240 km^2;淮北煤田东起京沪铁路和符离集—四铺—任桥一线,西止豫皖省界;南自板桥断层,北至陇海铁路和苏皖省界。东西长40～150 km,南北宽110 km左右,面积约12 350 km^2,实际含煤面积约1 047.1 km^2。两淮煤田境内分淮北和淮南两大矿区,其中淮北矿区主要有淮北矿业集团有限公司和皖北

煤电集团公司两大国有煤炭企业;淮南矿区主要有淮河能源煤业公司和中煤新集能源股份有限公司两大国有煤炭企业。

煤田内的西淝河、新汴河、涡河、浍河、濉河等河流可常年或季节性通行民船,各水运通道同大运河、淮河、长江相连,良好的交通条件为煤炭资源的运输提供了方便的条件。

区内复杂、极复杂水文地质类型煤矿共17个,其中淮北矿区有朱庄煤矿、朱仙庄煤矿、桃园煤矿、祁南煤矿、恒源煤矿、祁东煤矿、任楼煤矿、界沟煤矿等8处煤矿,除祁南煤矿、祁东煤矿、界沟煤矿3个煤矿水文地质类型为复杂外,其余5个煤矿均为极复杂,占62.5%。淮南矿区有潘二煤矿、谢桥煤矿、张集煤矿、潘四东煤矿、顾北煤矿、新集二煤矿、刘庄煤矿、口孜东煤矿、板集煤矿等9处煤矿,其中潘二煤矿、谢桥煤矿水文地质类型为极复杂,占22%。各煤矿地理坐标、面积及水文地质类型如表1-1所示。

表1-1　复杂、极复杂水文地质类型煤矿地理位置及水文地质类型

矿区	煤　矿	地理坐标		矿区面积(km^2)	水文地质类型
		东　经	北　纬		
淮北矿区	朱庄煤矿	116°50′16″～116°52′52″	33°59′03″～33°56′37″	25.337 2	极复杂
	朱仙庄煤矿	117°05′37.6″～117°09′23″	33°33′31.4″～33°39′37.6″	21.555 0	极复杂
	桃园煤矿	116°58′44″～117°2′31″	33°28′22″～33°36′15″	29.454 8	极复杂
	祁南煤矿	117°02′49″～117°10′18″	33°22′45″～33°26′53″	54.582 2	复杂
	恒源煤矿	116°36′04″～116°43′22″	33°54′30″～34°0′59″	46.090 0	极复杂
	祁东煤矿	117°02′49″～117°10′18″	33°22′45″～33°26′53″	35.425 7	复杂
	任楼煤矿	116°42′19″～116°48′13″	33°25′36″～33°32′46″	42.070 5	极复杂
	界沟煤矿	116°36′17″～116°40′16″	33°28′25″～33°31′16″	13.643 8	复杂

续表

矿区	煤矿	地理坐标		矿区面积(km²)	水文地质类型
		东经	北纬		
淮南煤矿区	潘二煤矿	116°49′26″～116°51′10″	32°46′02″～32°50′21″	19.651 8	极复杂
	谢桥煤矿	116°19′36″～116°28′08″	32°45′53″～32°48′40″	38.200 6	极复杂
	张集煤矿	116°27′05″～116°35′38″	32°43′47″～32°49′26″	71.088 3	复杂
	潘四东煤矿	116°46′18″～116°51′30″	32°49′59″～32°52′06″	15.484 5	复杂
	顾北煤矿	116°29′18″～116°38′48″	32°42′20″～32°52′16″	34.013 9	复杂
	新集二煤矿	116°33′52″	32°43′52″	21.396 8	复杂
	刘庄煤矿	116°07′30″～116°20′40″	32°45′00″～32°51′15″	82.209 0	复杂
	口孜东煤矿	116°05′00″～116°13′00″	32°46′30″～32°54′30″	43.447 5	复杂
	板集煤矿	116°09′00″～116°30′00″	32°51′45″～32°56′15″	33.600 0	复杂

1.3 两淮矿区矿井生产建设情况

1.3.1 矿井生产能力情况

根据矿井水文地质类型划分报告及防治水评价报告，统计淮北、淮南各矿的开采标高范围和生产能力，淮北、淮南矿区各矿井的开采标高分别在－800～－50 m和－1 200～－275 m范围内，两矿区开采标高范围平均值分别在－712.85～－257.85 m以及－929.00～－481.50 m，这表明淮北矿区的开采深度较淮南矿区普遍要浅。淮北矿区的设计生产能力以及核定生产能力均值分别为121.88万吨/年和220万吨/年；淮南矿区的设计生产能力以及核定生产能力均值分别为376.67万吨/年和536.00万吨/年，具体结果如表1-2所示。

表1-2　复杂、极复杂水文地质类型煤矿生产能力

矿　区	煤　矿	开采标高范围(m)	设计生产能力(万吨/年)	核定生产能力(万吨/年)
淮北矿区	朱庄煤矿	−420～−55	75	160
	朱仙庄煤矿	−700～−250	120	240
	桃园煤矿	−800～−300	180	175
	祁南煤矿	−800～−315	180	300
	恒源煤矿	−750～−150	60	200
	祁东煤矿	−800～−420	150	180
	任楼煤矿	−720～−315	150	240
	界沟煤矿	−600～−275	60	140
淮南矿区	潘二煤矿	−800～−530	300	380
	谢桥煤矿	−1 000～−380	400	960
	张集煤矿	−820～−600	400	1 230
	潘四东煤矿	−870～−650	240	240
	顾北煤矿	−1 000～−400	300	400
	新集二煤矿	−1 000～−550	150	240
	刘庄煤矿	−1 000～−350	800	1 140
	口孜东煤矿	−1 200～−554	500	500
	板集煤矿	−1 000～−526	300	300
均值		−965.56～−504.44	376.67	536.00

1.3.2　开拓、开采方式

淮北、淮南矿区各矿井均采用立井、石门分水平开拓方式。开采方式主要有走向长壁、倾斜长壁综合机械化采煤和综合机械化放顶煤开采等方式，具体开拓与开采方式根据矿井实际情况进行。

1.4　矿井储量及服务年限

根据各矿井的水文地质类型划分的最新报告，统计淮南、淮北各矿井的保有储量、剩余可采储量以及受水害威胁储量，生产能力按核定生产能力计算，则各矿井的剩余服务年限为

$$a=\frac{G}{K_B \times A}$$

式中，a 为矿井剩余服务年限(年)；G 为剩余可采储量(万吨)；K_B 为储量备用系数，取1.4；A 为核定生产能力(万吨/年)。

将两矿区各矿井的剩余可采储量以及表1-2中的核定生产能力代入上述公式，结果如表1-3所示。

表1-3　全省复杂、极复杂水文地质类型煤矿资源储量及受水害威胁储量表

矿区	煤矿	截止日期	矿井保有储量(万吨)	剩余可采储量(万吨)	储量备用系数	剩余服务年限(年)	新生界水(万吨)	灰岩水(万吨)
淮北矿区	朱庄煤矿	2019年6月底	2 517.9	1 441.8 (409.2)	1.4	6.4	—	1 349.3
	朱仙庄煤矿	2019年6月	11 872.8	4 612.4	1.4	13.7	四含615.2 五含1742	1 412.8
	桃园煤矿	2019年6月底	13 787.6	7 324	1.4	29.9	229.4	2 308
	祁南煤矿	2019年6月底	47 260.5	24 170.8 (1 352)	1.4	57.6	1 668.8	5 927.4
	恒源煤矿	2019年6月底	47 260.5	24 170.8 (1 352)	1.4	86.3	1 668.8	5 927.4
	祁东煤矿	2019年6月底	26 990	13 567.6	1.4	53.8	996.5	—
	任楼煤矿	2019年6月底	19 333.6	8 053.7	1.4	24.0	557.3	43.7
	界沟煤矿	2019年6月底	14 912.7	6 884.5	1.4	35.1	2 015.1	3 257.9

续表

矿区	煤矿	截止日期	矿井保有储量（万吨）	剩余可采储量（万吨）	储量备用系数	剩余服务年限(年)	新生界水（万吨）	灰岩水（万吨）
淮南矿区	潘二煤矿	2019年6月底	43 110.4	17 874.1	1.4	33.6	2 218.7	15 189.5
	谢桥煤矿	2019年6月底	54 212.2	31 655.8	1.4	23.6	2076	10 094.4
	张集煤矿	2019年9月底	166 814.2	81 316.8	1.4	47.2	5 397.6	50 136.8
	潘四东煤矿	2019年6月底	32 744	13 472.8	1.4	40.1	2 284.4	6 930.6
	顾北煤矿	2019年6月底	63 497.1	27 493.9	1.4	49.1	4 724.9(包括1煤层)	30 590.3
	新集二煤矿	2019年6月底	42 251	17 474.37	1.4	52.0	—	5 223.45
	刘庄煤矿	2019年6月底	146 145.1	62 612.8	1.4	39.2	6 505.9	9 096.2
	口孜东煤矿	2019年6月底	70 090.3	38 311.4	1.35	56.8	3 025	15 403.6
	板集煤矿	2019年6月底	52 744	29 680	1.35	73.3	12 089	8 415

注:()内的资源储量为天然焦储量,不计入服务年限的预测计算。

根据表1-3的两矿区的保有储量、剩余可采储量与预测剩余服务年限的统计数据,对比分析两矿区的剩余资源量与服务年限(剩余服务年限应结合修改后的矿井核定能力重新计算),结果如图1-1所示。

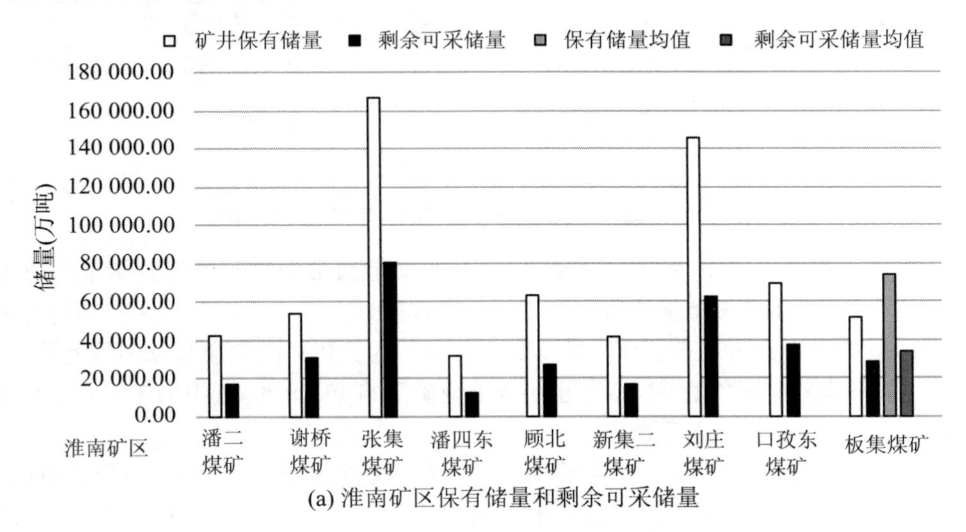

(a) 淮南矿区保有储量和剩余可采储量

图1-1 淮南、淮北矿区资源量与服务年限直方图

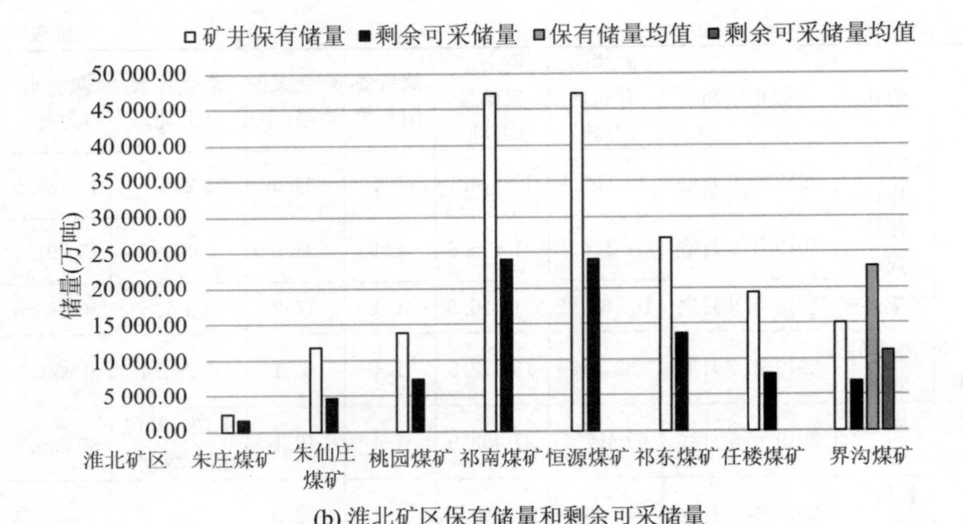

(b) 淮北矿区保有储量和剩余可采储量

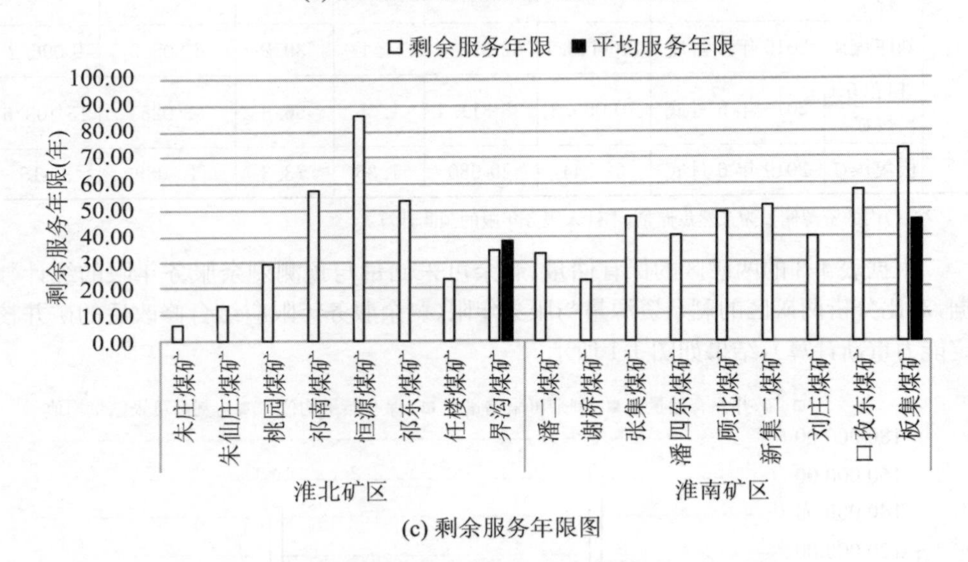

(c) 剩余服务年限图

图 1-1 淮南、淮北矿区资源量与服务年限直方图(续)

如图 1-1(a)所示,淮南矿区复杂、极复杂水文地质类型煤矿的保有储量均值为 74 623.14万吨,剩余资源量均值为 35 543.55 万吨,远大于淮北矿区的保有储量与剩余资源量均值的 22 991.95 万吨、11 278.2 万吨。从矿井平均剩余服务年限上看,图 1-1(b)显示淮北矿区均值 38.36 年也小于淮南矿区的 46.09 年,其中朱庄矿剩余服务年限不足 7 年,资源已接近枯竭。

根据淮南、淮北各矿井受新生界与灰岩水等水害威胁储量与保有储量的统计资料,计算受水害威胁储量在保有储量中占比的结果如图 1-2 所示。如图 1-2 所示,淮北矿区保有储量中受水害威胁储量平均占比为 22.26%,而淮南矿区占比为29.79%,

可以看出淮南矿区保有储量受新生界与灰岩水等水害威胁储量较淮北矿区要高,平均约高出7.53%。

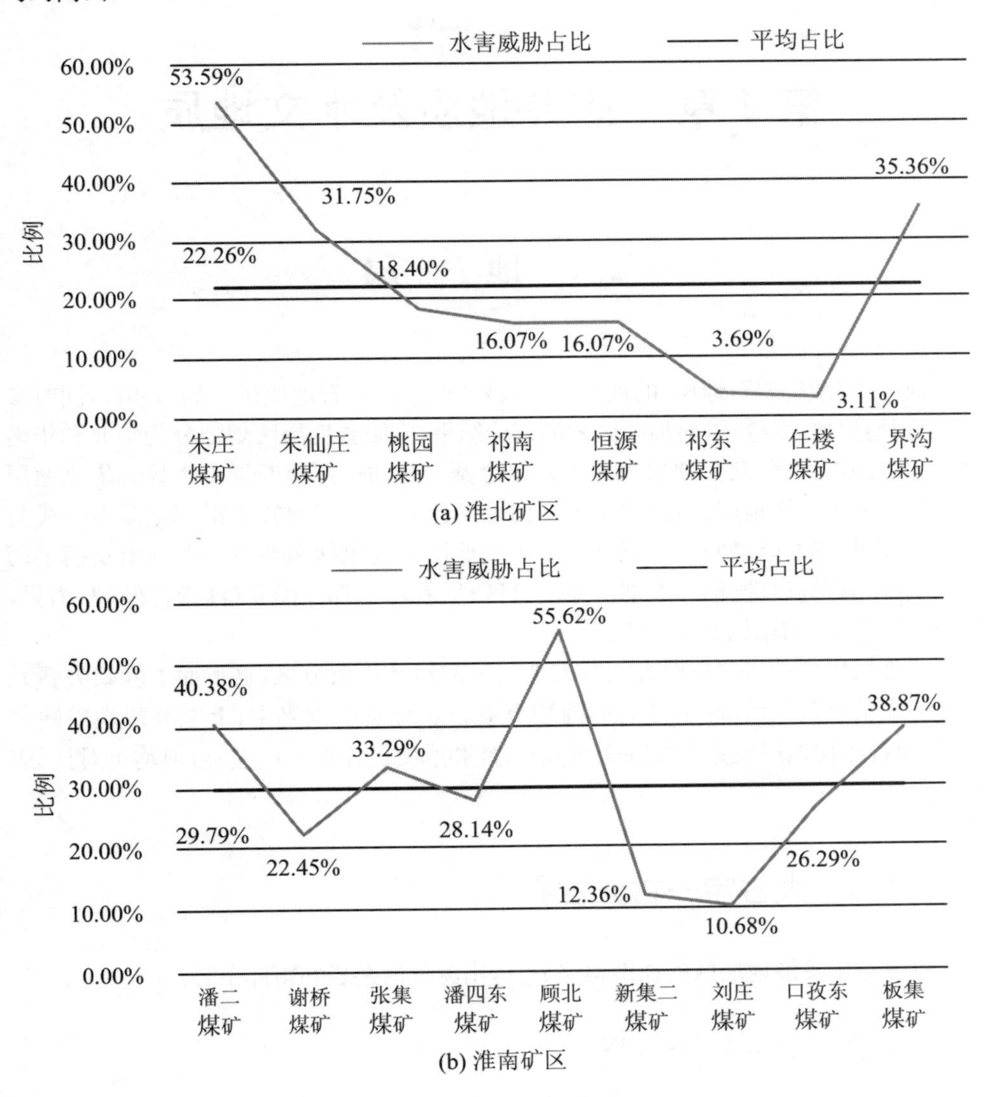

图 1-2 受水害威胁储量占比

第2章　矿井地质及水文地质

2.1　地　　层

根据《安徽省岩石地层》的地层综合区划方案(安徽省地质矿产局,1997),同时参考《中国地层典:二叠系》对地层区划的划分结果,安徽省地层区划划分为华北和华南两个Ⅰ级地层大区,两个地层大区大致以金寨—肥西—郯庐断裂带为界。华北地层大区仅有一个黄淮地层区,以皖豫省界河南一侧蒋集—安徽省内霍邱龙潭寺一线为界,分徐淮和华北南缘两个地层分区。华南地层大区包括南秦岭—大别山及扬子两个地层区,前者仅有桐柏—大别山地层分区;后者以七都—泾县(江南深断裂)为界,分为下扬子及江南两个地层分区。

两淮煤田位于华北地层大区黄淮地层区的徐淮地层分区,自下而上除缺失新元古界南华系至震旦系,古生界上奥陶统至下石炭统及中生界中、上三叠统地层缺失外,其他各年代地层发育比较齐全,各地岩性和厚度虽存在一些差异,但均可对比(表2-1)。

2.1.1　太古宇—古元古界

仅分布于黄淮地层区的徐淮地层分区,出露五河杂岩和霍邱杂岩。

2.1.2　中—新元古界

中元古代—新元古代地层仅分布于徐淮地层分区,大致分布于六安—合肥一线以北,嘉山—合肥一线以西地区。据岩性差异和层序的发育程度,大致以太和—五河一线(蚌埠隆起)为界,分为淮北和淮南两个地层小区,包括凤阳群(Pt_{2Fy})、八公山群(Qb_{B})、淮南群(Qb_{H})、宿县群($Qb\text{-}Nh_{S}$)、栏杆群(Z_{l})。

表 2-1　研究区岩石地层单位序列表

地质年代			华北地层大区 晋鲁豫地层区	
代	纪	世	徐淮地层分区	华北南缘地层分区
新生代	第四纪	全新世	怀远组 Qhh	
		更新世	茆塘组 Qp_3m	
			潘集组 Qp_2p	
			蒙城组 Qp_1mc	
	新近纪	上新世	明化镇组 N_2m	
		中新世	馆陶组 N_1g	石门山组 N_1s
	古近纪	渐新世		明光组 E_3m
		始新世	界首组 E_2j	土金山组 E_2t
		古新世	双浮组 E_1s	定远组 E_1dy
中生代	白垩纪	晚世		张桥组 K_2z
		早世	王氏群 $K_{1-2}w$	邱庄组 $K_{1-2}q$
				新庄组 K_1x
	侏罗纪	晚世	青山群 J_3q	
			莱阳群 J_3z	周公山组 J_3z
		中世		圆筒山组 J_3y
		早世		防虎山组 J_3f
	三叠纪	晚世		
		中世		
		早世	和尚沟组 T_1h	
			刘家沟组 T_1l	
古生代	二叠纪	晚世	石千峰组 P_2sh	
			上石盒子组 P_2s	
		早世	下石盒子组 P_1x	
			山西组 P_1s	
	石炭纪	晚世	太原组 C_3t	梅山群 C_M
		中世		
		早世		
	泥盆纪	晚世		
	志留纪	晚世		
		中世		
		早世		

地质年代			华北地层大区 晋鲁豫地层区			
代	纪	世	徐淮地层分区		华北南缘地层分区	
古生代	奥陶纪	晚世				
		中世	马家沟组 $Q_{1-2}m$	老虎山段 Q_2m^l		
		早世		青龙山段 Q_1m^q		
				萧县段 Q_1m^x		
			贾汪组 Q_1j			
	寒武纪	晚世	土坝段 $\in_3$–O_1s^t	韩家段	三山子组 $\in_3$–O_1s	
			炒米店组 $\in_3c$			
			崮山组 $\in_3g$			
		中世	张夏组 $\in_3z$		?	
			馒头组 $\in_{1-2}m$	四段	?	
				三段	?	
		早世		二段		
				一段	?	
			昌平组 $\in_1c$			
			猴家山组 $\in_1hj$		凤台组 $\in_1f$	雨台山组 $\in_1y$
新元古代	震旦纪	晚世	栏杆群 Z1	沟后组 Z_2g		
		早世		金山寨组 Z_1j		
	南华纪	晚世	宿县群 Qb-NhS	望山组 Nh_2w		
		早世		史家组 Nh_1s		
	青白口纪			魏集组 Qbw		
				张渠组 Qbzq		
				九顶山组 Qbjd	淮南群 QbH	四顶山组 Qbsd
				倪园组 Qbn		
				赵圩组 Qbzw		九里桥组 Qbjl
				贾园组 Qbj		
			八公山群 QbB		四十里长山组 Qbs	
					刘老碑组 Qbl	
					伍山组 Qbw	
					曹店组 QbC	
中元古代	蓟县纪		凤阳群 Pt_2FY		宋集组 Pt_2sj	
					青石山组 Pt_2q	
	长城纪				白云山组 Pt_2b	
古元古~新太古代			五河杂岩 Ar_3-Pt_1wh		霍邱杂岩 Ar_3-Pt_1h	

2.1.3　早古生界

徐淮地层分区的早古生代发育寒武纪—奥陶纪地层，寒武纪地层出露较齐全，奥陶纪地层仅见中、下部，均以碳酸盐岩类岩石为主，仅早寒武世见有少量碎屑岩。岩石地层单位自下而上为：凤台组、雨台山组、猴家山组、昌平组、馒头组、张夏组、崮山组、炒米店组、三山子组（含土坝段、韩家段）、贾汪组、马家沟组（含萧县段、青龙山段、老虎山段）。

1. 凤台组($\epsilon_1 f$)

仅分布于淮南地区，与下伏地层平行不整合接触。该组地层厚度变化较大，一般10～151 m。时代暂归于早寒武世。

2. 雨台山组($\epsilon_1 y$)

仅出露于霍邱雨台山、王八盖东山、王八盖西山、陈山一带，分别平行不整合于四顶山组或凤台组之上与猴家山组之下，以碎屑岩为主的地层。厚度一般大于142 m，淮南地区仅见15～25 cm的黄绿色页岩。

3. 猴家山组($\epsilon_1 hj$)

该组在淮北、淮南、霍邱地区均有分布。中、上部以灰质白云岩与白云质泥灰岩互层及粉砂质页岩、泥灰岩、含硅质灰质白云岩为主。岩性比较稳定，普遍具有蜂窝状硅质团块和石盐假晶。淮北地区厚19～41 m，淮南地区厚79～136 m，霍邱地区仅出露于雨台山一带，厚度大于35 m。在区域上呈微角度不整合接触。

4. 昌平组($\epsilon_1 c$)

该组除在霍邱地区缺失沉积外，在淮北、淮南地区均有出露，岩性稳定，主要为白云质含藻微晶灰岩、泥质微晶灰岩、泥质条带灰岩、白云质细砂屑微晶灰岩、海绿石微晶生物屑灰岩。厚度较稳定，淮北为6～56 m，淮南为6～9 m。

5. 馒头组($\epsilon_{1\text{-}2} m$)

该组地层全区岩性稳定，总厚度东、南厚，向西和北变薄，自下而上可分为4段。在淮北、淮南地区与下伏昌平组、上覆张夏组之间为整合接触。

6. 张夏组($\epsilon_2 z$)

厚层鲕粒灰岩和藻灰岩为主夹钙质页岩的一套岩石地层单位。底部以页岩或砂岩结束、巨厚鲕粒灰岩出现为界；顶部以厚层藻鲕粒灰岩结束、薄层砾屑灰岩夹页岩出现划界。地层厚度为淮北地区267～297 m，淮南地区146～358 m，霍邱雨台山一带仅有零星露头，未见底。

7. 崮山组($\epsilon_3 g$)

以较稳定的薄层灰岩为特征，主要为灰色中薄层亮晶白云质鲕粒灰岩、亮晶竹叶状砾屑灰岩、微晶鲕粒灰岩、微晶生物灰岩、豹皮状白云质生物屑微晶灰岩、泥质微晶灰岩，厚4～110 m。

8. 炒米店组($\epsilon_3 c$)

仅出现在淮南地层小区，岩性稳定，主要为大涡卷状叠层石微晶灰岩、含生物屑微晶灰岩、亮晶含海绿石鲕粒灰岩，厚61～130 m。

9. 三山子组(ϵ_3-$O_1 s$)

该组在淮北、淮南、霍邱地区均有分布，岩性较稳定，为贾汪组底平行不整合面之下的一套白云岩。该组为一穿时的地层单位，其时代为晚寒武世崮山期至早奥陶世宁国期。

10. 贾汪组($O_1 j$)

该组仅出露于淮北、淮南地区，岩性为土黄/紫红/浅灰色页岩、钙质页岩、页片状泥质白云岩、泥质白云灰质岩及角砾岩。淮北厚4～19 m,淮南厚4～34 m,与下伏三山子组为平行不整合接触,与上覆马家沟组为整合接触。

11. 马家沟组($O_{1\text{-}2}m$)

灰色厚层—巨厚层灰岩夹白云岩、角砾状灰岩、角砾状白云岩的岩石组合,与下伏地层为平行不整合接触。

2.1.4 石炭系—三叠系

石炭系—三叠系在徐淮、华北南缘地层分区零星出露。徐淮地区石炭系、二叠系主要为夹碳酸盐岩的含煤碎屑岩沉积。二叠系为两淮地区重要的含煤地层,三叠系为红色碎屑岩沉积。参考安徽省煤田地质局研究成果,将徐淮地层区石炭系—二叠系岩石地层单位自下而上分为:本溪组、太原组、山西组、下石盒子组、上石盒子组、石千峰群(孙家沟组、刘家沟组和和尚沟组)。

1. 本溪组(C_2b)

平行不整合于奥陶纪马家沟组灰岩之上,为一套碎屑岩层。厚度为1.35～30.10 m,平均8.83 m,该组下部的铁铝层由北而南层位逐渐抬高。

2. 太原组($C_2\text{-}P_1t$)

由海陆交互相的页岩夹砂岩、煤、石灰岩构成的旋回层,岩性主要为灰、深灰色结晶灰岩、生物碎屑灰岩与深灰色砂质泥岩、页岩互层、薄层砂岩、薄层煤,岩性稳定,厚度为88.34～160.19 m,平均126.88 m。其时代为早二叠世。

3. 山西组(P_1s)

分布于两淮地区,由海相泥岩、陆相砂岩、页岩、煤构成,含煤1～3层。岩性基本稳定。自北而南厚度变薄,淮北厚63.98～147.34 m,平均厚115 m左右;淮南厚52.72～103.97 m,平均厚72 m左右。含煤厚度:淮北平均2.23 m,淮南平均4.81 m。

4. 下石盒子组(P_2xs)

由深灰色泥岩、粉砂岩、紫花斑状铝质泥岩、长石石英砂岩、煤等组成,是两淮煤田主要含煤层段,厚210～280 m。

5. 上石盒子组($P_{2\text{-}3}ss$)

指整合于下部下石盒子组之上和上部石千峰群孙家沟组之下的一套以泥岩为主与细砂岩、中—粗粒长石石英砂岩、煤等组成的地层,夹薄层硅质岩,含煤6～41层。地层厚度一般为660～836 m,煤层厚度为4.47～38.06 m。该组顶部以石千峰群底部的一层中—粗粒石英砂岩(相当于平顶山砂岩)底面为界。其时代为中二叠世至晚二叠世。

6. 石千峰群($P_3\text{-}T_1s$)

指整合于下伏上石盒子组之上和上覆二马营组之下,以鲜红色为特征,由红色泥岩和红色长石砂岩组成的一套内陆干旱盆地河湖相沉积岩系。自下而上包括二叠纪孙家沟组、三叠纪刘家沟组、和尚沟组。

2.1.5　侏罗系—白垩系

自下而上分别为防虎山组、圆筒山组、周公山组、莱阳群、青山群、王氏群、新庄组、邱庄组、张桥组等,为夹火山碎屑岩的陆相地层。

2.1.6　新生界

古近系自下而上分别为双浮组/定远组、界首组/土金山组、明光组等。新近系包括中新统馆陶组、石门山组、下草湾组,上新统明化镇组和正阳关组。第四系分为下更新统蒙城组/豆冲组、中更新统潘集组/泊岗组、晚更新统茆塘组/戚咀组、全新统怀远组/大墩组/丰乐镇组。

2.2　煤　　层

本节主要叙述两淮煤田各复杂、极复杂水文地质类型煤矿的可采煤层以及主采煤层情况。

2.2.1　淮南矿区

1. 潘二矿

潘二矿煤系地层发育主要可采煤层有 11 层,依次为 17-1、13-1、11-2、8、7-1、6-1、5-1、4-2、4-1、3 和 1 煤层。可采煤层总厚度平均为28.42 m,其中 17-1 煤层的厚度小于 2.91 m,平均 1.13 m;13-1 煤层的厚度为 0.80～7.41 m,平均 3.66 m;11-2 煤层的厚度为 0.12～4.60 m,平均 1.80 m;8 煤层的厚度小于 4.73 m,平均 1.74 m;5-1 煤层的厚度小于 4.81 m,平均 1.04 m;4-2 煤层的厚度小于 2.82 m,平均 0.93 m;4-1 煤层的厚度为 0.73～8.48 m,平均 3.70 m;3 煤层的厚度为 0.88～9.17 m,平均 4.63 m;1 煤层的厚度为 1.56～9.45 m,平均 3.96 m。

2. 谢桥矿

谢桥矿可采煤层有 6 层,分别为 4-2、5、6、7-1、7-2、8 煤层。

3. 张集矿

张集矿主要可采煤层有 5 层,分别为 13-1、11-2、8、6、1 煤层,平均总厚度为 19.21 m。其中 13-1 煤层的厚度为 0～8.28 m,平均 4.57 m;11-2 煤层的厚度为 0～

4.79 m,平均2.64 m;8煤层的厚度小于6.03 m,平均2.90 m;6煤层的厚度小于6.01 m,平均2.64 m;1煤层的厚度小于10.74 m,平均6.46 m。

4. 潘四东矿

潘四东矿可采煤层有15层;可采、局部可采煤层,依次分布在上、下石盒子组以及山西组内,主采煤层为13-1、11-2、8、7-1、5-2、4-1、3、1等8层,总厚27.79 m;局部可采煤层为16-3、16-2、11-1、6-1、5-1、4-2、$4\text{-}2_{上}$等7层,总厚8.50 m。

其中16-3煤层的厚度为0.71～4.87 m,平均1.68 m;16-2煤层的厚度为0.21～3.75 m,平均1.34 m;13-1煤层的厚度为1.54～9.56 m,平均4.49 m;11-2煤层的厚度为0.83～2.96 m,平均1.66 m;11-1煤层的厚度为0.12～3.43 m,平均0.93 m;8煤层的厚度为2.26～7.36 m,平均3.50 m;7-1煤层的厚度为0.32～5.56 m,平均2.13 m;6-1煤层的厚度为0.28～4.15 m,平均1.39 m;5-2煤层的厚度为1.91～4.94 m,平均3.01 m;5-1煤层的厚度为0.26～2.40 m,平均1.04 m;4-2煤层的厚度0.63～2.17 m,平均1.04 m;$4\text{-}2_{上}$煤层的厚度为0.63～2.80 m,平均1.08 m;4-1煤层的厚度为0.64～9.35 m,平均3.59 m;3煤层的厚度为1.91～9.06 m,平均5.67 m;1煤层的厚度为2.06～6.63 m,平均4.40 m。

5. 顾北矿

顾北矿可采煤层为13-1、$13\text{-}1_{下}$、11-2、8、7-2、6-2、4-1、1等8层。区内稳定可采煤层5层,包括13-1、11-2、8、6-2和1煤层,平均总厚20.84 m。较稳定可采煤层为7-2,平均总厚1.13 m;不稳定可采煤层为$13\text{-}1_{下}$和4-1,平均总厚1.45 m。

6. 新集二矿

新集二矿中的11-2、8、1煤层为稳定煤层,13-1、$6\text{-}1_{上}$、6-1、1煤层为较稳定煤层,其余为不稳定煤层。主要可采煤层为13-1、11-2、8、6-1、$1_{上}$、1等。13-1煤层厚度为0.75～14.77 m,平均5.42 m;11-1煤层厚度为0.78～6.43 m,平均2.66 m;11-2煤层厚度小于3.61 m,平均0.86 m;$9_{上}$煤层厚度小于3.48 m平均1.08 m;9煤层厚度小于2.59 m,平均0.92 m;8煤层厚度为0.85～5.60 m,平均3.17 m;7煤层厚度小于3.97 m,平均1.04 m;$6\text{-}1_{上}$煤层厚度小于4.56 m,平均1.07 m;6-1煤层厚度小于8.19 m;平均2.24 m;5-2煤层厚度变化较大,揭露厚度小于5.03 m,平均0.79 m;4-2煤层揭露厚度小于5.86 m,平均1.33 m;$1_{上}$煤层厚度小于7.66 m,平均3.11 m;1煤层厚度为0.73～5.81 m,平均3.31 m。

7. 刘庄矿

刘庄矿可采煤层有13层,包括17-1、16-1、13-1、11-2、11-1、9、8、7-2、6-1、5、5-1、4、1等煤层。其中17-1煤层厚度小于2.55 m,平均0.96 m;16-1煤层厚度小于2.41 m,平均1.42 m;13-1煤层厚度为2.31～11.07 m,平均4.28 m;11-2煤层厚度为0.65～5.40 m,平均3.03 m;11-1煤层厚度小于2.56 m,平均0.95 m;9煤层厚度小于1.69 m,平均0.92 m;8煤层厚度为0.60～5.32 m,平均2.62 m;7-2煤层厚度小于1.90 m,平均0.97 m;6-1煤层厚度小于3.79 m,平均1.34 m;5煤

层厚度小于 11.05 m,平均 5.38 m;5-1 煤层厚度小于 3.00 m,平均 1.37 m;4 煤层厚度小于 5.13 m,平均 1.55 m;1 煤层厚度小于 9.39 m,平均 4.54 m。

8. 口孜东矿

口孜东矿主要可采煤层有 10 层,包括 17-1、16-2、13-1、11-2、11-1、9、8、5、4-2、1 等煤层。其中 17-1 煤层厚度小于 3.82 m,平均 1.67 m;16-2 煤层厚度小于 2.49 m,平均 1.38 m;13-1 煤层厚度为 0.70～8.96 m,平均 4.87 m;11-2 煤层厚度为0.55～6.10 m,平均 2.58 m;11-1 煤层厚度小于 4.64 m,平均 0.98 m;9 煤层厚度小于 2.32 m,平均 0.83 m;8 煤层厚度小于 7.31 m,平均 3.16 m;5 煤层厚度为2.09～9.75 m,平均 5.98 m;4-2 煤层厚度小于 3.54 m,平均 1.64 m;1 煤层厚度为 0.75～10.19 m,平均 5.96 m。

9. 板集矿

板集矿可采煤层包括 8、5、4-2、6-1、9、7-2、7-1、11-2 等 8 层。其中 8、5 煤层为稳定可采煤层,4-2、6-1、9 煤层为较稳定可采煤层,7-2、7-1 煤层为较稳定的大部可采煤层,11-2 煤为稳定可采煤层。

2.2.2 淮北矿区

1. 界沟矿

界沟矿可采煤层有 6 层,分别为 5-1、5-2、7-1、7-2、8-2、10 等煤层。其中 5-1 煤层厚度小于 1.81 m,平均 1.01 m;5-2 煤层厚度小于 1.50 m,平均 0.79 m;7-1 煤层厚度小于 5.64 m,平均 2.15 m;7-2 煤层厚度为 0.50～7.19 m,平均 2.93 m;8-2 煤层厚度为 0.98～8.47 m,平均 2.86 m;10 煤层厚度为 0.66～10.31 m,平均 3.52 m。

2. 朱庄矿

朱庄矿可采煤层有 4 层,分别为 3、4、5、6 煤层。其中 3 煤层厚度小于 4.42 m,平均 0.78 m;4 煤层厚度小于 4.91 m,平均 1.25 m;5 煤层厚度小于 7.72 m,平均 4.42 m;6 煤层厚度为 0.71～6.75 m,平均 1.67 m。

3. 朱仙庄矿

朱仙庄矿可采煤层有 3、6、7、8、10 等 5 层。其中 3 煤层两极厚度小于 1.89 m;6 煤层可采煤厚小于 1.90 m,平均 0.67 m,为局部可采的不稳定煤层;7 煤层厚度一般为 0.45～2.10 m,两极厚度小于 9.75 m,平均 1.33 m;8 煤层厚度一般为 7～13 m,两极厚度小于 31.34 m,平均 10.03 m;10 煤层厚度一般为 0.75～3.50 m,两极厚度小于 7.63 m,平均 1.92 m。

4. 桃园矿

桃园矿主采煤层有 3-2、4、5-2、6-1、6-3、7-1、8-2、10 等 8 层。其中 3-2 煤层厚度小于 4.53 m,平均 1.11 m;4 煤层厚度小于 2.37 m,平均 0.88 m;5-2 煤层厚度

小于2.35 m,平均1.06 m;6-1煤层厚度小于2.03 m,平均0.80 m;6-3煤层厚度小于2.34 m,平均0.94 m;6、7-1煤层厚度小于3.29 m,平均1.01 m;8-2煤层厚度小于4.10 m,平均1.76 m;10煤层厚度小于6.67 m,平均2.62 m。

5. 祁南矿

祁南矿共有可采煤层10层,包括2-3、3-2、6-1、6-2、6-3、7-1、7-2、8、9、10等煤层。其中2-3煤层厚度小于2.11 m,平均0.84 m;3-2煤层厚度为0.45～4.87 m,平均2.52 m;6-1煤层厚度小于4.12 m,平均1.38 m;6-2煤层厚度小于2.25 m,平均1.01 m;6-3煤层厚度小于2.69 m,平均0.99 m;7-1煤层厚度小于5.02 m,平均1.44 m;7-2煤层厚度小于7.36 m,平均2.45 m;8煤层厚度小于3.69 m,平均0.97 m;9煤层厚度小于6.84 m,平均1.41 m;10煤层厚度小于5.54 m,平均2.24 m。

6. 恒源矿

恒源矿共有可采煤层3层,分别为3、4、6煤层,其中4、6两个煤层为主要可采煤层。3煤层厚度小于1.99 m,平均0.34 m;4煤层厚度小于3.54 m,平均1.67 m;6煤层厚度为0.55～5.93 m,平均2.81 m。

7. 祁东矿

祁东矿可采煤层有3-2、6-1、7-1、8-2、9等5层。其中3-2煤层厚度为0.31～4.11 m,平均1.62 m;6-1煤层厚度小于5.21 m,平均1.56 m;7-1煤层厚度小于4.78 m,平均1.70 m;8-2煤层厚度小于5.54 m,平均1.65 m;9煤层厚度小于5.78 m,平均2.59 m。

8. 任楼矿

任楼矿可采煤层有11、10、8-2、7-3、7-2、5-2、5-1、3-1等8层。其中11煤层平均厚度仅0.97 m;10煤层平均厚度为0.77 m;8-2煤层厚度小于4.85 m,平均2.02 m;7-3煤层厚度为0.47～5.53 m,平均2.12 m;7-2煤层厚度为0.36～8.32 m,平均2.81 m;5-2煤层厚度小于0.91 m,平均1.00 m;5-1煤层厚度小于3.69 m,平均1.30 m;3-1煤层厚度为0.20～3.21 m。

2.3　构　　造

两淮煤田地处安徽北部,为华北型的中朝准地台石炭系—二叠系聚煤区的东南部,位于鲁西断隆和华北断坳两个二级构造区内,其分布范围北起萧县、砀山,并与江苏西北和鲁西煤田分布区相连;东界为郯庐断裂,北至利国—台儿庄断裂,南达淮南寿县—定远断裂,向西延入河南境内。全区为全隐蔽式煤田,区内广泛分布有石炭系—二叠系含煤地层,煤炭资源丰富。地表除淮北北部和淮南、定远地区有局部基岩呈低山丘陵出露外，余均被数十米至数千米的中新生界地层覆盖。

淮北煤田范围包括砀山、萧县、濉溪、宿州、临涣、涡阳一带，以宿北断裂为界，分为北部(砀山、闸河等矿区)和南部(涡阳、宿临等矿区)两大部分。淮南煤田主要包括潘集、新集、淮南和上窑等矿区。下面对各矿具体构造发育特征进行叙述。

2.3.1 淮南矿区

1. 潘二煤矿

位于陶王背斜及其转折端。陶王背斜为短轴背斜，其形态完整，长轴约 7 km，长短轴之比为 1∶2，轴向西北 55°～60°，轴部出露最老地层为 7-1、8 煤层，是典型的逆冲叠瓦状构造。根据构造特征的差异，潘二煤矿可分为四个构造单元。矿井共发育断层 413 条，其中旋钮断层 1 条，正断层 298 条，逆断层 114 条。本区在Ⅳ—Ⅴ—Ⅵ勘线间、Ⅷ勘线以西南部－530 m 以深有岩浆侵入活动。井田区目前仅发现一个隐伏陷落柱。

2. 谢桥煤矿

位于淮南复向斜中部，阜凤断层以北，陈桥背斜南翼。总体上呈一走向近东西、向南倾斜的单斜构造，产状平直稳定。区内中小断层较发育，落差小于 20 m 的断层 489 条，其中正断层 470。本矿仅见少量岩浆岩侵入现象。目前井田东翼采区发育 3 个陷落柱和 Fz1、Fz2 断陷带。

3. 张集煤矿

位于谢桥向斜北翼，地处陈桥背斜的东南倾伏端，总体形态呈扇形展开的单斜构造，地层走向呈不完整的弧形转折，地层倾角总体平缓稳定。全井田共发现断层 1 129 条，其中正断层 1 105 条，逆断层 24 条。未发现岩浆岩侵入。西三 1 煤采区有一小型陷落柱。

4. 潘四东煤矿

位于潘集背斜北翼及局部转折端，总体呈一单斜构造，倾向北东。地层倾角分区明显且变化大，沿倾向呈浅缓、中陡、深缓的特征。井田共发育 292 条断层，其中逆断层 83 条，正断层 209 条。井田内褶曲构造除陈桥—潘集背斜外，还存有尚塘—耿村集宽缓向斜。井田范围内未发现陷落柱及岩浆岩侵入。

5. 顾北煤矿

位于陈桥背斜东翼与潘集背斜西部的衔接带，总体构造形态为走向南北，向东倾斜的单斜构造，地层倾斜平缓，并有发育不均的次级宽缓褶曲和断层。矿井内共有不小于 5 m 的断层 442 条，其中正断层 392 条，逆断层 50 条。煤矿中部发育一组西北向的顾桂地堑式断层(组)带，未见岩浆岩分布。确定解释范围内发育 2 个疑似陷落柱。

6. 新集二煤矿

位于淮南复向斜的谢桥向斜南翼，颍凤区阜凤推覆构造的中段，主体构造线方向近东西，由推覆体和原地系统组成，受由南向北的压应力作用，形成了以阜凤逆冲断层为主体的上叠式推覆构造。共发育断层 52 条，其中正断层 33 条，逆断层 19 条。暂未发现岩溶陷落存在及岩浆岩侵入。

7. 刘庄煤矿

位于淮南复向斜中的次一级褶皱——陈桥背斜之南翼，为一轴向北西西向的不完整的略有起伏的宽缓向斜，即谢桥向斜。向斜北翼地层倾向南，在 23 线深部逐渐转为南东向，向轴部逐渐变缓，仅在 F1 推覆体的断夹块内褶曲发育，呈不对称紧密褶曲。全井田共发育落差大于 5 m 的断层 315 条，绝大部分为正断层。无岩浆岩侵入，揭露 1 个无水隐伏陷落柱，构造复杂程度属于中等。

8. 口孜东煤矿

位于淮南复向斜中的次级褶曲陈桥背斜的南翼西段，总体为一不完整向斜构造，南翼被 F1 逆推断层切割。向斜总体轴向北西，向斜南翼地层倾角平缓，向斜北翼地层倾角稍陡。次一级褶曲不发育，仅在 F1 推覆体的断夹块内发育不对称紧密褶曲。揭露确定的断层共计 297 条，其中正断层 253 条，逆断层 44 条。未见岩浆岩侵入，仅发育有 6 个三维地震反射波异常区。

9. 板集煤矿

位于淮南复向斜中的次级褶曲陈桥背斜的北翼西段，总体为一复式向斜构造，向斜总体轴向为北西西向，地层倾角除向斜南翼浅部露头和 F101 与 F104 之间局部地区稍陡外，一般较为平缓，向斜内的东部及北部边缘小褶皱及缓波状起伏较发育。井田共组合断层 91 条，其中正断层 84 条，逆断层 7 条。无岩浆岩侵入，目前未发现陷落柱以及疑似异常体，构造复杂程度属于中等。

2.3.2　淮北矿区

1. 界沟煤矿

位于童亭背斜西翼、五沟向斜的南段，主体构造为一宽缓的向斜盆地，地层倾角一般在 10°～25°之间，平均 16°左右。南北两端分别被北东向正断层界沟断层、李家断层切割；局部有次级起伏，断裂构造较发育，全区组合落差不小于 3 m 的断层 180 条(含边界断层)，以正断层为主，有 172 条，逆断层 8 条，断层走向以北东向为主，其次是北西向。区内暂未发现岩浆岩及陷落柱，构造复杂程度中等。

2. 朱庄煤矿

位于闸河复向斜的南段，以宽缓的褶曲构造为主，小断层很发育，整个矿井构造几近米字形，南部为朱暗楼短轴向斜的北翼。揭露断层共计 426 条，以正断层居多，落差大于 10 m 的断层 15 条。井田内发现褶曲 7 个。岩浆岩几乎分布全矿井，已发现隐伏陷落柱 3 个。

3. 朱仙庄煤矿

位于宿东向斜的北段，该向斜为一轴向北 25°至西 50°的不对称向斜，轴长

18 km,宽 1.5～5.8 km,轴部为二叠系煤系地层,四周为石炭系、奥陶系灰岩所包围,东翼受 F4(东三铺)逆断层切割。区内褶曲主要有宿东向斜、高家向、背斜。共发育落差不小于 10 m 的断层 63 条,其中正断层 45 条,逆断层 18 条,占 29%。8 煤层和 10 煤层受岩浆岩侵入。未见陷落柱构造现象。

4. 桃园煤矿

位于宿南向斜西翼的北段。矿井内被 F2 断层切割分成两块,并且以 F2 断层为界,地层走向发生了变化。矿井总体为一走向近南北、向东倾斜的单斜构造,仅在局部有小幅度的波状起伏,地层倾角北部较陡,南部较缓,地层倾角呈有规律变化。组合落差不小于 10 m 的断层 156 条,其中正断层 80 条,逆断层 76 条。有岩浆侵入于煤系地层之中。矿井生产期间,共揭露 3 个陷落柱。

5. 祁南煤矿

位于宿南向斜西南部,为一走向近南北转至东西,向西南凸出,倾向东转至倾向北的弧形单斜构造,中部及东部发育有褶曲,轴向基本与地层走向一致。矿井内地层倾角北部陡,中部及东部较缓。组合断层共计 922 条,其中落差小于 10 m 的断层 682 条,落差不小于 10 m 的断层 240 条,已查出较大褶曲 2 个。岩浆侵入多个煤层;目前生产揭露了 2 个陷落柱。

6. 恒源煤矿

处于大吴集复向斜南部仰起端上的次级褶曲土楼背斜西翼。总体上为一单斜构造(走向北北东,向北西倾),局部呈北东或北西向,次级褶曲较为发育,主要有 6 个。地层倾角一般为 3°～15°,受构造影响局部倾角变化较大,构造较为发育。已发现和揭露落差大于 10 m 的各类断层 40 多条,其中正断层 35 条,逆断层 5 条。6 煤层受岩浆岩侵入,已揭露 3 个陷落柱。

7. 祁东煤矿

位于淮北煤田宿县矿区宿南向斜内,基本上为一走向近东西、倾向北的单斜构造,地层倾角平缓,次级褶曲构造有马湾向斜、圩庄背斜,褶曲轴向近东西,与地层走向基本一致。全矿组合成落差不小于 5 m 的断层 89 条,其中正断层 68 条,逆断层 21 条。岩浆岩侵入多个煤层,目前已查明陷落柱 3 个。

8. 任楼煤矿

位于童亭背斜东南翼地层走向转弯部位,F3 断层以北地区为向东倾斜的单斜构造,F3 断层以西地区走向转为北西西,其中 50 线～4 线一段为童庄向斜北翼的东延部分,表现为不完整的向斜形态,1 线以西则为一个大致向东开口的童庄向斜。产状比较平缓,褶皱主要还有 48 线深部鞍状构造及王大庄背斜。井田内共发现落差不小于 5 m 的大中型断层 85 条,其中正断层 78 条,逆断层 7 条。暂未发现岩浆岩侵入现象,已揭露 3 个陷落柱。

2.4　主要含(隔)水层(组)

本节主要叙述两淮矿区各复杂、极复杂水文地质类型煤矿的主要含(隔)水层特征。

2.4.1　淮南矿区

2.4.1.1　新生界松散层含(隔)水层(组)

淮南矿区新生界松散层厚度为48.4～713.5 m。新生界松散层可分为3个含水层(上部含水层、中部含水层、下部含水层,简称"上含""中含""下含")、3个隔水层(上部隔水层、中部隔水层、下部隔水层,简称"上隔""中隔""下隔"),其中潘二矿自上而下可划分为3个含水层和2个隔水层;谢桥矿、张集矿自上而下可划分为2个含水层和2个隔水层;潘四东矿、顾北矿自上而下可划分为3个含水层和3个隔水层。每个矿井含(隔)水层厚度情况如表2-2所示。新集二矿、刘庄矿、口孜东矿、板集矿新生界松散层一般划分为3个隔水层和4个含水层,每个矿井含(隔)水层厚度情况见表2-3所示。除此之外顾北矿有5个"天窗"分布区,总面积为0.639 km^2,占矿井面积的1.88%。1号"天窗":四—五线至五—六线之间、五线五Kz3、五线15孔周围存在"天窗",面积0.098 km^2,长轴352 m,短轴276 m,该"天窗"位于8至6-2煤露头附近。1号、2号、3号、4号"天窗"均处于煤层露头位置,局部位于煤层防(隔)水煤(岩)柱内,均对其下煤层正常块段开采有一定影响,如开采邻近"天窗"位置的露头煤层,应进行超前探测,以确保安全。5号"天窗"远离煤层露头,对各开采煤层无影响。

表2-2　潘二等煤矿含(隔)水层厚度情况

单位:m

矿井	新生界松散层厚度	"上含"厚度(最小～最大/平均)	"上隔"厚度(最小～最大/平均)	"中含"厚度(最小～最大/平均)	"中隔"厚度(最小～最大/平均)	"下含"厚度(最小～最大/平均)	"下隔"厚度(最小～最大/平均)	底部"红层"厚度(最小～最大/平均)
潘二	139.41～307.49	18.10～92.85/80.12	3.58～28.85/13.61	39.88～143.55/91.12	15.20～54.31/32.72	6.80～87.58/44.07		

续表

矿井	新生界松散层厚度	“上含”厚度(最小～最大/平均)	“上隔”厚度(最小～最大/平均)	“中含”厚度(最小～最大/平均)	“中隔”厚度(最小～最大/平均)	“下含”厚度(最小～最大/平均)	“下隔”厚度(最小～最大/平均)	底部“红层”厚度(最小～最大/平均)
谢桥	194.10～485.64	49.5～75/64.95（上段）	0～19.4/2.98	64.25～175.2/148.7（上段）	0～89.2/44.5			0～52.04/6.46
张集	187.5～480.4	6.6～38.7/25.29（上段）	0～18.3/3.68	110.37～175.35/155.11（上段）	0～71.6/32.11			0～29.21/6.46
潘四东	243.57～388.8	26.85～63.35/42.12（上段）	0.27～15.7/4.47	136.65～186.2/153.24	0～75.15/45.66	0～49.5/19.68（下含3）	0～34.85/16.8（下隔3）	
顾北	371～512.6	8.8～41.4/26.39（上段）	0.6～27.25/6.18	133.74～224.81/182.22（上段）	15～88.7/50.33	0～68.9/11.69	0～62.5/13.71	0～15.2/1.75

表 2-3 新集二等煤矿含(隔)水层厚度情况

矿井	新生界松散层厚度	“一含”厚度	“一隔”厚度	“二含”厚度	“二隔”厚度	“三含”厚度	“三隔”厚度	“四含”厚度	“红层”厚度
新集二矿	48.4～203.2	1.2～21.2	1.3～16.2	8.75～94	0～22.8	0～72.1			
刘庄	52.45～550.7	15.4～37.85	1.53～36.15	12.45～84.7	0～20.55	14.9～247.9	355.23～522		1.35～38.43
口孜东	426.18～691.05	3.3～20.6	8.7～22.6	21.55～38.6	6.25～20.55	268.5～343.5	61.85～200.1	0～75	2.95～41.75
板集	542.2～713.5	25.8～49.5	3.4～20.45	41.1～85.3	1.4～16.44	224.6～287	111.2～165.5	39.8～219.65	

2.4.1.2 古近系红层

淮南矿区新生界底部不稳定沉积“红层”主要由紫红色、灰白色大小不等石英砂岩、长石石英砂岩的岩块及砂、砾(局部见有灰岩砾)和黏土混杂组成,该层在丁集、顾北、谢桥、张集、刘庄、口孜东、板集、杨村等矿均有分布。煤田内沉积厚度不均,钻探揭露最大厚度 631.50 m(口孜集 40-9 孔)。

关于其水文地质条件,张集、谢桥、刘庄等矿均做了大量工作,现总结如下:

据丁集矿二十四 Kz1、849 孔抽水试验资料:单位涌水量 q=0.000 65~0.019 6 L/(s·m)(表 2-4),富水性弱,“红层”可作为隔水层。

据顾北矿水文孔抽水试验资料:单位涌水量 q=0.026 9~1.612 L/(s·m)(表 2-4),富水性不均,局部富水性强。

张集矿对七东补 1、补Ⅰ东 1、C 线补 2、三补 2 等 4 孔“红层”段进行了盐化扩散测井工作,无释水现象即无水;据 RⅡ2、七东至七补 2 孔抽水资料,单位涌水量 q=0.000 127~0.000 28 L/(s·m)(表 2-4),富水性弱即贫水。因此,“红层”可作为隔水层。

谢桥矿“红层”段钻进无耗漏水现象;水 3、Ⅸ至Ⅹ“红层”1、补Ⅵ“红层”1、补Ⅴ“红层”3,Ⅷ东“红层”1、D8“红层”1 等孔基本无水;又经水 5、水 6 孔流量测井结果证明无水;抽水试验无水或单位涌水量 q=0.000 165 L/(s·m)。因此认为,“红层”可作为隔水层。

刘庄矿共进行了 6 次抽水试验,其中,西三孔抽水 1 孔抽水几分钟后不再出水;抽水 1、抽水 2、覆岩 2、西三覆岩 1 及西三覆岩 2 等 5 孔进行抽水试验,单位涌水量 q=0.000 101~0.510 L/(s·m) (表 2-5),其中,覆岩 2 孔为 0.29 L/(s·m),抽水 2 孔为 0.510 L/(s·m)。后经核对发现,覆岩 2 孔、抽水 2 孔抽水段上部为灰绿色松散细砂、褐色棕黄色松散细砂,不属于“红层”段,该抽水结果不能代表“红层”的水文地质特征,因此,刘庄抽水 1、西三抽水 1、西三覆岩 1 和西三覆岩 2 等 4 孔抽水段岩性基本为“红层”,抽水几分钟后无水或单位涌水量 q=0.000 101~0.000 33 L/(s·m),含水微弱即基本无水。因此认为,“红层”可作为隔水层。

表 2-4　潘谢矿区红层抽水试验成果

矿井	钻　孔	X	Y	水位(m)	单位涌水量(L/(s·m))	渗透系数(m/d)
丁集	849	4 671.792 9	36 411.355 4	21.4	0.019 6	0.033 84
丁集	二十四 Kz1	4 680.882 4	36 413.268 4	14.04	0.000 65	0.001 2
顾北	三至四 Kz1	4 576.488 0	36 367.287 6	10.720	0.026 90	0.713
顾北	十三至十四 Kz1	4 565.397 5	36 290.778 5	−13.840	1.612 10	0.015
顾北	八至九 Kz4	4 570.501 1	36 332.951 4	−111.20	0.140 00	2.350
张集	七东至七补 2	4 487.294 3	36 288.558 2	28.75	0.000 1	0.000 13

表 2-5 刘庄矿红层抽水试验成果

孔号		抽水段(m)		抽水段自上而下岩性	单位涌水量(L/(s·m))
		起止深度	长度		
矿井东区	抽水 1	407.65～416.65	9.00	9 m 棕红色块状砾石	0.00021
	抽水 2	381.50～399.55	18.05	7.35 m 灰绿色松散细砂，3.30 m 固结黏土，7.40 m 棕红色砾石	平均 0.510
	覆岩 2	382.15～413.30	31.15	褐色棕黄色 5.60 m 松散细砂，2.10 m 黏土，23.45 m 紫红色砾石	0.29
矿井西区	西三抽水 1	457.95～479.25	21.30	21.30 m 红褐色固结砾石	抽水几分钟后无水
	西三覆岩 1	461.35～482.15	20.80	1.7 m 紫红色固结细砂，4.8 m 紫红色黏土砾石，1.5 m 红色细砂，12.80 m 紫红色黏土砾石，局部固结	0.000 33
	西三覆岩 2	438.65～461.25	22.60	5.85 m 红褐色固结细砂，1.5 m 红褐色黏土，3.35 m 红褐色固结细砂，1.15 m 红褐色黏土，10.75 m 红褐色砾石	0.000 101

2.4.1.3 二叠系煤系砂岩裂隙含(隔)水层

1. 潘二矿

煤系砂岩裂隙含水层(组)：由较厚砂岩层组成，以中细砂岩为主，局部为粗砂岩和石英砂岩，岩性厚度变化较大。砂岩裂隙含水层间有泥岩、砂质泥岩相隔，因此，砂岩裂隙含水层之间无水力联系；煤系地层富水性很弱，是以静储存量为主、分布不均一的弱含水层。

1 煤底板隔水层(组)：1 煤层底板至 C_3^1 层灰岩顶板厚度为 9.21～25.20 m，平均 16.17 m；岩性主要为海相泥岩、砂泥岩互层、粉砂岩及细砂岩，夹菱铁矿结核，对石炭系灰岩含水层起隔水作用。

2. 谢桥矿

二叠系砂岩裂隙含水层(组)：岩性为中、细砂岩为主，局部为粗砂岩，分布于煤层、泥岩和粉砂岩间。煤系砂岩富水性与砂岩裂隙发育程度、裂隙开放程度和大小密切相关。井田内砂岩岩性和厚度变化较大,裂隙仅局部发育。

二叠系隔水层(组):砂岩裂隙各含水层间,均有泥质类岩层间隔,相互间无水力联系,即使被断层切割,断层破碎带间一般因泥质类岩屑的胶结充填而具相对的隔水作用。

3. 张集矿

二叠系砂岩裂隙含水层:以中细砂岩为主,局部粗砂岩和和石英砂岩,分布于可采煤层及泥岩之间,岩性、厚度变化均较大,裂隙多发育在断层的两侧破碎带中。

二叠系砂岩间隔水层(组):砂岩裂隙各含水层间,均有泥质类岩层间隔,相互间无水力联系,即使被断层切割,断层破碎带间一般因泥质类岩屑的胶结充填而具相对的隔水作用。

4. 潘四东矿

1～17 煤之间砂岩裂隙含水层组:以中细砂岩为主,局部粗砂岩,分布于主要可采煤层之间,厚度不稳定,砂岩累厚 43.10～137.00 m,平均 112 m。富水性弱。

1 煤底板隔水层:1 煤底板至 C_3^1 层灰岩顶板厚度为 11.10～21.08 m,平均 16.33 m。岩性主要为海相泥岩、砂泥岩互层、粉砂岩及细砂岩,夹菱铁矿结核。

5. 顾北矿

二叠系砂岩裂隙含水层(组):以砂岩裂隙含水层岩性以细砂岩为主,局部为中粗砂岩和石英砂岩,多为泥质、钙质胶结,富水性弱,以储存量为主,补给条件差。煤系砂岩裂隙发育极为不均,出水大小悬殊。

二叠系隔水层(组):各主要可采煤层顶、底板砂岩含水层间均有泥岩、砂质泥岩、粉砂岩和煤层等隔水岩石分布,阻隔了砂岩含水层间的水力联系。

6. 新集二矿

二叠系砂岩裂隙承压含水层分布于主要可采煤层和泥质岩类及粉砂岩之间,岩性以中、细粒砂岩为主,夹泥质岩类和粉砂岩,厚度变化大。砂岩裂隙不发育且不均一。

1 煤底板隔水层:1 煤底板至太原组第 1 层灰岩顶板厚 11.73～32.33 m,平均 18.02 m。岩性以海相泥岩、砂质泥岩、砂泥岩互层为主,局部夹细砂岩薄层,偶见细小裂隙,在正常状态下,具有良好的隔水作用。

7. 刘庄矿

二叠系砂岩裂隙含水层:分布于主要可采煤层及泥岩之间,除 1 煤顶板砂岩较稳定外,其余均属不稳定型。砂岩裂隙发育不均匀,在构造复杂地段增多,弱富水。

1 煤底板隔水层:1 煤底板至太原组第 1 层灰岩顶板,厚度为 6.24～20.93 m,平均 15.74 m,全区稳定。岩性主要为黑色海相泥岩、灰～灰白色粉细砂岩、砂泥岩互层,夹菱铁薄层或结核。

8. 口孜东矿

二叠系砂岩裂隙含水层(段):砂岩裂隙含水层(段)广泛分布在地层煤系中,岩性以中细砂岩,局部为中粗砂岩和石英砂岩,间夹于煤层、砂质泥岩和泥岩,岩性和厚度变化均较大,多泥、钙质胶结,少硅质胶结,是矿井开采的直接充水含水层。

二叠系隔水层(段):各主要可采煤层顶、底板砂岩含水层之间均有泥岩、砂质泥岩、粉砂岩和煤层等隔水岩石分布,阻隔砂岩水之间的水力联系。1煤底板至太原组1灰之间距离为8.50~29.00 m,一般为15.60 m,主要由泥岩、粉砂岩组成,局部夹细砂岩。

9. 板集矿

二叠系砂岩裂隙含水层:岩性以中、细砂岩为主,局部为粗砂岩和石英砂岩,分布于可采煤层及泥岩之间,岩性厚度变化均较大,分布又不稳定。

1煤底板隔水层:二叠系底部1煤层与太原组灰岩距离为9.55(36-4孔)~58.30 m(31-5孔),平均27.99 m,主要由泥岩、粉砂岩、砂泥岩互层组成,局部夹细砂岩,可视为1煤层底板隔水层(组),正常情况下,对太原组灰岩水能起一定隔水作用。

2.4.1.4 *石炭系太原组灰岩溶裂隙水含水层(段)*

1. 潘二矿

井内见太原群灰岩孔计88个,其中见太原群C_3 Ⅰ组(C_3^1~C_3^3下)灰岩钻孔40个,见太原群C_3 Ⅱ组(C_3^5~C_3^9)灰岩钻孔13个,见太原群C_3 Ⅲ组(C_3^{10}~C_3^{12})灰岩钻孔9个。矿井内太原群灰岩自上而下可分为三组,即C_3 Ⅰ组、C_3 Ⅱ组、C_3 Ⅲ组,每组含灰岩3~5层。

2. 谢桥矿

井田内有28个钻孔揭穿太原组,厚度在87.0~125.80 m,平均106.39 m,由灰岩、泥岩、砂质泥岩、砂岩及薄煤层组成,其中含灰岩12层,累厚56.84 m,占组厚53%。太原组灰岩自上而下可分为:C_3 Ⅰ组灰岩、C_3 Ⅱ组灰岩、C_3 Ⅲ组灰岩。

3. 张集矿

据揭露太灰全层的钻孔抽水试验资料显示,原始水位标高25.18~27.055 m(1971~1979年),单位涌水量q=0.000 040 5(补Ⅰ Xlz4)~1.673 L/(s·m)(水217孔),富水性弱~强。水质主要为Cl^-—Na^+型,矿化度为0.649~2.56 g/L,pH为7~9,全硬度为7~16dH(德国度)。太原组薄层灰岩富水性极弱(C_3 Ⅰ组)~强富水(C_3全层),一般均为弱富水~中等富水。

4. 潘四东矿

据井田勘探揭露太原组全层的九$_{10}$、水四$_{11}$、补水 1ϵ_3、九 O_{1+2}、补水 1O_{1+2} 等 9 孔统计资料和井巷实际揭露资料，地层总厚 99.75～123.60 m，平均 111.82 m；含薄层灰岩 12～13 层，灰岩总厚 40.48～55.35 m，平均 48.74 m，占地层平均总厚的 43.59%。

5. 顾北矿

太原组灰岩含水层属承压水，全区共 12 个孔揭露太原组全层，地层厚 99.99～129.11 m，平均厚 113.99 m。由灰岩、泥岩、粉砂岩和薄煤层组成，有石灰岩 12～13 层，灰岩总厚 42.37～64.78 m，平均 50.59 m，占地层平均总厚的 44%。C_3^1、C_3^3上、C_3^3下、C_3^4、C_3^5、C_3^{11} 等 6 层灰岩分布稳定，以 C_3^3 上、C_3^3 下、C_3^4、C_3^5、C_3^{11} 灰厚度较大，其他灰岩较薄，部分灰岩裂隙充填泥、钙质，虽具岩溶条件，但储水条件差，漏水孔率低。自上而下可划分为 C_3 Ⅰ、C_3 Ⅱ、C_3 Ⅲ三个含水层(组)，其中 C_3 Ⅰ组灰岩含水层是矿井 1 煤开采底板直接充水含水层。

6. 新集矿

井田内揭露太原组灰岩地层厚度为 98.34～144.98 m，平均 111.09 m，含灰岩 12～13 层，灰岩平均纯厚 58.63 m，占组厚 52.78%。太原组灰岩根据厚度、富水性及层间距特征，结合区域太原组层组划分，将太原组划分为上、中、下段，分别为 C_3 Ⅰ组(1～4 灰)、C_3 Ⅱ组(5～10 灰)、C_3 Ⅲ组(11～13 灰)，据淮南矿区早期研究成果，中段为相对隔水层。

7. 刘庄矿

井田内揭露灰岩的钻孔 105 个，其中水 9O_{1+2}、E3 覆岩 1、E3 覆岩 2、水 3C_3^4、F5 补 1、九 C_3 Ⅲ、水 1、验 1 等 11 个孔揭露太原组全层，地层总厚度为 96.35～118.75 m，平均 105.58 m，含薄层灰岩 10～13 层(13 层较少见)，灰岩纯厚度48.65～61.85 m，平均 54.84 m。

8. 口孜东矿

太原组灰岩岩溶裂隙含水层是淮南矿区的重要含水层，直接赋存在二叠系底部 1 煤下，是 1 煤层底板突水的水源。区域内太原组灰岩地层总厚 110～130 m，含灰岩 12～13 层，除 3、4、12 等灰岩单层厚度大，分布稳定外，其余均为薄层灰岩。其中上部 1～4 层灰岩为开采 1 煤时底板进水直接充水含水层(组)。可划分为上、中、下三个层段，即 C_3 Ⅰ组(1～4 灰)、C_3 Ⅱ组(5～10 灰)、C_3 Ⅲ组(11～13 灰)。

9. 板集矿

太原组灰岩在本区埋藏较深，出露于井田的周边外围，远离第一水平的先期开采地段。据区域资料地层总厚度为 100～110 m，含灰岩 13 层。除第 3、4、12 等三层灰岩较厚外,其余均为薄层灰岩。上部1～4层灰岩为1煤底板直接充水含水层。灰岩岩溶裂隙发育不均一,且多被方解石充填。

2.4.1.5　奥陶系灰岩溶裂隙水含水层(段)

1. 潘二矿

井内共7个钻孔(013、九10、水二1、五1、Ⅴ东C_3Ⅲ、Ⅵ西O_2、Ⅴ东O_2)揭露奥陶系灰岩。揭露总厚度为3.22～191.71 m。据揭穿全层的Ⅵ西O_2孔资料,奥陶系灰岩总厚度为131.90 m;据其他钻孔揭露资料,矿井内奥灰厚度变化较大,其中五1孔揭露厚度为152.67 m(未见寒武系灰岩);Ⅴ东O_2孔揭露厚度达191.71 m。岩性为灰～深灰色厚层状白云质灰岩及少量砾状灰岩,顶部夹灰绿色铝土团块,岩性致密。矿井奥灰富水性非均一,背斜轴部富水性较强。

2. 谢桥矿

井田内有30个钻孔揭露奥灰,厚度在11.99～94.2 m,岩性主要为浅灰、棕灰、浅肉红色灰岩、白云质灰,顶部夹有数层薄层状紫红色,灰绿色泥岩。富水性具有不均一性,背斜轴部富水性较强。

3. 张集矿

灰岩岩溶裂隙发育不均,岩性为灰色夹紫红色灰岩、灰色白云质灰岩,富水性弱～强,相差很大。其顶部有本溪组泥岩及铝质泥岩隔水层存在,自然状态下与太原组含水层之间无水力联系,但受断层影响,局部可能联系密切。但由于距煤系地层较远,正常情况下对矿井充水无直接影响。

4. 潘四东矿

井田内有14个揭穿全层的钻孔资料,奥灰厚95.35～160.64 m,平均113.58 m。奥灰局部裂隙发育,具水蚀现象;以网状裂隙为主;宽2～4 mm,多为方解石充填。下部缝合线发育,局部见多个溶蚀小孔,呈蜂窝状,裂隙宽多为1～3 mm。

5. 顾北矿

区域内见奥灰钻孔16个,揭露厚度48.70～92.50 m。为灰～深灰色厚层状白云质灰岩及少量砾状灰岩,顶部夹灰绿色铝土团块,裂隙多呈闭合状,局部裂隙面可见泥、钙质薄膜或方解石脉。岩性致密,无溶蚀现象,未发现钻孔漏水。从区域范围看,奥灰岩溶在中下部比较发育,因岩溶裂隙发育的不均一性,各处富水性相差很大,潘谢矿区奥灰表现为弱～强富水性。

6. 新集二矿

井田内原地系统奥灰厚度为85.44～171.93 m,平均129.20 m。由灰色夹紫红色灰岩、灰色白云质灰岩组成,裂隙相对发育,见蜂窝状溶蚀小孔,GBF10-2孔957 m处见小溶洞。钻进过程中大多钻孔未现泥浆严重消耗现象,仅H水2、水

0204、水 0303 孔发生泥浆漏失。据井田内奥灰抽水试验资料，水位标高－19.546～－96.995 m，单位涌水量 q=0.000 37～0.722 L/(s·m)，富水性弱～中等。

7. 刘庄矿

井田内有 F5 补 1、F5 补 3、F5 补 4、九 O_{1+2}、33-1、33-2、35-1、35-2、验 1 等 21 个钻孔部分揭露，最大揭露厚度 194.59 m，九 O_{1+2}孔揭露全厚 143.76 m。以厚层状白云质灰岩为主，局部见裂隙，具有溶蚀现象，偶见小溶孔，未发生漏水现象。从区域范围看，奥灰岩溶裂隙发育不均一，各处富水性相差很大，总体为弱～强富水性。若无垂向导水构造导通，对矿井生产无威胁。

8. 口孜东矿

区域内奥陶系地层总厚约 270 m，以灰岩为主，裂隙较发育，但分布不均。据区域资料，q=0.013～1.394 L/(s·m)，各处富水性相差很大，总体为弱～强富水性，是太原组灰岩岩溶裂隙含水层的直接补给水源。与二叠系主采煤层砂岩裂隙含水层(段)之间的地下水，在正常情况下无水力联系。若无垂向导水构造导通，对矿井生产无威胁。

9. 板集矿

井田无钻孔揭露全层，仅有奥 1 等 14 个钻孔部分揭露，最大揭露厚度 93.70 m。以厚层状白云质灰岩为主，局部见裂隙。据区内奥 1、奥 2、奥 3 钻孔奥灰(钻进奥灰 53.08～65.30 m)抽水试验资料：水位标高 13.20～18.75 m，q=0.0002～0.0009 L/(s·m)，弱富水性。

2.4.1.6　寒武系灰岩溶裂隙水含水层(段)

1. 潘二矿

井仅Ⅵ西 O_2 孔和水(二)1 孔等 2 孔揭露寒武系灰岩。揭露厚度为 11.68 m。岩性：顶部为黄白、浅红色白云岩，坚硬致密，具硅质结核，偶见蜂窝状结构；中部为灰、黄色鲕状白云质灰岩等；下部为灰～深灰色厚层状白云质、灰质灰岩及细砂岩等。矿井未对寒武系灰岩含水层进行抽水试验。据邻矿抽水试验可知：寒武系灰岩富水性非均一，潘集背斜轴部富水性中等～较强。

2. 谢桥矿

井田内有 24 个钻孔揭露寒灰，厚度在 0.8～847.98 m，均未揭穿，主要由浅灰～灰色、薄层～厚层状结晶灰岩组成，夹有泥灰岩、紫色页岩和少量粉细砂岩。据抽水试验成果可知富水性弱～中等。

3. 潘四东矿

共有补水 1ϵ_3、九 O_{1+2}、补水 1O_{1+2}共 10 个孔揭露，钻进寒武系厚度 4.57～

246.27 m。见垂向裂隙,宽1～4 mm,多为方解石充填,可见缝合线,局部发育有溶孔,孔径为2～10 mm。寒灰富水性不均一。

4. 新集二矿

井田内8个钻孔揭露原地系统寒武系灰岩,最大揭露厚度142.83 m,由青灰色灰岩、灰质白云岩组成。其中GBF10-2、GB0001见小溶洞,水0303、水0105见小溶孔,本井田内未进行专门的抽水试验。据邻区张集矿井补ⅠXlz1、补ⅠXlz2、补ⅠXlz4混合(太灰+奥灰+寒武灰岩)抽水试验,水位标高11.69～12.68 m,单位涌水量q=0.054～4.355 L/(s·m),富水性弱～强,极不均一。

5. 刘庄矿

井田内有九O_{1+2}、F5补2等6孔揭露原地系统寒灰,揭露厚度为1.82～43.80 m。揭露段灰岩岩溶裂隙不发育,钻孔未见溶洞和漏水。据F5断层附近的F5补2孔对太灰、F5、寒灰混合抽水试验资料,水位标高－4.12 m,单位涌水量q=0.018 4 L/(s·m),水质属CL^-—K^+·Na^+型,弱富水性。

6. 口孜东矿

井田内有A-02、A-03、验12等3孔揭露原地系统寒灰,揭露厚度为8.74～54.13 m。揭露段灰岩岩溶裂隙不发育,钻孔未见溶洞和漏水。据刘庄煤矿F5补2孔对太灰、F5、寒灰混合抽水试验资料,水位标高－4.12 m,单位涌水量q=0.018 4 L/(s·m),水质属CL^-—K^+·Na^+型,弱富水性。

2.4.2 淮北矿区

淮北矿区新生界松散层厚度为99.95～403.75 m。新生界松散层可分为4个含水层和3个隔水层,其中界沟煤矿、朱仙庄煤矿、桃园矿、祁南煤矿、祁东煤矿及任楼煤矿,自上而下可划分为4个含水层和3个隔水层;朱庄矿自上而下可划分为1个含水层和1个隔水层;恒源煤矿自上而下可划分为3个含水层和3个隔水层。每个矿井含(隔)水层厚度情况如表2-6所示。对于朱庄矿,松散层两极厚度50.45～96.30 m,平均厚度69.75 m。全新统孔隙含水层(组)一般自地表垂深3～5 m起,底板埋深15.00～50.00 m,平均48.8 m;含水砂层0～27.50 m,一般6～11 m;更新统隔水层(组)位于第四系地层底部,煤系地层之上,底板埋深50.45～96.30 m,平均69.75 m;隔水层厚度一般为15～25 m,平均20.95 m。

表 2-6　淮北煤田各煤矿含(隔)水层厚度情况

单位:m

煤　矿	新生界松散层厚度	一含厚度(最小～最大/平均)	一隔厚度(最小～最大/平均)	二含厚度(最小～最大/平均)	二隔厚度(最小～最大/平均)	三含厚度(最小～最大/平均)	三隔厚度(最小～最大/平均)	四含厚度(最小～最大/平均)
界沟煤矿	244.85～299.75	4.04～21.1/12.4	4.3～20.4/13.1	2.4～14.9/7.4	15.8～40.4/27.2	10.6～65.06/34.5	45.61～125.37/79.1	1.7～38.95/12.2
朱仙庄煤矿	218～261	6.3～24/17.06	7.3～24.2/—	—/30.98	—/20	4.03～53.5/25.97	58～107/80	0～36.1/—
桃园煤矿	280～300	10～30/—	2.3～24.8/11	9～46.2/21	2.7～28.9/12	17.8～75.27/45	52.6～108.7/—	0～39.9/15
祁南煤矿	157.46～403.75	15～20/17	5.9～19.7/10	7.1～36.85/15	2.8～30.5/12	10.2～62.55/40	17.81～192.29/117.08	0～36.13/7.76
恒源煤矿	99.95～196.3	15～28.6/22	14～45.6/29.5	3.7～43.2/15	4.9～22.6/—	5.8～50.15/23.5	0～37.85/12.5	
祁东煤矿	350～375	6.6～31/—	4.75～22.85/13.2	5.45～39.3/—	4.6～31.15/15.5	19.2～99.2/—	49.3～164.75/99.9	0～59.1/—
任楼煤矿	190～321	10.6～24.11/—	12.8～22.4/—	7.6～23.3/—	7.5～29.6/—	15.3～48/—	51.9～148.3/—	5～15/—

2.4.2.1 二叠系煤系砂岩裂隙含(隔)水层

1. 界沟矿

二叠系煤系地层主要由泥岩、粉砂岩及砂岩夹数层煤层组成，一般不能明显地划分出含(隔)水层(段)，主要依据地层岩性的组合特征和可采煤层的赋存位置，结合区域水文地质资料，划分为 3 个含水层(段)和 4 个隔水层(段)。

(1) 5 煤上隔水层(段)

底板埋深 258.37～443.84 m，平均 351.30 m，除部分地段该层位缺失外，隔水层厚度为 2.34～124.65 m，平均 61.80 m。岩性为由灰～深灰色泥岩、粉砂岩和少量中、细粒砂岩及煤层相互交替组成，以泥岩、粉砂岩为主。钻探揭露时没有发生漏水现象，隔水性较好。本层段上部为风氧化带，泥岩强烈风化后呈高岭土状，增强了隔水能力，砂岩风化后裂隙发育，减弱了隔水能力。

(2) 5～8 煤上、下砂岩裂隙含水层(段)

底板埋深 269.70～499.25 m，平均 404.70 m，砂岩厚度 2.64～48.30 m，平均 23.60 m，岩性为浅灰白～深灰色的中、细粒砂岩和泥岩、粉砂岩、煤层相间。砂岩中裂隙一般不太发育，具有不均一性。钻探揭露时没有发生漏水现象。该含层(段)地下水处于封闭～半封闭环境，以储存量为主，是开采 5～8 煤层的矿井直接充水含水层。

(3) 8 煤下铝质泥岩隔水层(段)

底板埋深 276.76～549.10 m，平均 411.50 m，隔水层厚度 1.48～66.96 m，平均 38.40 m。岩性以浅灰色、深灰色及少量紫斑色泥岩、粉砂岩、铝质泥岩为主，局部夹薄层砂岩。在 8_2 煤层下 10～20 m 普遍有 1～2 层铝质泥岩，铝质泥岩岩性特征明显、层位稳定。该层(段)岩性致密，隔水性能较好。

(4) 10 煤顶、底板砂岩裂隙含水层(段)

底板埋深 310.40～ 594.60 m，平均 451.90 m，砂岩厚度 2.15～79.77m，平均 24.20 m。岩性以浅灰～深灰色夹少量灰绿色中、细砂岩为主，夹灰色粉砂岩及泥岩，岩性致密坚硬，裂隙不甚发育。钻探揭露时没有发生漏水现象；中央采区在掘进和回采过程中，仅有少量的滴水和淋水发生，说明该含水层富水性弱。地下水处于封闭～半封闭环境，以储存量为主。在不与其他含水丰富的含水层发生水力联系时，水量少且易疏干。该含水层(段)是开采 10 煤层时的矿井直接充水含水层。

(5) 10 煤下至太原组至灰顶隔水层(段)

岩性为深灰～灰黑色泥岩、粉砂岩、砂泥岩互层和少量砂岩、煤层。该层大部地段岩性致密，分布稳定，一般情况下开采 10 煤层时能起到隔水作用。但局部地段由于受断层影响，导致间距缩短，甚至煤层与灰岩对接，隔水层厚度变薄甚至消失，岩心破碎，隔水能力降低。

2. 朱庄矿

二叠系下石盒子组 3、4、5 煤层为可采煤层，山西组 6 煤层为可采煤层。根据区域地层剖面岩性及主采煤层赋存的位置关系、裂隙发育程度可划分为3个含水层(段)：

(1) 上石盒子组底部(K_3)砂岩裂隙含水层(段)

底板埋深138.40～518.00 m,平均280.40 m;砂岩厚度7.24～83.83 m,平均40.40 m。岩性以灰白色硅质胶结的细、中粗粒砂岩为主,裂隙较发育,具有不均一性。根据钻孔揭露资料,该层(段)底部中粗粒砂岩(K_3)部分稳定,厚度较大。钻探揭露时冲洗液消耗量大,说明该层裂隙发育。

(2) 下石盒子组3～5煤层间砂岩裂隙含水层(段)

底板埋深245.90～764.70 m,平均410.60 m;砂岩厚度1.4～37.10 m,平均19.50 m。岩性以中、细粒砂岩为主。含水层(段)以3煤层顶板之上的比较稳定的中粗粒砂岩及5煤层底板的粗粒砂岩为主。

(3) 山西组6煤层顶、底板砂岩裂隙含水层(段)

底板埋深303.71～807.61 m,平均504.40 m;砂岩厚度2.29～50.22 m,平均18.60 m。岩性以浅灰～深灰色夹少量灰绿色中、细砂岩、岩浆岩为主,夹灰色粉砂岩及泥岩。2015-6孔钻进时,6煤层底562 m砂岩处,冲洗液全漏失;2017-4孔钻进时,6煤层上611.39～611.72 m细砂岩处,冲洗液全漏失,说明局部砂岩裂隙较发育。

(4) 上石盒子组隔水层(段)

底板埋深81～470.19 m,平均215.30 m;除部分地段该层位缺失外,隔水层厚度为2.73～300.14 m,平均97.30 m。岩性为由灰～深灰色泥岩、粉砂岩和少量细粒砂岩相互交替组成,以泥岩、粉砂岩为主。钻探2018-3孔在深度134～136 m发生循环液全漏失,岩性为细砂岩,其余钻孔未生发漏水现象,证明该层段隔水性能较好。

(5) 上石盒子组底部至3煤层间隔水层(段)

底板埋深258.50～739.08 m,平均385.40 m;隔水层厚度46.91～152.88 m,平均112.90 m。钻探2018-1、2018-3孔在深度262～268 m、231～233.6 m出现循环液最大漏失量12 m^3/h,岩性为细砂岩,其余钻孔未生发漏水现象。该层段岩性以泥岩、粉砂岩、砂质泥岩为主,其次为砂岩,证明该层段隔水性能较好。

(6) 下石盒子组5～6煤层间铝质泥岩隔水层(段)

底板埋深264.70～787.67 m,平均470.20 m;隔水层厚度27.64～78.75 m,平均50.60 m。岩性以浅灰色、深灰色及少量紫斑色泥岩、粉砂岩、铝质泥岩为主,局部夹薄层砂岩。在5煤层下10～20 m普遍有1～2层铝质泥岩,铝质泥岩岩性特征明显、层位稳定。该层(段)岩性致密,隔水性能较好。

(7) 山西组6煤层至太原组一灰顶隔水层(段)

该层(段)位于山西组6煤层下部,太原组K_1灰岩之上。岩性由深灰～灰黑色泥岩、砂质泥岩、粉砂岩、砂泥岩互层和少量砂岩、煤层组成。本矿6煤层底至太原组一灰顶间距为24.38～79.51 m,平均间距51.87 m;尤其在一灰上部有一层黑色泥岩及砂质泥岩、粉砂岩,厚10～25 m,一般15 m左右,岩性致密,分布稳定,隔水性能较好。该层(段)是本矿重要隔水层之一,在一般情况下开采6煤层时能起到隔水作用。

3. 朱仙庄矿

(1) 3煤层上隔水层(段)

主要岩性为泥岩、粉砂岩夹中细砂岩,本矿井范围内大部分地段缺失该层段,矿井内揭露最大厚度419.98 m,隔水层厚度0～387.00 m,该层段未缺失段隔水性能良好。

(2) 3～4煤层间砂岩裂隙含水层(段)

浅部部分地段缺失,岩性以细、中粒砂岩为主,夹泥岩、粉砂岩,含水层厚度10～30 m,一般20 m左右,K_3砂岩位于3煤层底板下50～60 m,一般为灰白色中粗粒砂岩,厚度0～30 m,一般10 m左右。据朱仙庄井田孔检、Ⅶ至Ⅷ 4孔抽水试验q=0.000 423～0.018 3 L/(s·m),K=0.001 6～0.014 m/d,水质类型为$HCO_3^-\cdot Cl^- - Na^+$型,富水性弱。

(3) 4～6煤层间隔水层(段)

主要岩性为泥岩、粉砂岩与少量砂岩呈互层状,其间距为50～100 m,一般情况下能起到隔水作用。

(4) 6～8煤层间砂岩裂隙含水层(段)

岩性以中、细粒砂岩为主,夹泥岩、粉砂岩,含水层厚度5～35 m,一般22 m左右。砂岩的富水性取决于砂岩裂隙的发育程度。据朱仙庄井田I10孔、补35孔、35孔、Ⅳ至Ⅴ1孔、补12-7主孔、Ⅶ1孔抽水试验q=0.000 122～0.026 L/(s·m),渗透系数K=0.000 23～0.099 m/d,富水性弱,水质属于$HCO_3^-\cdot Cl^- - Na^+$型。该含水层(段)地下水处于封闭～半封闭环境,以储存量为主,是开采6、7、8煤层时矿井的直接充水含水层。

(5) 8煤层下铝质泥岩隔水层(段)

岩性以铝质泥岩、泥岩、粉砂岩为主,夹细砂岩薄层,岩性致密,裂隙不发育,一般隔水性较好。

(6) 10煤层顶、底板砂岩裂隙含水层(段)

岩性以中、细砂岩为主,夹粉砂岩和泥岩,厚度5.20～40 m,一般21 m左右。砂岩裂隙发育不均,因此富水性也不均一。据朱仙庄井田I10孔、补35孔、35孔、Ⅳ至Ⅴ1孔、补12-7主孔、Ⅶ1孔抽水试验q=0.000 122～0.026 L/(s·m),渗透系数K=0.000 23～0.099 m/d,富水性弱,水质属于$HCO_3^-\cdot Cl^- - Na^+$型。该含水层(段)地下水处于封闭～半封闭环境,补给条件差,以储存量为主,是开采10煤层时矿井的直接充水含水层。

(7) 10煤层下至太原组一灰间隔水层(段)

上部为砂岩与粉砂岩互层，下部以泥岩、粉砂岩为主，一般厚50～65 m，岩层致密完整，抗压强度55～140 MPa，抗拉强度8.5～20.5 MPa，具有较好的力学性质。据有关资料$K=0.000\ 23\sim0.000\ 54$ m/d，渗透性极弱，为较好的隔水层，在正常情况下能阻止太灰岩溶水进入矿井。

4. 桃园矿

矿井内二叠系岩性为砂岩、粉砂岩、泥岩、煤层(局部有岩浆岩)等，并以泥岩、粉砂岩为主，砂岩裂隙不发育，即使局部地段裂隙发育，也具有不均一性，煤系砂岩含水层含水性较弱。另据区域及桃园矿资料，一般是开始水量较大，随时间变化水量呈衰减态势，最后大多呈淋水和滴水状态，仅个别点呈流量较小的长流水。现根据区域资料和矿内主采煤层赋存的位置关系与裂隙发育程度划分为如下含(隔)水层(段)。

(1) 1～3-2煤层上隔水层(段)

除部分地段缺失外，厚度一般为60～100 m，岩性为泥岩、砂岩、粉砂岩夹少量薄煤层，以泥岩、粉砂岩为主，砂岩裂隙不发育，钻孔穿过此层位未发生冲洗液漏失较大现象，说明此层段隔水性能较好。

(2) 3-2～4煤层间含水层(段)

本矿煤层(组)中可采煤层为3-2煤层，其直接顶板的岩性主要为泥岩、粉砂岩，部分钻孔的3-2煤层老顶为中、细粒砂岩，厚5～20 m，一般约10 m。3-2煤层底板多为粉砂岩，厚3～10 m，K_3砂岩距3-2煤层底板20～30 m，其一般为灰白色中、细粒砂岩，厚0～40 m，一般20 m左右。该层段砂岩裂隙发育不均一，矿内揭露此层位的补74、6-710等钻孔在此层位发生漏水现象，说明此层段含水性不均一，局部富水性较好。

(3) 4～6煤层间隔水层(段)

此层段间距为70～90 m，以灰色泥岩、粉砂岩为主，夹1～3层薄层砂岩。岩性致密完整，裂隙不发育，穿过此层段的钻孔只有个别孔出现冲洗液消耗量大的现象，此层段隔水岩层厚度较大，隔水性能较好。

(4) 6～9煤层间含水层(段)

此层段间距为60～80 m。6-1、6-3、7-1、8-2煤层为可采煤层。7煤层、8煤层的顶、底板岩性主要为砂岩、泥岩、粉砂岩，个别地带有岩浆岩侵入。有砂岩1～4层，厚度20～30 m。钻探时，补25孔在7煤层顶板中砂岩钻进时冲洗液消耗量大，3-42孔在8煤层下粗砂岩钻进中漏水。精查勘探时，在710、补25孔对7～8煤层组砂岩含水层进行了抽水试验，$S=31.43\sim34.49$ m，$q=0.003\ 59\sim0.082\ 3$ L/(s·m)，$K=0.007\ 8\sim0.63$ m/d，矿化度为2.03 g/L，水质为$SO_4^{2-}\cdot Cl^-\cdot HCO_3^- - Na^+\cdot Ca^{2+}\cdot Mg^{2+}$型(矿化度、水质类型为补25孔抽水试验资料)。总体富水性较弱。

(5) 9～10 煤层上隔水层(段)

此层段间距一般为 60 m 左右，主要岩性为泥岩、粉砂岩夹 1～2 层砂岩。在 9 煤层下 15 m 左右矿内普遍有一层铝质泥岩(K_2)和粉砂岩，岩性致密，厚度较大。该层段分布稳定，隔水性能良好。

(6) 10 煤层上下砂岩裂隙含水层(段)

10 煤层顶板砂岩较为发育，细中粒结构，一般厚度为 10～20 m，直接底板以泥岩为主，部分钻孔有砂岩和粉砂岩。其下为叶片状砂泥岩互层，厚度为 0～40 m。此层段砂岩裂隙发育不均，局部裂隙发育较好，钻探时，构 12 孔在 F2 断层南侧，且处于露头浅部，由于断层影响，裂隙比较发育，施工时发生漏水现象。在构 12 孔附近 6 m 处施工的补 26 孔对此层位进行了抽水试验 S=38.87 m，q=0.094 9 L/(s·m)，K=0.45 m/d，矿化度为 2.08 g/L，水质为 $SO_4^{2-}\cdot Cl^- - Na^+ \cdot Ca^{2+}$ 型。

(7) 10 煤层下至太原组一灰顶隔水层(段)

该层段岩性以泥岩、粉砂岩为主，夹 1～2 层砂岩，部分钻孔见有砂泥岩互层及海相泥岩，其岩性致密，厚度较大。

5. 祁南矿

(1) 1～3-2 煤层间隔水层(段)

顶部与第三系呈不整合接触，风氧化带深度为 20～30 m，风化裂隙不发育，除部分地段地层缺失外，厚度一般大于 100 m，岩性一般为泥岩、砂岩、粉砂岩相互交替，以泥岩、粉砂岩为主，砂岩裂隙不发育，穿过此层段的钻孔未发生较大的冲洗液漏失现象，说明该层断隔水性能较好。

(2) 3-2～4 煤层间含水层(段)

含水层厚度为 6.06～63.62 m，一般为 23 m，3-2 煤层顶板多为中细粒砂岩，厚 5～10 m，在 3-2 煤层下 16.02～69.55 m 范围内发育一层灰白色的中粗粒砂岩即 K_3 砂岩，厚 0～30 m，一般厚 15 m，另外该层(段)大多有厚层细砂岩分布，但裂隙均不太发育，特别是浅部当 K_3 砂岩处于风氧化带范围内或构造破碎带内时，裂隙更为发育。如沿王楼背斜、张学屋向斜的褶曲轴两翼，受构造影响，K_3 砂岩裂隙较发育。

(3) 4～6 煤层隔水层(段)

此隔水层厚度为 48.52～129.26 m，一般为 83.60 m，以深灰色粉砂岩、泥岩为主，夹 3～5 层薄层砂岩。岩性致密完整，裂隙不发育，穿过该层(段)的钻孔均未发生冲洗液漏失现象，隔水性能好。

(4) 6～9 煤层间含水层(段)

此层段含水层厚度为 2.25～56.75 m，平均 23.60 m，其中 7、8 煤层顶、底板主要为中细砂岩，砂岩中高角度裂隙发育，但具有不均一性。钻探在 2011-15 孔钻进至 7 煤层上 541.56 m 泥岩时冲洗液消耗量为 0.9 m^3/h，2011-16 孔钻进至 7 煤层上 460.39 m 砂岩时冲洗液消耗量为全漏失，据勘探期间施工的 13-1410、20-212 两孔对7～9煤组抽水试验资料：$q=0.0004\sim0.002$ L/(s·m)，$K=0.000878\sim0.00992$ m/d，矿化度为0.759～1.721 g/L，水质为$SO_4^{2-}\cdot HCO_3^{-}-Na^{+}$型，富水性弱。

（5）9～10煤层上隔水层（段）

9～10煤层隔水层厚度为17.48～93.81 m，平均52.80 m。岩性为泥岩、粉砂岩，夹1～2层粉砂岩。9煤层下6～24.5 m处有一层铝质泥岩（K_2），其厚度为3～5 m，灰白色，夹有紫色、黄色、绿色花斑，是中、下煤组间分界线，是一个明显的标志层。该层（段）岩性致密，隔水性能较好，仅2011-16孔钻进至9煤层下517.30 m粉砂岩时冲洗液消耗量为全漏失。

（6）10煤层上、下砂岩裂隙含水层（段）

含水层厚度为1.64～44.73 m，平均19.80 m。岩性以灰白色中、细砂岩为主，夹灰色粉砂岩及泥岩。10煤层顶板多为细砂岩，结中粒结构，一般厚10～20 m，底板为泥岩、细砂岩，其下为叶片状的细砂岩，厚10～14 m。砂岩裂隙一般不发育。

（7）10煤层下至太原组一灰间隔水层（段）

该层（段）岩性主要为泥岩、粉砂岩，夹1～2层砂岩，局部有砂泥岩互层，岩性较致密。在一般情况下开采10煤层时，此段能起到隔水作用，但在局部地段，由于受断层影响，间距缩短甚至与灰岩对口，有可能造成“底鼓”或断层突水。

6. 恒源矿

含水层：二叠系煤系岩性为砂岩、泥岩、粉砂岩、煤层等，其中以泥岩、粉砂岩为主，不能明显地划分含（隔）水层（段），其中，砂岩可视为含水层。地下水主要储存和运移在以构造裂隙为主的裂隙网络之中，以储存量为主。含水层的富水性受构造裂隙控制，主要取决于岩层裂隙的发育程度连通性和补给条件。由于岩层裂隙发育具有不均一性，因此富水性也不均一。其主采煤层顶、底板砂岩裂隙含水层是矿井充水的直接充水含水层。

隔水层：二叠系煤系岩性为砂岩、泥岩、粉砂岩、煤层等，其中以泥岩、粉砂岩为主。不能明显地划分含（隔）水层（段）。其中泥岩、粉砂岩可视为隔水层，将各含水层阻隔。

7. 祁东矿

含水层：二叠系岩性为砂岩、泥岩、粉砂岩、煤层等，其中以泥岩、粉砂岩为主。砂岩组成含水层，各含水层之间均为有效隔水层阻隔，含水层的富水性主要取决于岩层的裂隙发育程度、连通性和补给条件。

隔水层：二叠系岩性为砂岩、泥岩、粉砂岩、煤层等，以泥岩、粉砂岩为主，其中泥岩、粉砂岩为隔水层。根据区域资料及主采煤层赋存的位置关系与裂隙发育程度划分为4个隔水层（段）。

8. 任楼矿

含水层：该井田二叠系岩层主要由泥岩、粉砂岩、砂岩及煤组成。建井期间，除

上一石门掘进到 K_3 砂岩出现涌水外，其他工程均未发现大量涌、出水现象，表明本层组裂隙均不发育，含水性弱。根据地层剖面岩性与井田主采煤层间的关系可分为 3 个含水段：3～4 煤层组间含水层段、5～8 煤层组间含水层段、铝土下至 11 煤层组间含水层段。

隔水层：① 3 煤层组上部隔水层段：该层段以灰～深灰色泥岩、粉砂岩为主，其中夹 2～6 层细砂岩。砂层厚 7～18 m，裂隙不发育，泥浆消耗量为 0.01～0.56 m^3/h。全区仅有 3214 孔在 2 煤层下部细砂岩中发生漏水。泥岩、粉砂岩致密完整，隔水性良好。

② 4～5 煤层组间的隔水层段：由浅灰色、灰黑色泥岩及粉砂岩组成，岩性致密完整，其中夹 3～7 层细砂岩，钻孔冲洗液消耗量为 0.01～0.26 m^3/h。全区所有钻孔在此层位均未发生漏水，表明该层段为较好的隔水层段。

③ 5～8 煤层组间的隔水层段：由灰色、灰黑色泥岩和粉砂岩组成，岩性致密完整，隔水性好。

④ 8 煤层组至铝土下隔水层段：以铝质泥岩为主，其次为泥岩及粉砂岩，岩性致密完整，含少量铝质，厚 15～30 m，分布稳定，隔水性良好。

⑤ 11 煤层至太灰隔水层段：太原组灰岩上距 11 煤层组底界面 16.4～43.53 m，均为灰黑色海相粉砂岩、泥岩，全层岩性致密完整，隔水性良好。

2.4.2.2 石炭系太原组灰岩溶裂隙水含水层(段)

1. 界沟矿

共有 127 个钻孔揭露该地层，最大揭露厚度为 135.09 m(38-4 孔)，多数钻孔仅揭露 1～2 层灰岩。岩性为海陆交替相沉积的石灰岩、泥岩、细砂岩、粉砂岩及薄煤层，以石灰岩为主。太原组石灰岩一般有 12 层，多者达 15 层，总厚度为 72.35 m，占全组总厚度的 54%。一灰厚度为 0.69～4.85 m，平均 2.13 m；二灰厚度为 1.586～5.18 m，平均 3.43 m；三灰厚度为 9.41～12.48 m，平均 11.08 m；四灰厚度为 7.82～13.81 m，平均 11.69 m。一～四灰平均厚度为 28.33 m；四灰厚度大，含有燧石结核，底部常有薄煤层；六、七、八灰多合并为一层；十二层石灰岩厚度大，普遍发育有燧石条带及结核，底部常有薄煤层。

一灰、二灰厚度小，三灰、四灰厚度较大，在本区域内将一～四灰视为统一的含水层(段)，为 10 煤层开采的主要充水含水层，是矿井主要防治水对象。五～十二灰埋深较大，同主采 10 煤层间距大于 100 m，为间接充水含水层段。

2. 朱庄矿

本矿 C36 和 90-观 3 两孔全部揭露太原组，其余多数钻孔仅揭露一～二层灰岩，少数钻孔揭露下部灰岩。该层厚 151～181 m，平均 158 m。岩性以石灰岩为主，其间夹泥岩、细砂岩、粉砂岩及薄煤层，局部见岩浆岩。太原组石灰岩有 12 层，石灰岩总厚度为 50～81 m，平均 69 m，占该组总厚度的 43%。单层厚度较大的有

三、四、十二灰等，四灰厚度大，含有燧石结核，底部常有薄煤层；六、七、八层石灰岩常合并为一层；十二层石灰岩厚度大，稳定程度较好。普遍发育有燧石条带及结核，底部常有薄煤层。石灰岩岩溶裂隙在浅部较发育，深部逐渐减弱。当岩溶裂隙发育时富水性较强，反之就弱。

3. 朱仙庄矿

该含水层总厚度为140 m左右，含灰岩11～12层，灰岩总厚度为62 m左右，约占该组的44%，各层灰岩间有一定的泥岩、粉砂岩隔水层。灰岩的富水性取决于岩溶裂隙发育程度。一般浅部露头区富水性较强，在深部－300 m以深相对较弱。

4. 桃园矿

矿内有40个孔揭露此层段，但只有6个钻孔穿过太原组。见灰岩11层，单层厚度为0.39～19.04 m，以第三、四、五层和第八、十一层灰岩最厚，太原组总厚度约190 m，灰岩厚度占全组厚度的40%左右。太灰地下水主要储存和运移在石灰岩岩溶裂隙网络之中，富水性主要取决于岩溶裂隙发育的程度，岩溶裂隙发育具有不均一性，因此富水性也不均一。第一～第四层灰岩处于浅部露头带岩溶裂隙发育，含水丰富，且水动力条件较好，因此在开采10煤层时，一～四灰水是其主要的补给水源。

5. 祁南矿

矿内揭露太原组灰岩的钻孔有3个：2011-14孔穿过太原组，但受构造影响，厚度仅为68.97 m(不利用)，揭露本溪组厚16.43 m，揭露奥灰97.07 m，2015-观1孔打穿了石炭系太原组和本溪组，太原组总厚度为153.35 m，石灰岩3层，厚度为29.95 m，并揭露奥陶系灰岩厚210.05 m；2016-观1孔打穿了石炭系太原组和本溪组，太原组总厚度为95.91 m，石灰岩4层，厚28.98 m，并揭露奥陶系灰岩厚206.03 m；相邻的祁东矿26-27-6孔打穿了石炭系太原组和本溪组，并揭露奥陶系灰岩厚10.60 m，太原组总厚度为192.81 m，石灰岩14层，厚82.66 m，石灰岩厚度占总厚度的42.81%。综上所述，矿井太原组厚95.91～192.81 m，平均147.35 m，灰岩3～14层，一般为8层，厚28.98～82.66 m。

太原组灰岩岩溶裂隙发育不均一，其富水性也不均一。一般情况下浅部1～4层灰岩岩溶裂隙较发育，富水性较好。1～4灰总厚度为25 m左右，单层厚度为3.79～10.42 m。

6. 恒源矿

恒源矿共有揭露太原组石灰岩钻孔110个(包括不利用钻孔U17、水10孔及6个井下钻孔)，11补-2、水8孔揭露全太原组地层，其余孔仅揭露1～4灰，05-3孔揭露10～12灰，全组总厚度为115.55 m。有12层石灰岩，厚53.87 m，占全组总厚度的46.6%。单层厚度为0.59～12.11 m，其中第三、四、五、十二、十三层石灰岩厚度较大，其余均为薄层石灰岩。地下水主要储存和运移在石灰岩岩溶裂隙网络之中，富水性强弱主要取决于岩溶裂隙发育的程度，岩溶裂隙发育具有不均一性，因此富水性也不均一。第一、二层石灰岩厚度小，第三、四层石灰岩厚度较大，岩溶裂隙发育，含水丰富。

7. 祁东矿

太原组最大揭露厚度为 192.78 m(26-27-6 孔)，含石灰岩 12 层，厚 83.26 m，石灰岩厚度占太原组总厚度的 43.20%。据抽水试验资料统一换算后 q=0.002 88～0.609 7 L/(s·m)，富水性弱～中等，K=0.003 898～3.046 2 m/d。

8. 任楼矿

本组地层由灰～灰黑色灰岩、泥岩、粉砂岩及薄层煤组成，属浅海及滨海相，总厚度为 128.87～130.46 m。本组地层共含灰岩 9～15 层，其灰岩总厚度为 48～71 m，占总厚度的 48%～60%。上部 1～4 灰岩层溶洞发育，大量钻孔都在该层段发生漏水。据 53_1、56_5、水$_1$、水$_8$、水$_{22}$及水$_{15}$孔抽水资料可知，S=7.5～42.32 m，Q=1.17～9.38 L/s，q=0.124 3～0.155 82 L/(s·m)，水质为 $Cl^- \cdot HCO_3^-$—$Na^+ \cdot Ca^{2+}$型，矿化度为 1.662～1.263 g/L，为富水性弱～中等的含水层。

2.4.2.3　奥陶系灰岩溶裂隙水含水层(段)

1. 界沟矿

据区域资料，奥灰地层厚度大于 500 m，矿区范围内 38-1、38-15、38-4、38-5、14-6、14-3、检 12、观-6 奥、观-7 奥、观-9 奥共 10 孔揭露，揭露厚度 2.75～54.60 m。灰色～微红色，致密坚硬，多见结晶，厚层状。其中检 12 孔在深度 535.10 m 处裂隙发育，分布有 0.2～0.5 cm 溶洞；38-5 孔 420.78 m 处岩溶裂隙面内被水流侵蚀，呈黄褐色，岩心表面多见蚀坑。上述钻孔揭露该层时，均未发现漏水现象。

根据界沟煤矿及周边矿井的奥陶系灰岩岩溶裂隙含水层的抽水试验结果，表明奥灰裂隙发育不均，但由于奥灰含水层厚度大，补给充足，平均水位标高+6.57 m，同太原组灰岩平均水位标高差 116 m，同四含平均水位标高差 110 m，因此奥灰含水层是太原组灰岩含水层、煤层顶板砂岩含水层、四含含水层的主要充水水源。

2. 朱庄矿

该层总厚度大于 500 m，本矿有 5 个钻孔揭露奥灰，最大揭露厚度为 55.19 m。该层含水层(段)岩性为奥陶系中统的老虎山组灰色微带肉红色致密坚硬的结晶厚层状石灰岩，含水空间为溶蚀裂隙，溶洞次之，富水性差别较大，奥陶系石灰岩岩溶裂隙发育十分不均，一般浅部岩溶裂隙发育，向深部逐渐减弱，当岩溶裂隙发育时富水性就强，反之就弱。

3. 朱仙庄矿

该层区域探明厚度大于 500 m，分布在本矿两翼，远离煤层，对矿井开采无直接充水影响，据 84-23 孔抽水资料：q_{91}=0.074 6 L/(s·m)，K=0.163 m/d，水质为 $SO_4^{2-} \cdot Cl^-$—$Na^+ \cdot Ca^{2+}$或 $Ca^{2+} \cdot Mg^{2+}$型。富水性与岩溶裂隙发育程度密切

相关，但总的来说，该含水层富水性不均一，局部富水性强。据奥灰水位观测资料（84-23 孔），2006 年 6 月 1 日奥灰水位为 5.8 m，2018 年五含试放水试验前，稳定水位为+2.1 m，水位下降明显，说明奥灰与矿井排水也有一定的联系。

4. 桃园矿

区域厚度超过 500 m，井田内揭露奥灰最大厚度为 143.39 m，主要成分为石灰岩，上部裂隙发育，有水蚀锈斑，局部溶洞、溶穴发育，直径为 0.6～1.2 cm，岩心破碎，并出现冲洗液全漏现象。$q=0.718\sim3.61$ L/(s・m)，为富水性中等至强的含水层，是矿井其他含水层的补给源，也是矿井充水的间接含水层，对矿井开采威胁最大。

5. 祁南矿

区域厚度超过 500 m，岩性为肉红色致密块状性硬隐晶质厚层状白云质灰岩，岩性致密，裂隙较发育，多为方解石脉充填。根据区域资料，该含水层岩溶裂隙发育具不均一性，在浅部风化带和构造破碎带附近较发育，而在深部或远离构造破碎带地段则不发育。奥陶系石灰岩岩溶裂隙发育十分不均，一般是浅部岩溶裂隙发育，向深部逐渐减弱，富水性浅部较深部强，反之就弱。

6. 恒源矿

区域厚度超过 500 m，恒源煤矿仅水 8 孔揭露厚度 118.89 m，为浅灰色厚层状石灰岩，具有不同规则灰色、浅灰白色斑纹，局部含有白云质。质纯性脆、微晶结构，高角度裂隙发育。据区域水文地质资料，该层（段）浅部岩溶裂隙发育，富水性强。

7. 祁东矿

奥陶系石灰岩岩溶裂隙含水层（段）据 SO_1 孔抽水试验资料：统一换算后 $q=0.001\ 05$ L/(s・m)，富水性弱，$K=0.000\ 084\ 5$ m/d。由于奥灰含水层距开采煤层较远，在地层正常情况下对矿坑无直接充水影响。

8. 任楼矿

本组地层由浅灰色、灰棕色厚层状灰岩组成，井田内揭露最大厚度为 135.75 m，区域厚度超过 500 m。3816 孔在此层位漏水，漏失量为 8.2 m^3/h；水 6 孔在 302～324.8 m 处分别见到 7.6 m 及 2.7 m 高的溶洞，由此推测奥陶系在基岩古风化剥蚀面以下 100 m 内岩溶溶洞发育，为岩溶陷落柱发育提供了良好的条件；根据抽水试验资料：$q=2.712$ L/(s・m)，$K=6.22$ m/d，为强富水性含水层。

2.5　水文地质单元划分

准确划分矿区水文地质单元对煤矿的安全开采具有重要的意义。本节将依据安徽省煤田地质局勘查研究院以及第三勘探队研究成果，将两淮煤田的水文地质单元具体划分成果叙述如下。

2.5.1 淮南煤田水文地质单元

淮南煤田地域上分为三大区块，淮南矿区、潘谢矿区和阜东矿区，区内构造条件复杂，构造单元上属于华北板块东南缘、豫淮坳陷南部，次一级构造单元为淮南复向斜，区内水文地质条件受控的主要因素为构造条件。南北对冲推覆，南翼的舜耕山断层、阜凤断层组成了舜耕山、八公山、口孜集由南向北的推覆体；北翼的上窑—明龙山—尚塘断层组成了上窑、明龙山由北向南的推覆体。东西向分别以新城口—长丰断裂、口孜集—南照集断裂为东西边界，以复式向斜为主体。相关专家和学者对该煤田的水文地质单元划分结果为：将整个煤田划分为南区、中区、北区三个一级水文地质单元，其中南区分为 4 个二级分区，中区分为 3 个二级分区，具体情况如表 2-7 与图 2-1 所示。

表 2-7　淮南煤田水文地质单元分区表(安徽省煤田地质局勘查研究院)

<table>
<tr><td rowspan="2">一级水文地质单元</td><td>名称</td><td colspan="4">南　区</td><td colspan="3">中　区</td><td>北　区</td></tr>
<tr><td>边界断层</td><td colspan="4">南起阜李断层，北至阜凤断层；东以新城口长丰断层为界</td><td colspan="3">南起阜凤断层，北至明龙山断层；东起新城口长丰断层，西至阜阳深断裂</td><td rowspan="3">南起明龙山断层，北至刘府断层；东起新城口长丰断层，西至阜阳深断裂</td></tr>
<tr><td rowspan="2">二级水文地质单元</td><td>名称</td><td>南-1</td><td>南-2</td><td>南-3</td><td>南-4</td><td>中-1</td><td>中-2</td><td>中-3</td></tr>
<tr><td>边界断层</td><td>陈桥、阜凤、阜李</td><td>Fn73、陈桥、阜凤、阜李</td><td>舜耕山、Fn73、阜凤、阜李</td><td>舜耕山、阜李</td><td>新城口、长丰、明龙山、阜凤、陈桥</td><td>口孜集、南照集、陈桥、阜凤、明龙山</td><td>口孜集、阜凤、阜阳断层、明龙山</td></tr>
</table>

对照水文地质单元划分结果，本区复杂、极复杂水文地质类型煤矿除新集二矿属于南-2 区外，其余矿井皆属于中区范围。其中张集煤矿与谢桥煤矿相邻分布在中-1 区与南-2 区交界地带，口孜东煤矿与刘庄煤矿相邻位于中-2 区与南-1 区交界地带，前述 4 处矿井与新集二煤矿自东向西基本沿近东西走向的阜凤逆冲断层带两侧分布；潘四东煤矿与潘二煤矿相邻位于中-1 区的中北部，板集煤矿位于中-2 区的中部，顾北煤矿位于中-1 区的中西部。

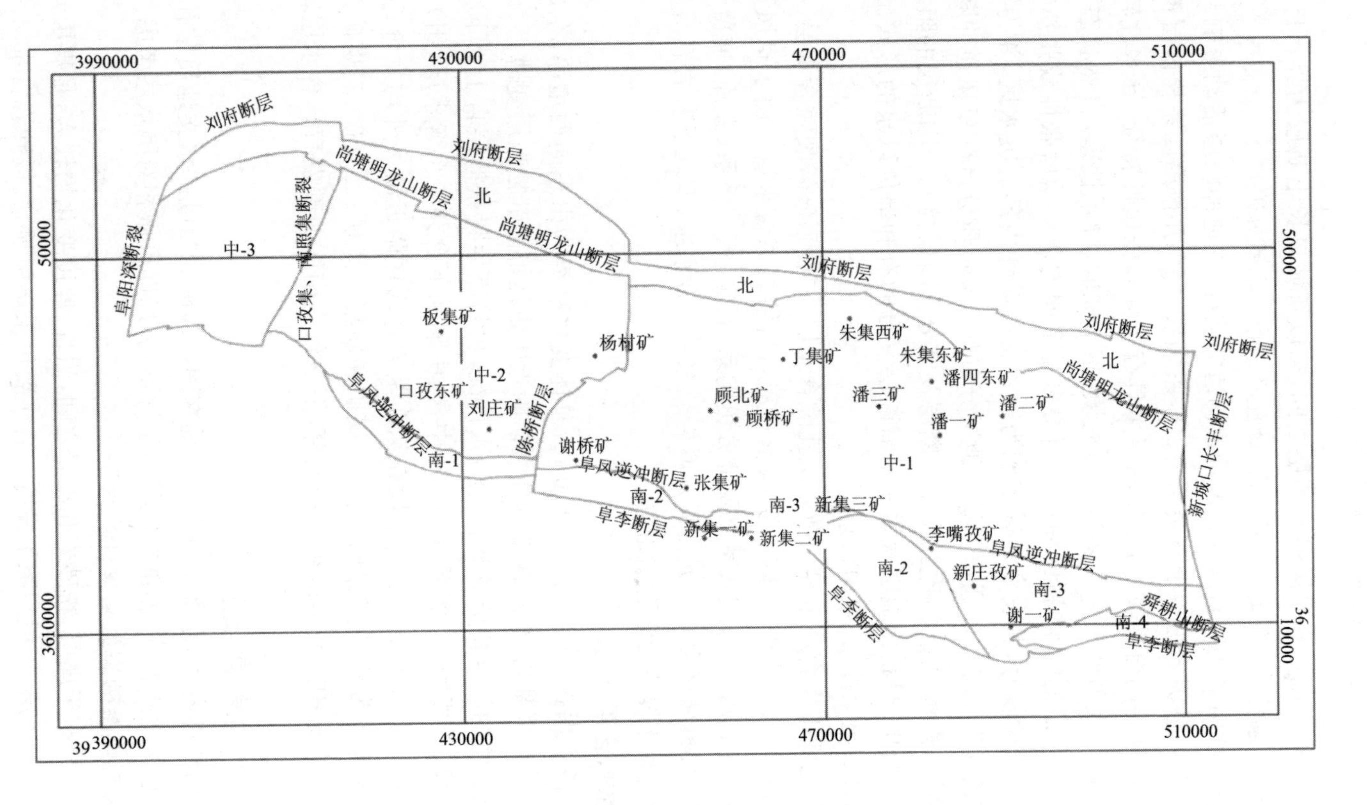

图2-1　淮南煤田水文地质单元分区图（安徽省煤田地质局勘查研究院）

2.5.1.1 南区一级水文地质单元

南区位于阜李断层和阜凤逆冲断层之间，东以新城口长丰断层为界。自西而东包括新集一、新集二、新集三，李嘴孜、新庄孜、谢一等多对矿井。

南区属于淮南复式向斜南翼逆冲推覆构造的前缘，受逆冲断层活动影响，寒武系、奥陶系灰岩、砂泥岩覆盖于石炭系—二叠系煤系之上，并被第四系松散层覆盖。该区中大型的断层闭合性较好，小型断层多具有张性和张扭性特征，导水性较好。钻井揭示的该区大型断层带大多为泥质充填，富水性弱，导水性差，自然状态下断层带一般具有一定的阻水特征，而小型断层多是多期构造运动后张性或张扭性活动的产物，导水性较好，其发育地区多成为富水带或矿井内部的突水区，并为地下水径流、排放提供了良好的通道。煤系地层分布及水文地质分区受阜凤逆冲断层、阜李逆冲断层、舜耕山逆冲断层、山王集断层及其分支断层控制。因断层的阻水作用，在东南八公山、舜耕山地区灰岩水沿着断层复合的有利部位以泉的形式出现，主要有珍珠泉、瞿家洼泉、泉山口泉等。

南区自上而下发育新生界松散砂层孔隙含水层、二叠系砂岩裂隙含水层、石炭系太原组石灰岩岩溶裂隙含水层、奥陶系石灰岩岩溶裂隙含水层。由于阜凤逆冲断层的作用，将下元古界、寒武系以及部分奥陶系、石炭系、二叠系(夹片)推覆于煤系地层之上，推覆体区存在下元古界片麻岩裂隙承压含水组、寒武系灰岩岩溶裂隙承压含水组、夹片裂隙岩溶含水带等。

1. 松散层含隔水层

南区松散层揭露厚度介于 0～800 m，总体变化趋势为由东向西增厚，东部八公山至舜耕山一带基岩出露，西部刘庄煤矿附近因古地形隆起松散层变薄。

按照沉积物的组合特征及其含(隔)水情况，可将新生界松散层自上而下大致分为上含上段、上段隔、上含下段、上隔、中含、中隔和下含共 4 个含水层(组)和 3 个隔水层(组)。上含上段至上含下段在除在基岩裸露区附近缺失外均发育，上隔在南区东部基本不发育，南区西部在刘庄煤矿和新集一煤矿、二煤矿、三煤矿部分区域缺失。中含至中隔在南区东部不发育，下含仅在南区西部发育。含水层富水性与区域类似。

2. 古近系“红层”层(组)

在南区的西部发育，东部不发育。目前在南区尚缺少“红层”水文地质钻孔，参照区域红层水文地质特征，南部“红层”富水性不均，局部可做相对隔水层考虑。

3. 二叠系煤系砂岩裂隙含(隔)水层

煤系砂岩分布于煤层、粉砂岩和泥岩之间，岩性、厚度变化均较大，是煤层开采时的直接充水含水层，一般裂隙不发育。各主要可采煤层顶、底板砂岩含水层之间均有泥岩、砂质泥岩、粉砂岩和煤层等隔水层阻隔砂岩含水层之间的水力联系。据区域抽水试验资料，煤系砂岩含水层富水性弱，一般具有储存量消耗型特征。

4. 石炭系太原组灰岩溶裂隙水含水层(段)

平均厚度为126 m左右。石灰岩层数一般为11～13层,其中C_3^1至C_3^3下(太原组第Ⅰ组灰岩)为1煤开采直接充水含水层,富水性弱～中等。

5. 奥陶系灰岩溶裂隙水含水层(段)

平均厚度约270 m。以灰色隐晶质及细晶、厚层状白云质灰岩为主,局部夹角砾状灰岩或夹紫红色、灰绿色泥质条带。岩溶裂隙发育极不均一,且在中下部比较发育,具水蚀现象,以网状裂隙为主,局部岩溶裂隙发育,具方解石脉充填,富水性一般弱～中等。

南区淮南矿区西南部和东南部为寒武系和奥陶系灰岩裸露区。该区灰岩地层与上覆的新生界地层的水力联系较好,新生界含水层水质类型以HCO_3^-－Ca^{2+}型为主,大部分水样Ca^{2+}的毫克当量大于60%,HCO_3^-的毫克当量一般大于50%,矿化度平均值为456 mg/L,受太灰水影响硬度较大,全硬度平均值为17.29°dH。

6. 推覆体含水层区

(1) 推覆体片麻岩区

推覆体片麻岩区主要分布于南区西部,沿煤田南边界展布,淮南老矿区局部可见,该区与煤系地层对接的含水层为推覆体系的下元古界片麻岩承压含水体。岩性主要为片麻岩,上部为风化带,裂隙较发育,中部为完整带,裂隙较小且多为钙质充填,下部受构造作用形成的破碎带。新集一煤矿该含水层水位标高+18.63 m,单位涌水量q=0.005 87～0.104 L/(s·m),渗透系数K=0.097～0.242 m/d,二矿井筒揭露时涌水量为2.5～26.5 m³/h,富水性弱～中等。

(2) 推覆体灰岩区

推覆体灰岩区分布于南区中部,沿阜凤逆冲断层展布,该区与煤系地层对接的含水层为推覆体下的寒武系灰岩岩溶裂隙承压含水体。平面上近东西呈条带状分布,岩性主要为灰岩、白云质灰岩、鲕状灰岩,夹泥岩、砂岩。寒武系灰岩垂厚受界面及边界断层控制。

该区域富水性差异性大,由弱富水至强富水。寒武系灰岩水富水性不均匀,天然条件下寒灰地下水位西北高,东南低。在上含下段接触段,寒武系灰岩水水位变化与上含下段相近,季节性变化明显。新生界底部有隔水层时,水位季节性变化不明显。寒武系灰岩在新集一煤矿井田北部与第四系砂岩直接接触,富水性较强。

(3) 推覆体煤系地层区

推覆体煤系地层区在淮南老矿区广泛分布,该区松散层下覆的含水层为夹片裂隙岩溶含水体,地理位置处淮南市区北郊,在望峰岗、安成铺、大通区等区域展布。夹片由奥陶系至石炭系、二叠系、三叠系的灰岩、砂岩、泥岩、砂质泥岩及煤层组成,灰岩主要由石炭系太原组薄层灰岩组成。

2.5.1.2　中区一级水文地质单元

中区是豫淮复向斜构造带的主体,南北夹挟于尚塘明龙山断层和阜凤逆冲断层之间,东以新城口长丰断层,西以阜阳深断裂为界。自西而东包括潘一、潘二、潘三、潘北、朱集东、朱集西、张集、顾桥、顾北、谢桥、刘庄、杨村、板集、口孜东等多对矿井。区内为松散层全覆盖。

中区自上而下发育新生界松散砂层孔隙含水层、二叠系砂岩裂隙含水层、石炭系太原组石灰岩岩溶裂隙含水层、奥陶系石灰岩岩溶裂隙含水层。

1. 松散层含隔水层

中区松散层揭露厚度介于30～860 m,总体变化趋势为由东向西增厚,古地形与松散层沉积厚度相对应,局部有古潜山。

按照沉积物的组合特征及其含(隔)水情况,可将新生界松散层自上而下大致分为上含上段、上段隔、上含下段、上隔、中含、中隔和下含共4个含水层(组)和3个隔水层(组)。

(1) 上含上段

上含上段全区发育完全,平均厚度为26 m左右,岩性与全区类似,接受大气降水和地表水补给,水位随季节变化,属潜水～弱承压水。据抽水试验资料,含水层富水性中等～强,是农业灌溉和居民生活用水源。

(2) 上段隔

全区发育,部分块段沉积缺失。平均厚度为14 m左右。以灰黄～褐黄色砂质黏土为主,局部地段夹薄层粉细砂,分布不稳定,能起一定隔水作用。

(3) 上含下段

平均厚度为40 m左右。由灰黄色松散中细砂、黏土质砂、砂质黏土组成,砂层厚度变化大,分布不稳定,在淮南矿区部分块段,中区东部区域上含下段含水层直接覆盖在基岩上。据区抽水试验资料,该含水层富水性中等～强,局部富水性极强。

(4) 上隔

平均厚度为10 m左右,中区的潘谢矿区南部及东部、阜东矿区西南部受古地形影响,上隔沉积缺失,上含下段含水层直接覆盖于基岩之上。该组由灰绿～灰黄色黏土、砂质黏土组成,局部夹薄层粉细砂、黏土质砂,黏土分布较稳定,能起隔水作用。

(5) 中含

平均厚度为170 m左右,整体自西向东增厚,中区潘谢矿区东南部潘集外围及南部新集各矿中含直接覆盖在基岩上。该层(组)主要由灰绿～杂色的中厚～厚层中砂、细砂及黏土质砂组成,局部胶结成岩。据区抽水试验资料,该含水层富水性弱～中等,局部强富水。

(6) 中隔

平均厚度为88 m左右,整体自西向东增厚,潘谢矿区东南部缺失。由灰绿色厚层黏土、砂质黏土和多层细、粉砂组成。黏土质细、纯,可塑性较强,具有膨胀性,黏土厚度大，分布稳定，隔水性能好，是区内重要的隔水层(组)。

(7) 下含

平均厚度为36 m左右，厚度变化较大(最大228.75 m)，整体自西向东增厚，东南部缺失。含水层(组)由上部灰白～灰黄色的中、细砂层(西部)和下部棕红色砂砾层、砾石层、黏土、砾石构成，砾石层间有棕红色黏土、砂质黏土分布。据区抽水试验资料，该含水层富水性弱～中等，富水性不均，局部强富水。

2. 古近系"红层"层(组)

主要由紫红色、灰白色大小不等石英砂岩、长石石英砂岩的岩块及砂、砾(局部见灰岩砾)和黏土混杂组成，该层在中区丁集、顾北、谢桥、张集、刘庄、口孜东、板集、杨村等煤矿均有分布。据区内抽水试验资料分析，该层富水性不均。局部富水，局部可做隔水层。其中据抽水试验资料显示丁集、张集、谢桥、刘庄等煤矿可做相对隔水层考虑，而顾北煤矿水文孔抽水试验资料显示局部富水性强。

3. 二叠系煤系砂岩裂隙含(隔)水层

煤系砂岩分布于煤层、粉砂岩和泥岩之间，岩性、厚度变化均较大，是煤层开采的直接充水含水层，一般裂隙不发育。各主要可采煤层顶、底板砂岩含水层之间均有泥岩、砂质泥岩、粉砂岩和煤层等隔水层，阻隔砂岩含水层之间的水力联系。据区域抽水试验资料，煤系砂岩含水层富水性弱，一般具有储存量消耗型特征。

4. 石炭系太原组灰岩溶裂隙水含水层(段)

平均厚度为126 m左右。石灰岩层数一般为11～13层，其中C_3^1至C_3^3下(太原组第Ⅰ组灰岩)为1煤开采直接充水含水层，富水性弱至中等。

5. 奥陶系灰岩溶裂隙水含水层(段)

平均厚度约270 m。以灰色隐晶质及细晶、厚层状白云质灰岩为主，局部夹角砾状灰岩或夹紫红色、灰绿色泥质条带。岩溶裂隙发育极不均一，且在中下部比较发育，具水蚀现象，以网状裂隙为主，局部岩溶裂隙发育，具方解石脉充填，富水性一般弱～中等。

2.5.1.3　北区一级水文地质单元

北部反冲逆冲推覆断裂带主要位于潘谢矿区以北地区，构造位置上处于淮南煤田北缘反冲推覆构造带，与煤田南缘逆冲推覆构造同期形成，北缘推覆构造主要是由于煤田南翼由南向北挤压推移受阻于蚌埠隆起的反向逆冲而形成，其南北两侧的分界断裂为尚塘—明龙山断裂和刘府断裂。受这两条断裂的制约，北区构造控水条件与南区近似，依据地质及钻孔资料揭示，无论是断裂活动强度还是断裂切割深度，北区构造带都远小于南区构造带，其断裂控水性可能也弱于南区断裂。北区中东部部分区域基岩为寒武系、奥陶系石灰岩，组成低山或残丘，构成寒武系和奥陶系石灰岩含水层的补给区。上窑区泉井涌水量为5～60 m^3/h，水温为17 ℃，为低矿化度重碳酸盐淡水。

北区大体划分为推覆体片麻岩区和灰岩裸露区，新生界松散层厚度变化与南区类似，都呈现为西部厚东部浅，各个子单元水文地质特征与南区同类型水文地质单元特征类似。目前该区无煤矿分布其中。

2.5.2 淮北煤田水文地质单元

淮北煤田的水文地质单元划分以宿北断裂为界，分为南北两个一级水文地质单元，其中北区为濉萧矿区，南区又以南坪断层和丰涡断层为界分为东段的宿县矿区、中段的临涣矿区和西段的涡阳矿区 3 个二级水文地质单元，故整个淮北煤田共划分为 4 个水文地质条件不同的分矿区，如图 2-2 所示。其主要按区内的断裂构造控制来进行划分。

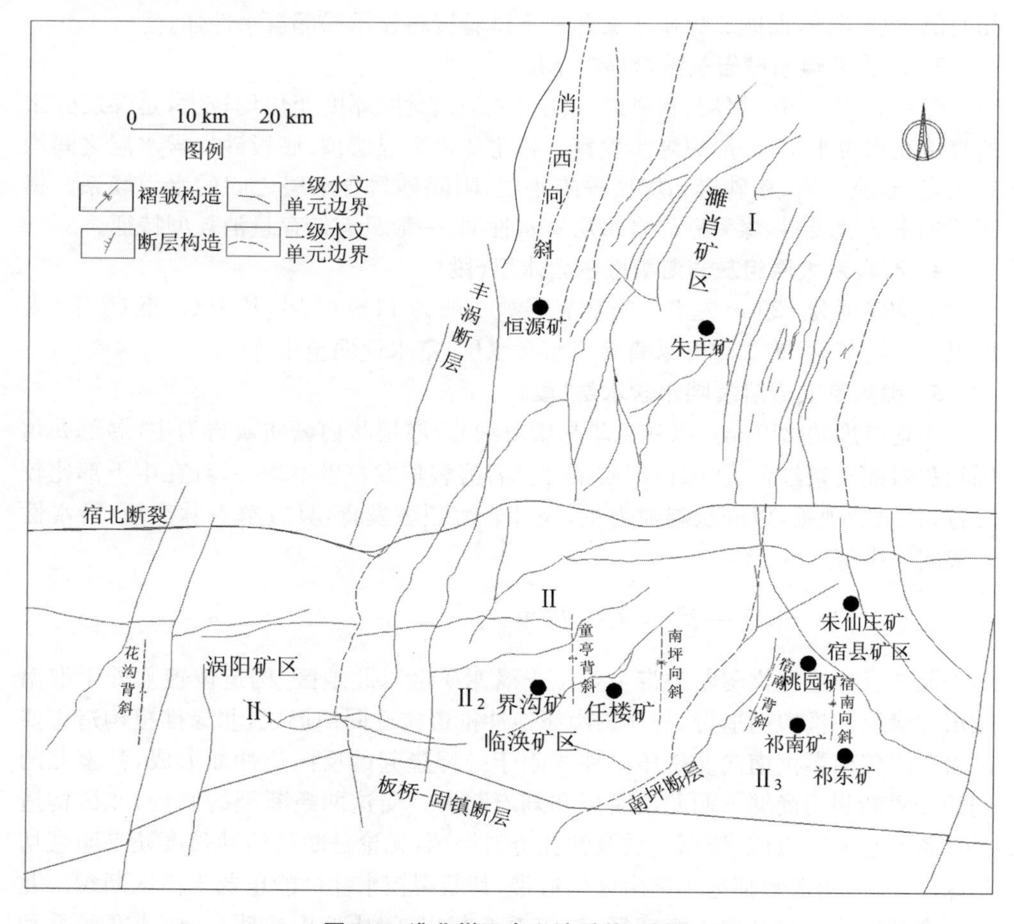

图 2-2　淮北煤田水文地质单元划分

对照水文地质单元划分结果，本区复杂、极复杂水文地质类型煤矿中，朱庄矿、恒源矿属于濉萧矿区，朱仙庄、桃园、祁南、祁东等煤矿属于宿县矿区，任楼和界沟煤矿属于临涣矿区。总体上宿县矿区水文地质条件复杂程度要高于其他矿区。

2.5.2.1　濉萧矿区水文地质单元

濉萧矿区地处淮北平原中部，矿区内地势较为平坦，自然标高为海拔30.50～32.30 m。矿区属淮河流域，区内有王引河、直河、丁沟、任李沟、曹沟、大庙沟等小型沟渠，均自西北流向东南经矿区汇入沱河后注入淮河。矿区的主要含水层系有4个，自上而下分别为第四系孔隙含水层组、煤系砂岩裂隙水含水层组、太灰岩溶水含水层组、奥灰岩溶水含水层组。第四系松散层地下水对矿井开采无直接影响。但太灰及奥灰岩溶水丰富，补给强度大，含水层可疏性差，对矿井安全威胁大。朱庄煤矿、杨庄煤矿位于同一向斜储水构造带，奥灰水除沿朱庄煤矿向斜补给外，另有来自东部山区的侧向补给，因此太灰及奥灰含水层富水性强，岩溶较为发育，矿井多次发生灰岩突水。

1. 第四系孔隙水含水层组

矿区的东部的闸河煤田，松散层厚度发育较薄，仅发育一个含水层(组)和一个隔水层(组)即上部全新统松散层孔隙含水层(组)，下部更新统松散层隔水层(段)。上部全新统砂层孔隙含水层(组)，$q=0.0043\sim2.131$ L/(s·m)，$K=0.003\sim12.953$ m/d，pH=6.4～7.6，水化学类型为 $HCO_3^- - Ca^{2+} \cdot Mg^{2+}$ 或 $HCO_3^- - Na^+ \cdot Mg^{2+}$。富水性弱～中等～强，为本矿区主要含水层之一。

矿区西部松散自上而下分一、二、三、四4个含水层(含水层间为3个隔水层)，仅四含对浅部的生产有一定的影响，绝大部分地区对生产没有影响。

2. 二叠系砂岩裂隙水含水层组

从上到下依次为五、六、七、八含水层，其中位于下石河子组的七含位于4煤层顶、底板，厚15～36.5 m，裂隙发育，含水比较丰富，单孔水量55～94 m^3/h，恒源煤矿井下曾发生过324 m^3/h的涌水。该含水层对生产的影响较大。

3. 太灰岩溶水含水层组

本区太灰地层厚130～146.9 m，含灰岩13层。其中上部的 $L_1\sim L_4$ 灰岩对生产有较大的影响，此组单孔涌水量 $q=0.992\sim0.815$ L/(s·m)，渗透系数 $K=2.857\sim0.045$ m/d，矿化度为0.35～3.6 g/L，水质类型为 $HCO_3^- - Na^+$ 或 $SO_4^{2-} - Ca^{2+} \cdot Na^+$ 型，为中等富水的含水层组。

4. 奥灰岩溶水含水层组

本组主要由韩家组(O_{1h})的硅质条带白云岩、白云岩，贾汪组(O_{1j})的钙质页岩、薄层角砾状灰岩、钙质页岩，萧县组(O_{1x})白云灰岩、泥岩、中厚层灰岩、角砾状灰岩，马家沟组(O_{2m})角砾状豹皮状白云质灰岩，老虎组(O_{2l})灰岩、白云质白云岩组成。奥陶系灰岩仅在相山—濉溪背斜以残丘或古潜山形式出露接受大气降水的补给，在本井田内部隐伏于C-P地层之下，岩溶裂隙发育，连通性强，水量丰富。该含水层钻孔单位涌水量 $q=2.83$ L/(s·m)，渗透系数 $K=2.36$ m/d，矿化度为 0.80～3.814 g/L，水质类型为 $SO_4^{2-}-Na^{+}\cdot Ca^{2+}$ 型。

矿区含水层之间存在着一定的联系。尽管矿井的主要排水量来自砂岩水，但多年的排水已经造成冲积层、太灰和奥灰水的水位的显著下降。刘桥一矿的太灰水位已经降至－367.23 m(2010 年 5 月)，但是矿区太灰水的下降很不均一，在刘桥一煤矿还存在着高水位区，刘桥一煤矿原水 13～水 14 孔之间的水位较其他观测孔的水位高出 81 m，在高水位区的Ⅱ623、Ⅱ626 工作面发生过 3 次出水灾害。恒源煤矿在 2009 年 11 月在矿井二水平对太原组 1～4 层灰岩含水层进行了放水试验，历时 9 天，放水量为 182 m³/h。放水试验结果认为二水平没有出现不可疏降的高水位区，并且太灰与奥灰之间的水力联系微弱。

根据生产揭露，濉萧矿区陈集向斜轴部一带陷落柱极为发育，刘桥一煤矿掘进过程中共揭露 11 个不导水的岩溶陷落柱。

矿区内部分断层导水，含水层之间存在着一定的水力联系。据井下观测资料，断层两盘岩性致密完整时，呈潮湿或干燥状，但岩性破碎和裂隙发育时常会滴水、淋水甚至发生突水事故。例如，杨庄煤矿局部断层导水性较强，特别是当断层沟通 6 煤层下太灰含水层时易发生突水现象。一些较大的断裂带本身虽不含水，导水性也差，但是在其两侧派生的一些次级小断层及裂缝带往往含水丰富，导水性也较强。杨庄煤矿有的落差较大的断层实际揭露时并没有发生出水现象，但是在其两侧裂隙较发育，采掘过程中揭露的一些小断层多数有淋水、滴水或渗水现象，甚至少数断层有滞后突水现象。比如 1988 年 10 月 24 日，Ⅱ617 工作面因断层沟通太灰发生突水，突水量最大达 3 153 m³/h，造成二水平被淹，恢复治理工作长达两年以上。刘桥一煤矿的陈集逆断层水 13 钻孔揭露时漏水严重，水位最高，位于断层附近的Ⅱ623、Ⅱ626 工作面发生过 3 次出水。恒源煤矿巷道穿过孟口逆断层时发生过 80 m³/h 的突水。

总之，濉萧矿区受到下伏太灰水的威胁和危害，个别区域存在高水位区，部分断层导水，含水层之间具有一定的水力联系等问题，开采水文地质条件较为复杂，另外在“十二五”开采期间受老空水的威胁逐渐明显。

2.5.2.2　宿县矿区水文地质单元

宿县矿区位于宿南短轴宽缓向斜和宿东向斜内，两个向斜之间被逆断层分割。矿区的东部为宿东背斜，西部为宿南背斜(图 2-3)。

宿县矿区的主要含水层组有 4 个，自上而下分别为松散层孔隙含水层组、煤系砂岩裂隙含水层组、太灰岩溶含水层组、奥灰岩溶含水层组。对生产有影响和威胁的含水层为松散层孔隙含水层、砂岩裂隙含水层和太灰含水层。

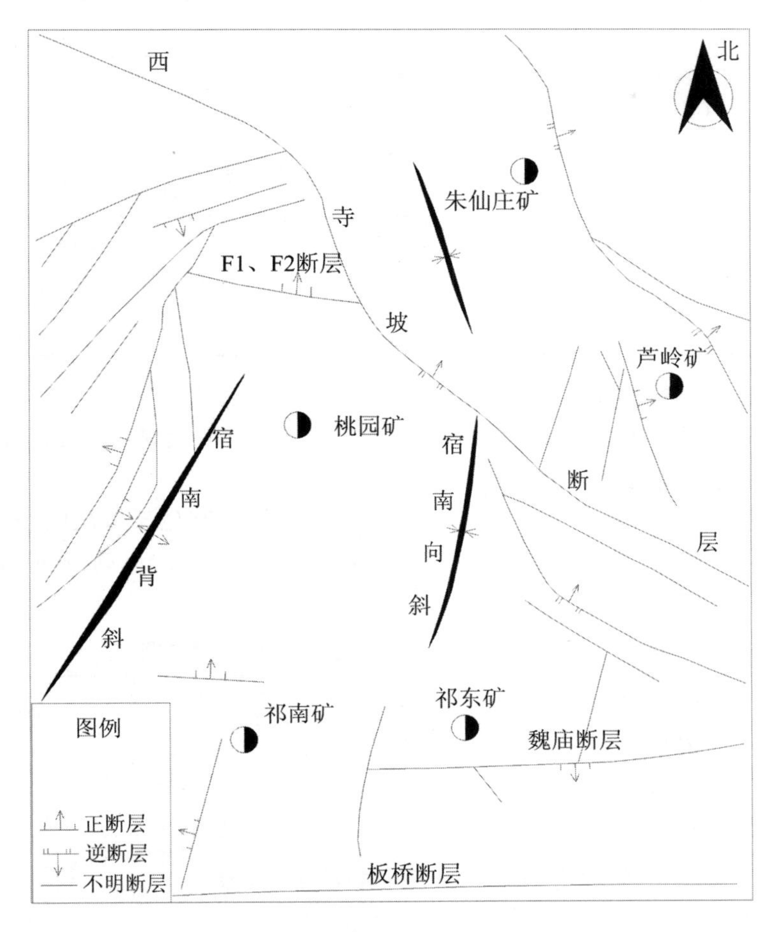

图 2-3　宿县矿区构造纲要和井田分布图

1. 孔隙含水层

孔隙含水层组由 5 个含水层和 4 个隔水层组成，对生产有直接影响的是第五和第四含水层。第五含水层是侏罗系含水层，是本矿区特有的含水层，该含水层主要分布于朱仙庄煤矿的北部，为山麓洪积相的砾石层。孔隙含水层水文地质特征，如表 2-8 所示。

表 2-8　宿县矿区孔隙含水层水文地质特征表

含水层(组、段)名称	厚度(m)	单位涌水量 q(L/(s・m))	渗透系数 K(m/d)	富水性	水质类型
新生界一含	15～30	0.1～5.35	1.03～8.67	中～极强	HCO_3^-—$Na^+ \cdot Mg^{2+}$
新生界二含	10～60	0.1～3.00	0.92～10.95	中～强	$HCO_3^- \cdot SO_4^{2-}$—$Na^+ \cdot Ca^{2+}$ HCO_3^-—$Na^+ \cdot Ca^{2+}$

续表

含水层(组、段)名称	厚度(m)	单位涌水量 q(L/(s·m))	渗透系数 K(m/d)	富水性	水质类型
新生界三含	20～80	0.143～1.21	0.513～5.47	中等～强	$SO_4^{2-}\cdot HCO_3^-$—$Na^+\cdot Ca^{2+}$ $HCO_3^-\cdot SO_4^{2-}$—$Na^+\cdot Ca^{2+}$
新生界四含	0～57	0.000 24～2.635	0.001 1～5.8	弱～强	$SO_4^{2-}\cdot HCO_3^-$—$Na^+\cdot Ca^{2+}$ $HCO_3^-\cdot Cl^-$—$Na^+\cdot Ca^{2+}$
侏罗纪五含	44～102	0.029～4.377 1	0.326～6.84	中等～强	$SO_4^{2-}\cdot Cl^-$—$Na^+\cdot Ca^{2+}$

由于煤层的赋存状态不同,四含对矿井的危害方式也不同。朱仙庄煤矿和芦岭煤矿因F4逆断层的影响,地层倾角较平缓,因此防(隔)水煤(岩)柱压煤量很大。

2. 煤系地层砂岩含水层

煤系地层砂岩含水层主要由3个含水层组成,由于都位于煤层的顶、底板,对生产的影响最大,该含水层的水是矿井涌水量的主要组成部分,约占60%,含水层的性质如表2-9所示。

表2-9 宿县矿区煤系地层砂岩含水层水文地质特征表

含水层(组、段)名称	厚度(m)	单位涌水量 q(L/(s·m))	渗透系数 K(m/d)	富水性	水质类型
3煤层砂岩(K_3)含水层	20～60	0.02～0.87	0.023～2.65	弱～中等	$HCO_3^-\cdot Cl^-$—$Na^+\cdot Ca^{2+}$ SO_4^{2-}—$Ca^{2+}\cdot Na^+$
6～9煤层砂岩含水层	20～40	0.002 2～0.12	0.006 6～1.45	弱～中等	$HCO_3^-\cdot Cl^-$—$Na^+\cdot Ca^{2+}$ SO_4^{2-}—$Ca^{2+}\cdot Na^+$
10煤层上下砂岩含水层	25～40	0.003～0.13	0.009～0.67	弱～中等	$HCO_3^-\cdot Cl^-$—Na^+ HCO_3^-—Na^+

3. 太原组灰岩含水层

该含水层是威胁宿县矿区各矿10煤层开采的主要含水层,桃园煤矿发生过多次太灰突水灾害,对生产的影响较大。含水层的主要特征如表2-10所示。

4. 奥陶系灰岩含水层

奥陶系灰岩含水层是矿区富水性较强的含水层之一,其水文地质特征如表2-10所示。

宿县矿区各含水层存在着一定的水力联系,其中砂岩含水层和第四系含水层之间,太灰含水层和奥灰含水层侧向之间存在着水力联系。

表 2-10　宿县矿区太灰和奥灰含水层水文地质特征表

含水层（组、段）名称	厚度（m）	单位涌水量 q(L/(s·m))	渗透系数 K(m/d)	富水性	水质类型
太原组灰岩含水层	47～135	0.003 4～11.4	0.015～36.4	弱～极强	$HCO_3^-\cdot SO_4^{2-}—Ca^{2+}\cdot Mg^{2+}$ $SO_4^{2-}\cdot Cl^-—Na^+\cdot Ca^{2+}$
奥陶系灰岩含水层	约 500	0.006 5～45.56	0.007 2～60.24	极强	$HCO_3^-—Ca^{2+}\cdot Mg^{2+}$ $SO_4^{2-}\cdot HCO_3^-—Ca^{2+}\cdot Mg^{2+}$

2.5.2.3　临涣矿区水文地质单元

临涣、海孜、童亭、许疃、孙疃、杨柳等煤矿分别位于临涣区童亭短轴背斜东西两翼(图 2-4)。本区属于隐伏型矿区，地面标高＋20.78～＋28.58 m。本矿区发育孔隙含水层组、煤系地层砂岩裂隙含水层、太原组灰岩含水层和奥陶系灰岩含水层。

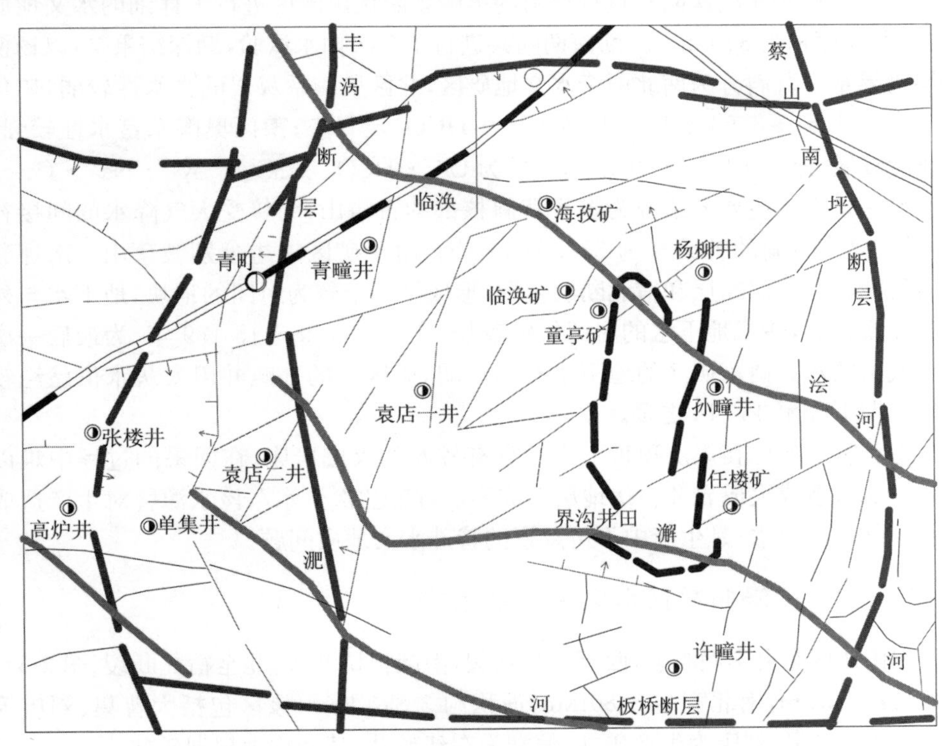

图 2-4　临涣矿区构造纲要和井田分布图

松散层厚度为 159.65～368.10 m，总体上其厚度自北向南逐渐增大。整个松散层，自上而下划分为 4 个含水层和 3 个隔水层，其中厚为 0～56.62 m 的第四含水层对煤矿的浅部开采有一定的影响。静止水位标高＋26.23～＋35.79 m，单位涌水量 q=0.020 6～0.353 L/(s·m)，渗透系数 K=0.112 7～0.27 m/d，水质为 SO_4^{2-}—

$Ca^{2+}\cdot Mg^{2+}$。

煤系砂岩含水层组由4个含水层组成,但各含水层多不富水。尽管矿井涌水量主要由该含水层组提供,但由于砂岩裂隙发育不均一,一般富水性弱,以储存量为主,补给不足,对生产影响小。由于没有稳定的补给源,矿井排水会造成砂岩含水层水位显著下降。

太原组地层总厚度为131.81～144.01 m,共含灰岩9～15层(临涣煤矿水8孔和童亭059孔),灰岩总厚度为49.70～66.68 m,占地层总厚度的48%～60%。灰岩的厚度也有南厚北薄的趋势,在许疃煤矿,L1～L4灰岩的厚度为33～35 m。单位涌水量q=0.000 030 8～0.285 L/(s·m),渗透系数K=0.000 060 5～0.78 m/d,矿化度为0.22～2.172 g/L,水质类型$SO_4^{2-}-K^+\cdot Na^+$。灰岩距10煤层51.69～68.31 m(孙疃煤矿),灰岩距8煤层140 m左右(许疃煤矿)。

奥陶系灰岩含水层厚度大于500 m,2004～2005年淮北矿业集团公司委托安徽煤田地质局水文勘探队对童亭背斜的奥陶系隐伏出露区进行了详细的水文地质勘探,勘探面积为340 km²。勘探期间共进行了7次抽水试验,勘探结果是:以杨柳断层为界童亭背斜分为南北两个水文地质区,北区奥陶系灰岩的富水性较弱,矿化度较高为3.51～3.63 g/L,水质为$Cl^-\cdot HCO_3^--Na^+$;南区奥陶系富水性较强,矿化度较低,为1.058～1.321 g/L,水质为$Cl^-\cdot HCO_3^-\cdot SO_4^{2-}-K^+\cdot Na^+\cdot Ca^{2+}$。临涣矿区地下水主要补给源为童亭背斜核部的古潜山,为接受大气降水的间接补给,整个童亭背斜的补给量为359.58 m³/h。由于矿区周边分别被蔡山—南坪断层、板桥断层、丰涡断层和宿北断层包围,形成了一个较为封闭的地块,地下水与外界的交换较弱,造成地下水的居留年龄较长,介于13 528～15 189年,为最后一次冰期残留的水。由于矿区的地下水补给源弱,矿区内的孙疃井田太灰水位已经较开采初期下降了450 m之多。

由于临涣矿区在煤层顶板上方发育有较厚的火成岩床,在回采的过程中难以垮落、沉降,造成火成岩和下伏地层形成离层,产生“次生水”,该水源曾对生产造成危害,所以“次生水”是生产中不可忽视的特殊水文地质问题。

2.5.2.4 涡阳矿区水文地质单元

涡阳矿区东自丰涡断裂,西至亳州断裂,南起板桥断裂,北至宿北断裂(图2-5)。东西长约70 km,南北宽30～80 km,面积约3 850 km²,该区包括大曹集、刘店等10个井田,涡阳、刘店为生产矿井,信湖为在建矿井,其余均为规划矿井。

本区为隐伏型矿区,地面标高+20～+50 m,区内冲积层厚度为40～500 m,自北向南、自东向西逐渐增厚。其中四含的单位涌水量为0.002～2.6 L/(s·m),富水性弱～强。四含仅对浅部煤层开采有一定影响。

二叠系砂岩含水层分为3～4煤层间、7～8煤层间、10煤层上下,单位涌水量一般为0.002～0.87 L/(s·m),富水性弱～中等。

石炭系灰岩共有 11～13 层，灰岩厚度累计 40 m 左右，其中 L_3、L_4，L_9、L_{12} 灰岩厚度较大，渗透系数为 0.036 9～0.163 3 m/d，单位涌水量一般为 0.005 4～0.023 9 L/(s・m)(刘店煤矿)，富水性变化大。太灰距离煤层的厚度变化较大，其中涡北煤矿 11 煤层底板隔水层的厚度为 7.63～20.52 m，平均间距为 14.40 m，刘店煤矿 10 底板隔水层的厚度正常地段为 16.11～58.98 m，断层错动地段为 6.17～24.5 m。太灰水水位原始标高为＋20.41 m，目前太灰水位为－65 m(刘店煤矿)，太灰富水性总体较弱，但具不均一性，局部地点富水。

矿区内揭露奥陶系地层钻孔较少。据区域地层资料，本区仅发育奥陶系下统和中统，厚 347～377 m，岩性为灰岩及白云质灰岩互层，矿区东南部边界外为其隐伏露头区。

寒武系地层矿区东北部宿北断裂的北侧为其隐伏露头区。矿区内钻孔未揭露。据区域地层资料，寒武系厚度大于 600 m，岩性为灰色鲕状灰岩、白云岩、灰质白云岩及白云质灰岩，裂隙岩溶发育。

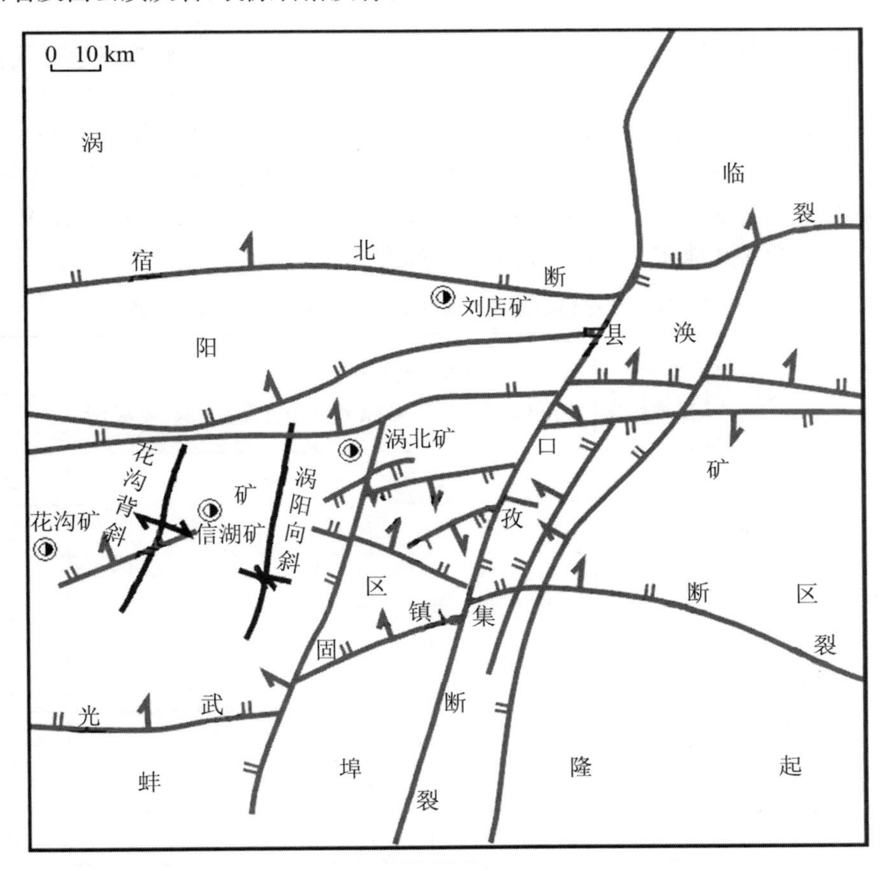

图 2-5　涡阳矿区构造纲要图和井田分布图

第3章 矿井充水因素及水害类型

3.1 充水水源

3.1.1 淮北矿区

由前所述,淮北矿区含水层可根据地下水赋存介质特征划分为新生界松散层孔隙含水层及侏罗系砂岩含水层、二叠系煤系砂岩裂隙含水层和太原组以及奥陶系石灰岩岩溶裂隙含水层。其中新生界松散层一般可划分为3个隔水层和4个含水层。矿井主要充水水源有新生界松散层底部孔隙含水层(四含)水、主采煤层顶/底板砂岩裂隙含水层水、灰岩岩溶裂隙含水层水、老空水等。2020～2022年淮北矿区(极)复杂水文地质类型煤矿充水水源如表3-1所示。

表3-1 淮北矿区(极)复杂水文地质类型煤矿充水水源统计表

	矿名 \ 充水水源	新生界松散层水	侏罗系砂岩含水层(五含)水	煤系砂岩裂隙水	石灰岩岩溶裂隙含水层(太灰、奥灰)水	老空水
淮北矿区	界沟煤矿	√		√	√	√
	朱庄煤矿			√	√	√
	朱仙庄煤矿	√	√	√	√	√
	桃园煤矿	√		√	√	√
	祁南煤矿	√		√	√	√
	恒源煤矿	√		√	√	√
	祁东煤矿	√		√		√
	任楼煤矿	√		√	√	√

1. 新生界松散层水及侏罗系砂岩水

新生界松散层水，特别是其底部的第四含水层(组)(简称“四含”，其他含水层简称类似)地下水，一般直接覆盖在煤系地层之上，是矿井浅部煤层开采充水的间接充水含水层。从四含的岩性组合、沉积厚度、分布范围以及现场抽水试验分析，淮北矿区煤矿四含水富水性弱至中等。在浅部沿风化裂隙带和采空区垮落裂缝带或顺煤层进入矿井，在留有防(隔)水煤(岩)柱的情况下，四含水是浅部煤组开采的补给水源。另外，矿井主、副、风井筒均穿过新生界松散层，砂层水是井筒可能出水的主要水源。

另外，侏罗系第五含水层在朱仙庄煤矿北部发育，富水性极强，也是矿井北部煤层开采的主要充水水源。

2. 煤系砂岩裂隙水

在掘进和工作面回采时，受采掘破坏或影响的主要是各主采煤层顶、底板砂岩裂隙含水层，因其位于疏干开采的层位。所以，各主采煤层顶、底板砂岩裂隙含水层是矿井充水的直接充水含水层。其富水性受构造裂隙发育程度的控制，一般富水性弱。地下水处于封闭～半封闭环境，补给条件差，以储存量为主。淮北各矿生产实际表明，此类水在不与其他富水性强的含水层发生水力联系时，涌水量一般不大，易疏干，对矿井生产不会构成水患威胁。但是局部地段因构造影响，或者岩浆岩蚀变带裂隙发育，使其富水性较强，具有突发性涌水的特征。

3. 灰岩岩溶裂隙水

石炭系太原群C_3Ⅰ组灰岩岩溶裂隙含水层距下组煤层(10煤层或6煤层)一般为30～60 m，是该组煤开采的间接充水水源，富水性一般为弱至中等。奥陶系岩溶裂隙含水层距离开采煤层较远，正常条件下对矿井不构成威胁，但会通过断层、岩溶陷落柱、岩溶溶隙、裂隙等导水通道对矿井间接充水，甚至造成矿井突水，是矿井间接充水水源，也是煤矿安全生产的主要水害隐患。

4. 老空水

本区煤矿为全隐伏式煤田，煤系地层被巨厚新生界松散沉积物覆盖，矿井开采形成的采空区及老巷、硐室积水是矿井主要充水水源之一。各矿井采空积水区范围、积水深度、积水量等情况清楚，易于防范，部分煤矿积水量大于1 000 m^3的采空区统计如表3-2、表3-3和表3-4所示。

区内的朱庄煤矿、恒源煤矿等矿井受关闭的地方小煤矿及近年来去产能闭坑的国有煤矿影响，在矿界处存在着相邻煤矿的老空水威胁，如恒源煤矿由于相邻的刘桥一煤矿及新庄煤矿闭坑停排水，在靠近矿界的工作面老空，可能存在老空水威胁矿井安全。

表 3-2　界沟煤矿采空区积水统计表

序号	采空区名称	积水长度(m)	最大水头高度(m)	积水面积(m^2)	采厚(m)	积水量(m^3)
1	1013	359	8	13 003		22 000
2	1014	102	10	3 036		4 123
3	1015	573	49	104 799		128 674
4	7222	578	7.5	12219	4.5	16 585
5	7212		7	9 260		6 892
6	8221		10	10 313		8 816
7	1023		4.5	2 621		3 598

表 3-3　祁南煤矿采空区积水统计表

序号	采空区名称	积水长度(m)	积水面积(m^2)	采厚或巷高(m)	积水量(m^3)
1	$6_1$11	667	33 865	1.6	13 994
2	$6_1$21	330	9 367	1.6	3 208
3	711	155	2 198	3.9	1 741
		101	2 174		1 670
4	716	75	867	5.6	1 126
		210	4 022		5 329
		100	1 162		1 532
5	715	753	64 601	4.5	93 724
6	$7_1$24	572	24 065	1.7	13 285
7	$7_1$23	749	39 628	1.9	21 877
8	1027	196	10 207	2.2	6 477
		106	3 500		1 400
9	10210	157	1 826	2.2	4 150
10	368	978	56 853	3.6	64 206
11	344	460	14 413	3.6	16 553
12	348	609	73 404	3.5	71 292
13	328	700	57 328	3.2	50 655

续表

序号	采空区名称	积水长度(m)	积水面积(m^2)	采厚或巷高(m)	积水量(m^3)
14	$7_2$22	224	4 575	2.7	4 460
		257	5 246		5 114
15	10112$_外$	135	10 295	2.6	4 990
16	$6_1$26 风巷	298	1 202	3.2	1 154
17	726 底板巷	456	1 879	3.2	1 804
18	34 下 6	632	18 658	3.5	15 507

表 3-4　任楼煤矿采空区积水统计表

序号	采空区名称	积水标高(m)	积水面积(m^2)	积水量(m^3)
1	Ⅱ$8_2$22S 工作面	−590	5 404	5 223
2	$7_2$27 工作面	−482	25 200	50 400
3	Ⅱ$8_2$22 外段机巷	−614		2 370
4	$7_2$59 工作面	−504	2 940	4 880
5	$7_2$57 工作面	−427	13 440	10 200
6	$8_2$31 工作面	−390	3 260	2 086
7	Ⅱ$5_1$12 机巷	−663		1 173
8	Ⅱ$5_1$12 工作面	−663	1 928	1 118
9	Ⅱ$5_1$12 工作面	−663	3 294	3 096
10	$7_2$55 工作面	−367	3 950	3 265

5. 采动离层水

覆岩变形破坏过程中，可能会因岩性差异造成非均一沉降而在软硬岩层界面(如巨厚岩浆岩层或煤层顶板厚层坚硬砂岩与下伏的煤层顶板软弱岩层)形成离层裂隙或空隙，若存在积水，当冒落裂隙带波及离层空间时，会发生严重充水，形成离层水。

离层水以矿区内的海孜煤矿、杨柳煤矿为典型代表，曾发生过采动离层水涌水。

6. 地面区域治理高压注浆次生水害

底板灰岩水害地面区域治理工程采用高压注浆技术向灰岩含水层中的溶隙、裂隙及破碎带压注水泥浆，注浆压力高达 15 MPa，当顺层钻孔临近采掘工作面时易突破有限的煤岩柱；或通过裂隙等，发生跑浆、窜浆，甚至破坏井下巷道，造成巷道底鼓、片帮；或进入采空区、老巷造成局部巷道壅堵，形成老空积水。采掘工作面接近上述区域时应采取物探＋钻探循环超前探放水措施。

3.1.2 淮南矿区

由前所述，淮南矿区含水层根据地下水赋存介质特征划分为新生界松散层孔隙含水层、二叠系煤系砂岩裂隙含水层和太原组及奥陶系石灰岩岩溶裂隙含水层。矿井主要充水水源有新生界松散层孔隙水、煤系砂岩裂隙水、(太灰、奥灰)岩溶裂隙含水层水、老空水等。2020～2022年淮南矿区复杂、极复杂水文地质类型煤矿充水水源如表3-5所示。

表3-5 淮南矿区(极)复杂水文地质类型煤矿充水水源统计表

	矿名 \ 充水水源	新生界松散层孔隙水	煤系砂岩裂隙水	(太灰、奥灰)岩溶裂隙含水层水	老空水	采动离层水	推覆体含水层水
淮南矿区	潘二煤矿	√	√	√	√		
	谢桥煤矿	√	√	√	√		
	张集煤矿	√	√	√	√		
	潘四东煤矿	√	√	√	√		
	顾北煤矿	√	√	√	√		
	新集二煤矿	√	√	√	√	√	√
	刘庄煤矿	√	√	√	√		
	口孜东煤矿	√	√		√		
	板集煤矿	√	√		√		

1. 新生界松散层孔隙水

新生界松散层孔隙水底部含水层水，是区内大部分矿井开采的间接充水水源。一般与基岩含水层间无水力联系，但在局部新生界底部黏土层缺失区，底部砂砾层直接覆盖在煤系地层之上(天窗区)区域，可通过煤系砂岩露头接受新生界下含入渗补给。故“天窗区”下部含水层(组)是开采浅部煤层时矿井涌水主要补给源。

区内潘二、谢桥、刘庄等煤矿新生界中部隔水层和底部红层组成的复合隔水层(组)广泛分布，可阻隔中部含水层与煤系基岩之间的水力联系，因此新生界孔隙含水层(组)对矿床充水没有影响。张集煤矿未来3年存在缩小防(隔)水煤岩柱开采工作面，新生界下含水是矿井的间接充水水源。目前，潘四东煤矿矿井开采第一水平，无提高上限开采工作面，基本不受下含水的影响。

顾北煤矿新生界松散层下部含水层(组)局部("天窗")直接覆盖在煤系之上。另外，新集二煤矿二隔和三含呈东西向带状缺失，形成二含直接覆盖于基岩之上的"天窗"区，二含对推覆体寒灰产生垂向渗透补给；非"天窗"区，三含水可对推覆体寒灰和片麻岩产生越流或垂向渗透补给。由于间隔有厚度较大的推覆体，新生界松散层与原地系统(相对推覆体而言的原有地层)无直接水力联系。口孜东煤矿、板集矿四含与基岩直接接触，是基岩含水层的重要补给水源，主采煤层均留设安全煤(岩)柱开采，松散层水主要通过煤系砂岩裂隙含水层间接补给对矿井充水。

综上分析，新生界松散层孔隙水是矿井的间接充水水源，一般情况下对煤矿安全开采影响较小。板集煤矿、潘三煤矿等矿井的井筒曾发生过松散层孔隙含水层透水事故，应加强对井筒破坏变形及涌水量监测，发现异常情况应及时处理。

2. 煤系砂岩裂隙水

同淮北矿区各矿相同，煤系砂岩裂隙水是矿井充水直接充水源，该含水层(组)一般富水性弱，补给水源有限，井下巷道开拓掘进中所见出水点多以淋水、滴水形式出现，一般出(突)水初期水量大、水压大，但在短期内大幅度衰减，逐渐转为淋水、滴水，直至干涸，具存储消耗型特征。因此，虽是矿井直接充水源，但对矿井开采不构成安全威胁。

新集二煤矿13-1和11-2煤顶板砂岩裂隙较发育，且受上覆推覆体寒灰水、推覆体片麻岩水补给，富水相对较丰富。但通过采掘实际证明，经过超前疏放后，不会威胁矿井安全生产。

3. 灰岩岩溶裂隙含水层水

石炭系太原群C_3Ⅰ组灰岩岩溶裂隙水是区内A组煤层开采底板的直接充水水源，富水性弱。开采A组煤需对C_3Ⅰ组含水层进行疏水降压。奥陶系岩溶裂隙含水层距离开采煤层较远，正常条件下对矿井不构成威胁。2020～2022年区内谢桥煤矿仅在1煤层顶板布置两条巷道，灰岩岩溶裂隙水可能通过断层或隐伏构造进入巷道。张集煤矿、潘四东煤矿、顾北煤矿目前主采1煤层，该煤层与石炭系顶部灰岩平均距离为16.6 m，太原组上段灰岩水是其直接充水水源。刘庄煤矿2020～2022年矿井将对东二采区1煤进行开拓准备，1煤层距太原组灰岩较近，平均间距为16.13 m，开采1煤时，太灰上段将成为1煤开采的直接充水水源。口孜东煤矿2020～2022年开采13-1、5煤层，板集煤矿2020～2022年只涉及8煤层开采，无1煤层开采计划，灰岩水不是矿井的充水水源。

4. 老空水

本区煤矿为全隐伏式煤田，煤系地层被巨厚新生界松散沉积物覆盖，矿井不具备小井开采的条件，因此无小井充水威胁。矿井开采形成的采空区及老巷、硐室积水是矿井主要充水水源。各矿井老空积水区范围、积水深度、积水量等情况清楚，易于防范。部分矿井应注意防范近年来由于去产能关闭的煤矿因闭坑停排水造成的次生水害威胁。

5. 采动离层水

覆岩变形破坏过程中,可能会因岩性差异造成非均一沉降而在软硬岩层界面(如推覆体片麻岩、寒武系灰岩与煤系接触面或阜凤断层带、顶板厚层砂岩)形成离层裂隙或空隙,若存在积水,当冒落裂隙带波及离层空间时,会发生严重充水。

在冒落裂隙带之上,还可能会产生局部裂隙,使上覆煤层顶板砂岩含水层和推覆体含水层的含水、导水能力增强。离层水在两淮矿区个别矿井均有存在,以淮北矿区的海孜煤矿、杨柳煤矿为典型代表,本区新集二煤矿存在着离层水威胁。主要原因是推覆体片麻岩、寒武系灰岩与煤系接触面或阜凤断层带形成的离层裂隙或空隙。

6. 推覆体含水层水

新集一带的主要构造为推覆构造,受其影响将外来古元古界片麻岩、寒武系、下夹片地层(奥陶系、石炭系、二叠系)推覆于煤系地层之上,属推覆体下、阜凤逆冲断层带下煤层开采(图 3-1)。目前推覆体寒武系灰岩岩溶裂隙水是新集煤矿 13-1 煤层安全开采的主要水害。

推覆体寒武系灰岩上部富水性中等,向下减弱,底部受阜凤逆冲断层影响富水性相对较强,主要受二含补给,储存量和补给量均较丰富。随矿井深入,该含水体对生产的影响减弱,但若后期矿井向 F10 断层以北开拓,则在 F10 断层附近仍可能影响巷道掘进。

7. 地面区域高压注浆治理次生水害

底板灰岩水害地面区域治理工程是采用高压注浆技术向灰岩含水层中的溶隙、裂隙及破碎带压注水泥浆。注浆压力在 15 MPa 以上,当顺层钻孔临近采掘工作面时易突破有限的煤岩柱;或通过裂隙等,发生跑浆、窜浆甚至破坏井下巷道,造成巷道底鼓、片帮;或进入采空区、老巷造成局部巷道壅堵,形成老空积水。采掘工作面接近上述区域时应采取物探+钻探循环超前探放水措施。

3.2 充水通道

两淮矿区复杂、极复杂水文地质类型煤矿充水通道主要有:断层、原生或构造裂隙、采动破坏裂隙、岩溶陷落柱、封闭不良钻孔等。各煤矿具体充水通道如表 3-6 所示。

表 3-6 两淮矿区复杂、极复杂水文地质类型煤矿充水通道统计表

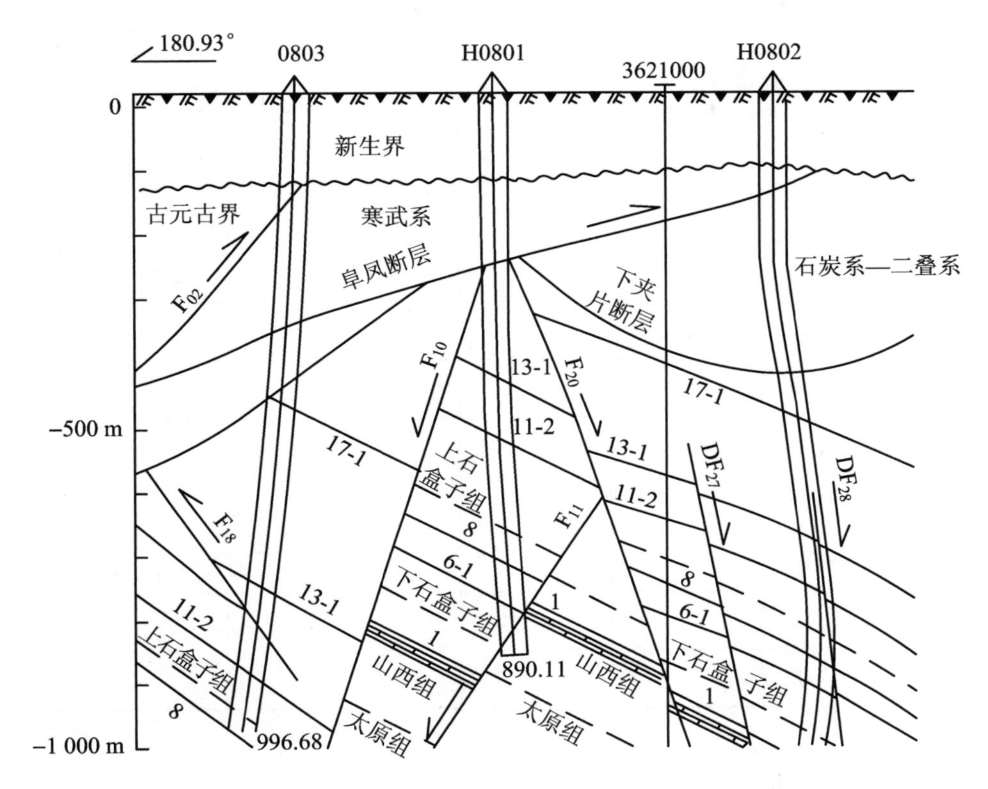

图 3-1　新集二煤矿推覆体剖面图

	通道类型 / 矿名	岩溶陷落柱	断　层	封闭不良钻孔	原生或构造裂隙	采动破坏裂隙
淮北矿区	界沟煤矿		√	√	√	√
	朱庄煤矿	√	√	√	√	√
	朱仙庄煤矿		√	√	√	√
	桃园煤矿	√	√	√	√	√
	祁南煤矿	√	√	√	√	√
	恒源煤矿	√	√	√	√	√
	祁东煤矿	√	√	√	√	√
	任楼煤矿	√	√	√	√	√

续表

	通道类型 矿名	岩溶陷落柱	断层	封闭不良钻孔	原生或构造裂隙	采动破坏裂隙
淮南矿区	潘二煤矿	√	√	√	√	√
	谢桥煤矿	√	√	√	√	√
	张集煤矿	√	√	√	√	√
	潘四东煤矿		√	√	√	√
	顾北煤矿	√	√	√	√	√
	新集煤矿		√	√	√	√
	刘庄煤矿	√	√	√	√	√
	口孜东煤矿		√	√	√	√
	板集煤矿		√	√	√	√

3.2.1 断层

断层是矿井充水最主要的导水通道。由于断层的性质、规模、两盘岩性、后期改造等因素不同,其导水性能不同。

淮北矿区内,根据煤矿断层抽(注)水试验等勘探和井下采掘揭露资料,矿区内断层一般富水性弱,导水性差。但随着矿井采掘深度的不断增加,断层的导水能力可能会有所增强。不能排除个别断层在采动影响下存在活化导水的可能性。因此对采动条件下断层的导水性问题应加强防范。

淮南矿区在揭露断层带时均未发现严重的钻孔漏水,在自然状态下富水性极弱、导水性差。其中刘庄井田内断层较发育,在煤系地层中均为阻水断层,但刘庄煤矿开采深度大,部分断层切割灰岩或造成灰岩与煤层对接,受采动影响活化后可成为导水通道。

3.2.2 陷落柱

岩溶陷落柱作为一种强导水通道造成的突水淹井是我国煤矿严重的水害之一。岩溶陷落柱严重影响矿井安全生产,往往会造成突水淹井事故,给矿井带来灭顶之灾。在陷落柱附近进行采掘活动时,应按规定开展陷落柱探查治理工作,查明陷落柱的导富水性、发育范围等。根据探查结果采取留设安全煤岩柱或治理工程措施消除该陷落柱安全隐患。两淮矿区岩溶陷落柱发育情况详情如下所述。

淮北矿区复杂、极复杂水文地质类型煤矿共揭露陷落柱15个，三维地震共解释疑似陷落柱（含物探异常体）33个，其中朱庄煤矿揭露3个陷落柱，三维精细化解释1个疑似陷落柱。桃园煤矿揭露2个陷落柱，其中1个为导水陷落柱，另有疑似陷落柱陷落柱3个。恒源煤矿在生产过程中，揭露陷落柱3个，三维地震勘探解释7个疑似陷落柱。祁东煤矿已查明陷落柱3个，1个构造异常体，已对其进行物探及钻探验证，未发现含水、导水陷落柱。任楼煤矿生产期间已发现并且治理了3个导水陷落柱，表明任楼煤矿有陷落柱形成的地质条件。

淮南矿区复杂、极复杂水文地质类型煤矿共揭露陷落柱7个，三维地震共解释疑似陷落柱（含物探异常体）20个，其中潘二煤矿发现1个隐伏陷落柱，2017年5月25日，潘二煤矿12123工作面底抽巷联络巷底板发生突水，最大突水量14 000 m^3/h，造成矿井深部水平被淹，后经探查治理工程证实为隐伏在巷道底板的岩溶陷落柱顶部溶隙、裂隙导通深部寒武系灰岩水造成突水。刘庄煤矿120601工作面回采过程中揭露1个隐伏陷落柱，无水，其深部发育情况及含、导水仍需进一步探查；口孜东煤矿井田内发育6个三维地震反射波异常区，经地面验证和井下物探、钻探探查，基本排除对11-2煤以上地层中发育陷落柱的可能，但陈桥背斜以南具备岩溶陷落柱的发育条件，因此口孜东煤矿背斜南翼的三维地震反射波异常区在深部煤层中可能成为导水通道；谢桥煤矿发现3个岩溶陷落柱（1＃、2＃、5＃），均位于东翼采区。张集煤矿已发现疑似陷落柱4个，井田发育有2＃陷落柱及1＃疑似陷落柱。

两淮矿区复杂、极复杂水文地质类型煤矿疑似陷落柱及物探异常体具体情况见附录1。

3.2.3　封闭不良钻孔

淮北矿区煤矿均存在封闭不良钻孔，封闭不良钻孔是煤系砂岩裂隙含水层与新生界松散层含水层、灰岩含水层沟通的通道。其中界沟煤矿井下及地面共有封闭不良钻孔6个。朱庄煤矿钻孔多数封闭较好，但也有少数钻孔为封闭不良钻孔，区内有34个封闭不良钻孔。恒源煤矿共有17个封闭不良钻孔。祁东煤矿封闭不良钻孔资料台账共记载封闭不良钻孔21个。任楼煤矿矿界范围内有14个封闭不良钻孔，根据采掘接替计划，未来3年内采掘范围内无封闭不良钻孔。

淮南矿区煤矿同样均存在封闭不良钻孔，封闭不良钻孔是可能导入新生界松散砂层水或底板灰岩水的通道。

3.2.4 裂隙

裂隙主要有构造裂隙、原生裂隙、采动破坏裂隙等，广泛分布在各矿井岩层中。煤系地层裂隙发育不均一，局部原生或构造裂隙尤其是高角度裂隙较发育密集区，是天然的充水通道。井下采掘活动引起顶、底板破坏带，形成人为裂隙网络，与砂岩含水层导通，会形成人工充水通道。采动破坏产生的裂隙，会改变岩层原有的裂隙状况，形成新的裂隙网络，其储水、导水能力增强，一旦导通含水层或富水区，便会发生突水。此外，井壁拉伸破坏变形产生的裂隙，井壁混凝土浇灌接缝等缝隙是新生界松散砂层水充入井筒的主要通道。

3.3 矿井涌(突)水分析

3.3.1 矿井涌水量

3.3.1.1 矿井实测涌水量

两淮矿区复杂、极复杂水文地质类型煤矿矿井实测涌水量如表 3-7 所示。

表 3-7 两淮矿区(极)复杂水文地质类型煤矿矿井 2017～2019 年实测涌水量统计表(单位:m³/h)

	煤 矿	2017 年		2018 年		2019 年	
		正常	最大	正常	最大	正常	最大
淮北矿区	界沟煤矿	253	288	239	305	203	237
	朱庄煤矿	222	258	215	249	184	194
	朱仙庄煤矿	292	340	273	293	188	
	桃园煤矿	633	650	744	789	729	774
	祁南煤矿	312	295	313	297	227	246
	恒源煤矿	512	539	478	523	486	530
	祁东煤矿	276	283	263	273	260.9	269
	任楼煤矿	159	132	169	132	178	162

续表

	煤　矿	2017年		2018年		2019年	
		正常	最大	正常	最大	正常	最大
淮南矿区	潘二煤矿	125	138	135	162		
	谢桥煤矿	343	364	316	331	298	316
	张集煤矿(中央区)	124	155	120	152	145	151
	张集煤矿(北区)	113	178	272	438	410	427
	潘四东煤矿	74	86	71	85	72	80
	顾北煤矿	114	146	218	294	194	213
	新集二煤矿	410	465	344	392	394	507
	刘庄煤矿	267	276	274	306	280	312
	口孜东煤矿	50	70	57	71	69	79
	板集煤矿	9	10	10	12	20	36

根据表3-7,并结合水文地质资料,对两淮矿区复杂、极复杂水文地质类型煤矿,作出如下分析:

1. 淮北矿区

近3年界沟煤矿矿井涌水量为192～305 m^3/h,最小值为2018年12月的192 m^3/h,最大值为2018年3月的305 m^3/h,平均涌水量为231.67 m^3/h;朱庄煤矿最大涌水量为258 m^3/h,平均涌水量为185.67 m^3/h,涌水量变化范围为162～258 m^3/h;朱仙庄煤矿实测月平均矿井涌水量最小为169 m^3/h,最大为336 m^3/h,2019年1～10月平均为188 m^3/h;桃园煤矿近3年涌水量为548～789 m^3/h,年平均为707.73 m^3/h,涌水量浮动较大,主要受采区放水影响,其中最大涌水量为2018年2月的789 m^3/h,最小涌水量为2017年12月为548 m^3/h。

祁南煤矿最大涌水量为2017年4月的374.8 m^3/h,年平均为278.39 m^3/h,涌水量变化范围在211.55～374.8 m^3/h;恒源煤矿一水平南北翼的正常涌水量为29.4 m^3/h,最大涌水量为100 m^3/h(含刘桥一煤矿老空水65 m^3/h),二水平南北翼的正常涌水量为267 m^3/h,最大涌水量为340 m^3/h。近3年矿井最大涌水量539.3 m^3/h,年平均涌水量为492.1 m^3/h,涌水量总体在441～539.3 m^3/h浮动;祁东煤矿年平均涌水量为262.33 m^3/h,最大涌水量为2017年9月的283 m^3/h,变化范围在252～283 m^3/h;任楼煤矿矿井涌水量变化范围在107～178 m^3/h,最大涌水量为 178 m^3/h,年平均涌水量为 142 m^3/h。

2. 淮南矿区

近 3 年潘二煤矿最大涌水量为 162.3 m^3/h,年平均涌水量 128.62 m^3/h,期间 2017 年 5 月发生突水事故,至年底矿井处于突水抢险和恢复状态,2018 年 5 月全面恢复生产;谢桥煤矿最大涌水量为 364.3 m^3/h,年平均涌水量 319 m^3/h,矿井涌水量整体处于稳定状态;张集煤矿近 3 年矿井中央区的最大涌水量为 155.2 m^3/h,正常涌水量为 127.6 m^3/h,北区最大涌水量为 437.70 m^3/h,正常涌水量为 220.83 m^3/h,其中北区灰岩水最大涌水量 323.6 m^3/h,正常涌水量 143.46 m^3/h,北区煤系砂岩水最大涌水量为 118.3 m^3/h,正常涌水量 77.37 m^3/h。北区 2018 年矿井涌水量增大是由于西二 1 煤－566 m 水仓外口 C_3Ⅲ灰岩测压孔打开放水以及 17236 运顺探放 17226 老空水所致。潘四东煤矿最大涌水量为 2017 年 7 月的 85.70 m^3/h,年平均涌水量为 72.21 m^3/h,涌水量总体在 58.90～85.70 m^3/h,无较大波动。

此外,顾北煤矿最大涌水量为 2018 年 8 月的 293.5 m^3/h,年平均涌水量为 175.13 m^3/h,涌水量总体在 72.3～293.5 m^3/h,疏放灰岩水导致变化较大;新集二煤矿最大涌水量为 507 m^3/h,年平均涌水量为 382.67 m^3/h,2018 年由于 130610 工作面回采后补给水造成矿井－550 m 水平东翼采区老空水锐减;中央区 120609 工作面回采后补给水造成矿井－550 m 水平西翼采区老空水锐减,从而当年矿井最大涌水量和正常涌水量均低于正常年份;刘庄煤矿最大涌水量为 2019 年 3 月的 312 m^3/h,年平均涌水量为 273.53 m^3/h,总体在 239.3～312 m^3/h 变化;口孜东煤矿最大涌水量为 78.9 m^3/h,年平均涌水量为 58.8 m^3/h,总体在 30.43～78.9 m^3/h 之间变化,涌水量相对稳定;板集煤矿最大涌水量为 35.5 m^3/h,年平均涌水量为 13.07 m^3/h,2019 年矿井涌水量有增大趋势,但近 3 年涌水量总体在 8.8～35.5 m^3/h 之间变化,浮动不大。

3.3.1.2　*矿井涌水量构成*

两淮矿区复杂、极复杂水文地质类型煤矿矿井涌水量构成如表 3-8 与表 3-9 所示。从表中看出每个矿井涌水量构成主要包括:顶/底板砂岩水、新生界松散层第四含水层(组)、太灰水、井筒淋水等。

表 3-8　淮北矿区(极)复杂水文地质类型煤矿矿井涌水量构成统计表

涌水量构成 / 矿名	新生界松散层含水层	顶/底板砂岩水	太灰水	井筒淋水(井下防尘、煤层注水、生产用水等)
界沟煤矿	√	√	√	√
朱庄煤矿		√	√	√

续表

矿名 \ 涌水量构成	新生界松散层含水层	顶/底板砂岩水	太灰水	井筒淋水(井下防尘、煤层注水、生产用水等)
朱仙庄煤矿	√	√	√	√
桃园煤矿	√	√	√	√
祁南煤矿	√	√	√	√
恒源煤矿		√	√	√
祁东煤矿	√	√		√
任楼煤矿	√	√	√	√

表3-9 淮南矿区(极)复杂水文地质类型煤矿矿井涌水量构成统计表(单位:m^3/h)

矿名 \ 涌水量构成	煤系水	灰岩水	井筒水	采空区疏放水	生产用水
潘二煤矿	√	√	√		√
谢桥煤矿	√	√			√
张集煤矿	√	√			√
潘四东煤矿	√	√			√
顾北煤矿	√	√	√		√
新集二矿	√	√	√	√	√
刘庄煤矿	√		√	√	√
口孜东煤矿	√		√		√
板集煤矿	√				√

3.3.2 矿井涌水量预测

矿井涌水量预测一般采用地下水动力学法和水文地质比拟法,两淮矿区复杂、极复杂水文地质类型煤矿矿井涌水量预测结果如表3-10与表3-11所示。

表 3-10　淮北矿区(极)复杂水文地质类型煤矿矿井预测涌水量(单位:m^3/h)

涌水量预计 矿名	一水平		二水平		三水平		三水平延伸		矿井	
	正常	最大	正常	最大	正常	最大	正常	最大	正常	最大
界沟煤矿	275	363	224	348					346	455
朱庄煤矿							75	103	230	316
朱仙庄煤矿	138	236	158	271	145	248			385	659
桃园煤矿	324	515	607	711						
祁南煤矿									301	425
恒源煤矿	50	140	218	246					549	620
祁东煤矿			107	136					322	410
任楼煤矿									180	234

表 3-11　淮南矿区(极)复杂水文地质类型煤矿矿井预测涌水量(单位:m^3/h)

涌水量预计 矿名	煤系砂岩水		灰岩水		井筒水	(−967 m)水平		(−1 200 m)水平		矿井	
	正常	最大	正常	最大		正常	最大	正常	最大	正常	最大
潘二煤矿	114	127	12		11					136	1149
谢桥煤矿										380	697
潘四东煤矿	102	118	73	210						176	409
顾北煤矿										221	543
新集煤矿										542	783
刘庄煤矿										470	623
口孜东煤矿						228	430	254	461	228	463
板集煤矿										578	794

从表中看出两淮矿区复杂、极复杂水文地质类型煤矿矿井预测正常涌水量为136～932 m^3/h,最大涌水量为234～1 226 m^3/h。

3.3.3　矿井突(出)水分析

3.3.3.1　淮北矿区

淮北矿区突水量大于30 m^3/h的突水点有112个，其中30 $m^3/h \leqslant Q \leqslant 60$ m^3/h的小突水点有63个，60 $m^3/h < Q \leqslant 600$ m^3/h的中等突水点有45个，600 $m^3/h < Q \leqslant 1\,800$ m^3/h的大突水点有2个，突水量大于1 800 m^3/h的特大突水点有2个。淮北矿区各煤矿主要突水情况如下：

1. 界沟煤矿

2004年2月开始建井至2018年12月，共发生突水2次。2007年5月21日1013工作面开采10煤层，工作面推进70 m时，在老空区突水，突水量210 m^3/h，突水水源为太原组灰岩水，突水通道为采动破坏煤层底板裂隙。底板注浆改造后，水量逐渐减小，后稳定在30 m^3/h左右。另一次突水为1015工作面井下灰岩水钻孔套管断裂造成的，最大突水量为56 m^3/h。

2. 朱庄煤矿

经统计，2001年2月～2019年8月朱庄煤矿共发生56次突水，突水量为2～1 420 m^3/h。其中4煤层突水5次，突水量为2～15m^3/h，水源均为煤系砂岩裂隙水；5煤层突水6次，突水量3～30 m^3/h，均为煤系砂岩裂隙水；6煤层突水46次，其中底板灰岩水突水20次，最大突水量1 420 m^3/h，为2005年1月25日，Ⅲ622工作面开采6煤层时发生底板突水，是太原组灰岩水通过断层裂隙造成的，后经底板注浆堵水，封堵了突水。经分析，朱庄煤矿底板灰岩突水点多集中在断层带两侧、断层交汇部位、断层尖灭端、向斜轴部。

3. 朱仙庄煤矿

自建井到投产以来，突水量大于30 m^3/h的突水有29次，最大突水量为7 200 m^3/h。一水平已采的12个工作面，有6个工作面出水，最大突水量为7 200 m^3/h，有3个工作面由于出水影响了生产。其中突水水源为煤系砂岩裂隙水的有12次，突水量为30～90 m^3/h，特点为：初始涌水量较大，很快衰减，对安全生产有一定影响，但不构成安全威胁。突水水源为四含水的有10次，突水量为30～162 m^3/h；突水水源为老空水的有5次，突水量为30～80 m^3/h；突水水源为断层水的有1次，突水量为62 m^3/h；突水水源为五含水的有1次，突水量为7 200 m^3/h。通过对工作面出水进行长期观测，分析原因，基本摸清了工作面出水与断裂构造、采动矿压、岩性及覆岩结构等因素有关，其中断裂构造是工作面出水的主导因素，采动矿压是工作面出水的控制因素，岩性及覆岩结构是工作面出水的基础条件。

4. 桃园煤矿

在矿井生产过程中，10煤层开采时共发生突水19次，突水量为30～29 000 m^3/h，其中底板突水有15次,顶板突水有3次(突水量为33～53 m^3/h),老空出水1次。矿井开采期间10煤层底板太灰突水14次,突水量为33～550 m^3/h。其中因采动裂隙突水量小,对矿井生产没有太大影响;而采动周期来压或断裂构造导致的突水,水量大,对矿井安全生产有较大影响。由于灰岩水具有水压高,水量大的特征,易造成突水灾害,故太灰、奥灰水是10煤层开采时矿井安全生产的重大隐患。

5. 祁南煤矿

自1997年以来,共发生突水26次,其中突水量大于10 m^3/h的发生21次,最大突水量为200 m^3/h。突水水源为井壁裂隙及三含水的有5次,突水量为38～80 m^3/h;突水水源为煤系砂岩裂隙水的有14次,突水量为3～60 m^3/h;突水水源为太灰水的有5次,突水量为20～200 m^3/h;突水水源为老空水的有2次,突水量为10～30 m^3/h。近3年来没有发生过大于5 m^3/h的突水。

6. 恒源煤矿

自4煤层开采以来共发生顶板突水24次,底板突水16次,最大的一次是2001年10月7日4413工作面的4煤层顶板砂岩裂隙含水层突水,至10月9日突水量最大达350 m^3/h。近3年4煤层开采未发生矿井突水;6煤层开采共发生顶板突水26次,底板突水27次,最大突水量为123 m^3/h。近3年6煤层开采发生3次突水,最大突水量为20 m^3/h。

7. 祁东煤矿

建井以来共发生突水25次,主要是3、6、7煤层开采掘进过程发生的突水,突水层位3_2煤层顶、底板4次,4煤层顶、底板1次,6_1煤层顶、底板7次,7_1煤层顶、底板10次,四含3次,涌(突)水量为5～1 520 m^3/h。

8. 任楼煤矿

1989年1月～2018年12月间共发生不小于10 m^3/h的出(突)水25次,其中岩溶陷落柱导通奥灰水突水1次,煤层顶板砂岩含水层(包括“四含”)突水16次,老空水8次。部分出(突)水点,出水时间长,水量大,如上一回风石门因K_3砂岩导通“四含”出水达10年之久,最大出水量为218 m^3/h;$7_2$22工作面因陷落柱导通奥灰突水,最大突水量达34 570 m^3/h,从发生突水至全矿淹没仅6 h。

3.3.3.2　淮南矿区

淮南矿区突水量大于30 m^3/h的突水点有36个,其中30 $m^3/h \leqslant Q \leqslant 60$ m^3/h的突水点有17个,60 $m^3/h < Q \leqslant 600$ m^3/h的突水点有16个,600 $m^3/h < Q \leqslant$ 1 800 m^3/h的突水点有2个,突水量大于1 800 m^3/h的突水点有1个。各煤矿主要突水情况如下:

1. 潘二煤矿

目前共发生突(出)水21次,其中:井筒施工出水1次;岩巷施工出水4次;工作面掘进出水5次;工作面出水7次;灰岩放水巷出水4次。底板灰岩单次最大突水量为14 500 m^3/h(2017年5年23日,发生在12123工作面底抽巷联络巷),对煤矿安全造成威胁,采用注浆封堵的措施进行治理后封堵突水,封堵率为100%;砂岩单次最大突水量为40 m^3/h(2015年12年28日,发生在12224工作面),无太大水害威胁。

2. 谢桥煤矿

1989~2019年,共突(出)水78次,突(出)水水源主要为煤系水、灰岩水,其中煤系水突(出)水72次,灰岩水突(出)水7次。灰岩突水7次,最大突水量为642 m^3/h;13-1煤层工作面突水16次,最大突水量为1121(3)工作面的186 m^3/h;11-2煤层工作面出水3次,最大出水量为1242(1)工作面的25 m^3/h;8煤层工作面出水12次,最大出水量为12328工作面的68 m^3/h;6煤层工作面出水6次,最大出水量为12226工作面的32 m^3/h;4煤层工作面出水2次,出水量均为5 m^3/h。

3. 张集煤矿

至2019年10月,矿井开采过程中共发生突(出)水71次,其中,中央区16次,北区55次。按出水层位划分:13-1煤顶板砂岩出水18次,11-2煤顶板砂岩出水14次,8、9煤顶板砂岩出水17次,1煤顶板砂岩和底板灰岩出水9次。其他还有4-2、6、7等煤层工作面充水。中央区突水量最大的一次为40.5 m^3/h(1115(3)轨道顺槽出水),北区突水量最大的一次为51 m^3/h(北区的17228、11218工作面)。

4. 潘四东煤矿

自2007年8月投产以来,发生突(出)水4次,单点最大突(出)水量为20 m^3/h(2011年11月13日−490 m东翼放水巷ES3石门发生突(出)水)。突(出)水水源以煤系砂岩裂隙水为主,开采A组煤后出现1次灰岩水突水。

5. 顾北煤矿

自2007年建成投产至今,矿井出水量大于60 m^3/h的突(出)水总计发生4次,其中井筒发生出水3次,出水量为70~185 m^3/h,南翼轨道大巷发生出水1次,出水量为60 m^3/h,都得到较好治理,无较大水害威胁。如2007年10月30日副井井筒突水,最大出水量达到185 m^3/h,采取注浆封堵措施,11月12日后副井井筒出水量呈单边下降趋势,截至11月17日,副井出水量减少至3.1 m^3/h,并逐渐保持稳定,显示注浆堵水效果显著。

6. 新集二煤矿

自2001至今共发生突(出)水6次,最大出水量为156 m^3/h。111307工作面2002年11月开始回采,工作面回采到162 m时出水,2003年1月6日推进至186 m时,初始出水量为60 m^3/h,最大增至156 m^3/h。水源可能包括13-1煤层顶板砂岩水和外围补给水源,夹片灰岩水可能是其主要补给水源。新集二矿出水主要集中在浅部13-1、11-2等推覆体开采工作面,开采破坏导致老顶垮落,导水裂隙带波及上覆含水体,对工作面充水,导致工作面滞后出水。2013年后随着13-1煤层回采完毕,采场向中、下组煤层转移,且开采水平下延,远离推覆体,未发生出水。

7. 刘庄煤矿

自投产以来主要突水点有3个,最大突水量为280 m³/h,为2007年2月18日的121105工作面轨道顺槽1 130～1 160 m段巷道底鼓突水,后期水量逐渐衰减,7月10日水量衰减为0,但工作面封闭后闭墙泄水孔出水量仍为6 m³/h,并一直持续至今。另外两个为东一回风大巷拨门向西490～500 m段巷道突水,最大涌水量达15 m³/h;151305高抽巷里段13-1煤层顶板砂岩出水,最大涌水量达20 m³/h。总体上煤系砂岩以静储量为主,补给、径流条件差,矿井已开采十多年,煤系砂岩水得到长期疏放,出水量已呈稳定趋势,对矿井安全生产不造成影响。

8. 口孜东煤矿

自2012年投产至今,F5断层以东一水平开拓系统基本形成,已安全回采13-1煤层8个工作面,井下砂岩出水点(孔)较少,主要是小构造集中发育段偶有淋、滴水,未发现明显突(出)水点。井下巷道施工一般以局部淋、滴水为主,井下探放水钻孔仅个别钻孔出水,最大出水量为15 m³/h左右,且水量小、衰减快、易疏干,水源均为煤层顶、底板砂岩裂隙水。

9. 板集煤矿

自建井以来共发生出水量大于5 m³/h的突(出)水4次,其中主井过9煤层顶板砂岩时最大出水量为39 m³/h;主胶带机石门(上段)过5煤层顶板砂岩时,最大出水量为5 m³/h;轨道二石门过F512断层后右帮肩窝处突然出现突水,最大突水量为14.0 m³/h;副井井壁在新生界第四含水层顶界面各有1次突水,突水量达18 870 m³/h,造成矿井被淹。除副井井壁破裂突水外,其余3次出水特征主要是:出水量较小、衰减速度较快、稳定水量小或被疏干,这表明煤系砂岩储存量不丰富、缺乏补给、易疏干,不威胁矿井安全。

综上所述,淮北矿区主要受灰岩水威胁,其次受四含、五含水害影响较大,突水较为频繁,突水量较大,任楼煤矿、桃园煤矿先后发生淹井事故,部分矿井出现采掘工作面停产等情况,主要导水通道为断层、岩溶陷落柱、采动裂隙等。淮南矿区主要受灰岩水害威胁,新集二矿等煤矿受上覆推覆体水害影响,突水频率次及突水量次于淮北矿区。此外,淮北矿区突水量大于30 m³/h的突水点明显多于淮南矿区,突水量中等及以上突水点也是淮北矿区较多,淮北矿区水文地质条件较淮南矿区更为复杂,防治水工作任务更重。突水点具体情况见附录2。

3.4 充水强度

按照矿井充水强度评价标准,采用矿井涌水量和突水量的大小评价两淮矿区矿井的充水强度,各煤矿的正常涌水量、最大涌水量和突水量情况如图3-2所示。

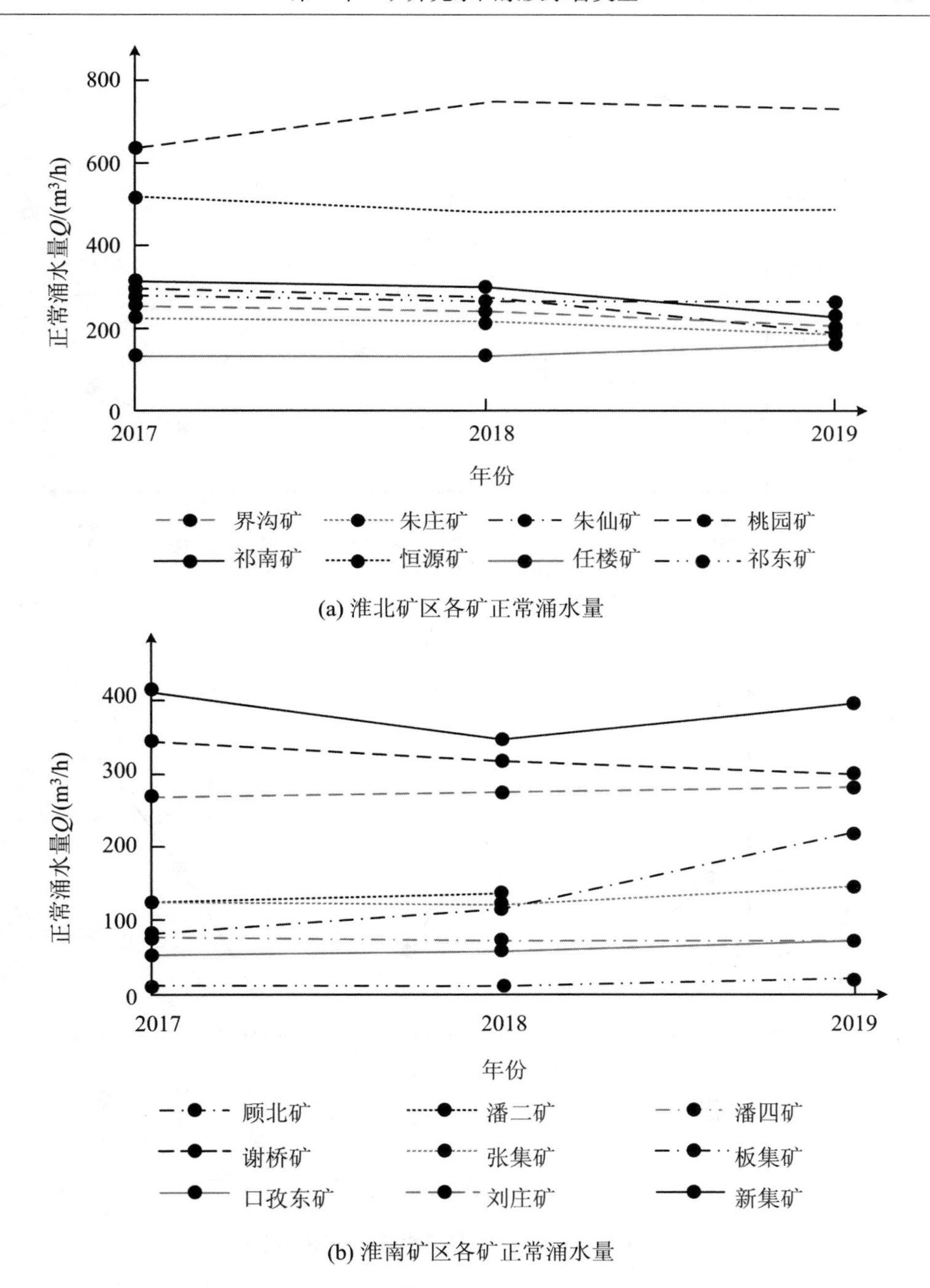

(a) 淮北矿区各矿正常涌水量

(b) 淮南矿区各矿正常涌水量

图 3-2　两淮矿区涌(突)水量折线图

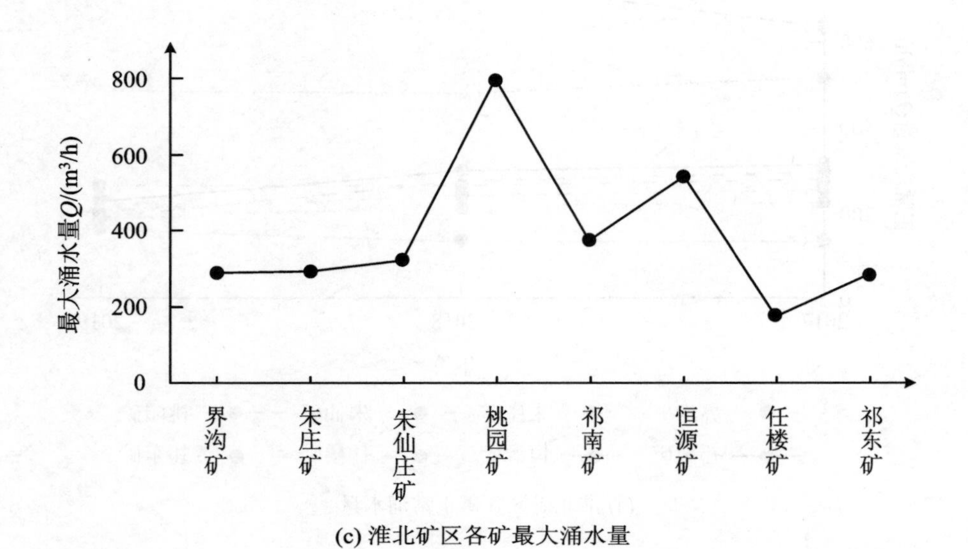

(c) 淮北矿区各矿最大涌水量

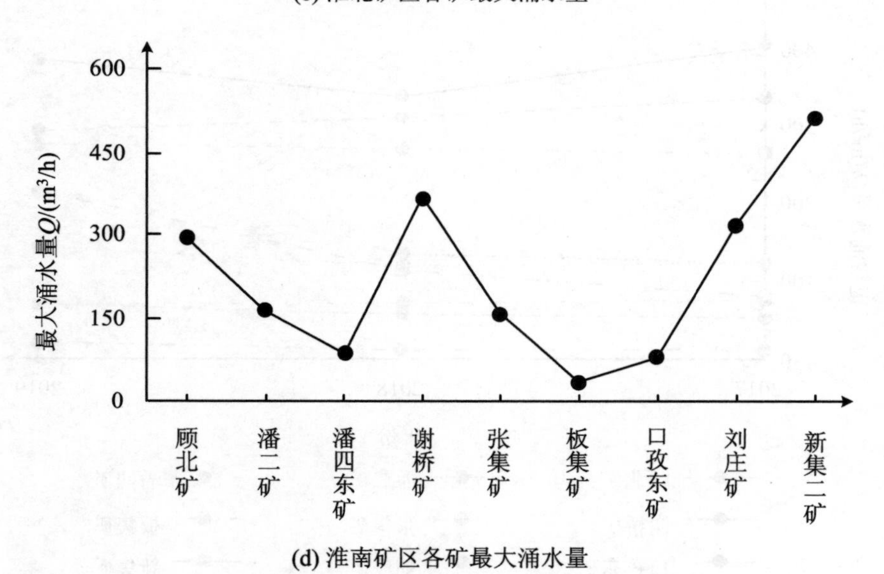

(d) 淮南矿区各矿最大涌水量

图 3-2 两淮矿区涌(突)水量折线图(续)

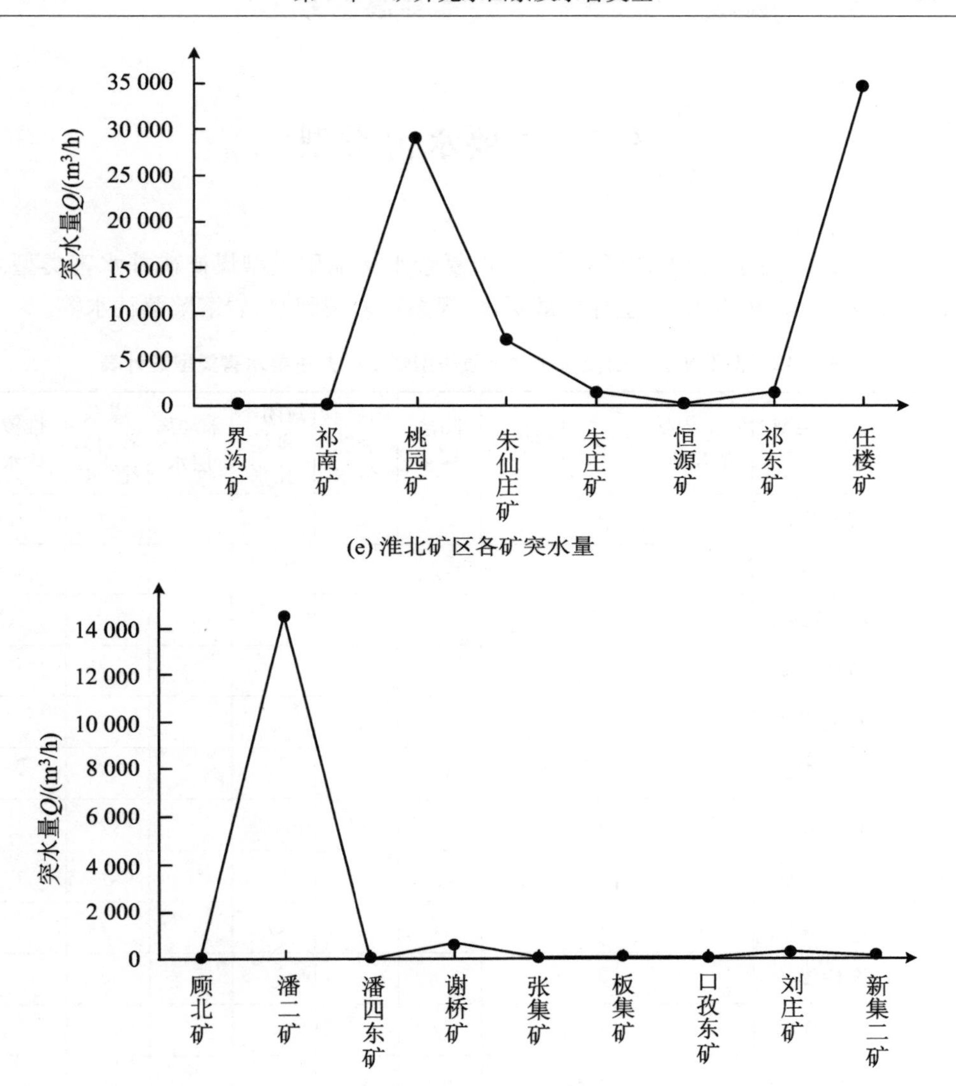

(e) 淮北矿区各矿突水量

(f) 淮南矿区各矿突水量

图 3-2　两淮矿区涌(突)水量折线图(续)

根据图 3-2 中各矿的涌水量和突水量的大小分析，淮北矿区界沟煤矿和祁南煤矿的充水强度为中等，桃园煤矿和朱仙庄煤矿的充水强度为极强，恒源煤矿、任楼煤矿和祁东煤矿的充水强度为较强。

淮南矿区潘四东煤矿、口孜东煤矿和板集煤矿的充水强度较小(板集煤矿为新建矿井，采场未完全打开，当前的涌水量还未达峰值，随着矿井采场的开拓延伸，矿井涌水量将进一步增大)，顾北煤矿、张集煤矿、新集二煤矿和刘庄煤矿的充水强度属于中等，谢桥煤矿和潘二煤矿充水强度分别为强和极强。

3.5　主要水害类型

如表 3-12 所示，两淮矿区各复杂、极复杂水文地质类型煤矿矿井水害类型主要包括：老空水、灰岩水、新生界松散层水、煤系砂岩裂隙水、岩溶陷落柱水等。

表 3-12　两淮矿区(极)复杂水文地质类型煤矿矿井主要水害类型统计表

矿区	矿名＼类型	新生界松散层水	老空水	灰岩水	陷落柱水	断层及裂隙带水	封闭不良钻孔水	采动离层水	煤系砂岩裂隙水	推覆体水
淮北矿区	界沟煤矿	√	√	√		√	√		√	
	朱庄煤矿		√	√	√	√			√	
	朱仙庄煤矿	√	√	√		√			√	
	桃园煤矿		√	√	√	√			√	
	祁南煤矿	√	√	√	√	√	√		√	
	恒源煤矿		√	√	√	√	√		√	
	祁东煤矿	√	√	√		√	√		√	
	任楼煤矿	√	√	√	√	√	√		√	
淮南矿区	潘二煤矿		√	√	√	√	√		√	
	谢桥煤矿		√	√	√	√	√		√	
	张集煤矿		√	√	√	√			√	
	潘四东煤矿		√	√		√			√	
	顾北煤矿		√	√	√	√			√	
	新集二煤矿	√	√	√		√	√	√	√	√
	刘庄煤矿		√	√	√	√	√		√	
	口孜东煤矿		√	√		√	√		√	
	板集煤矿			√		√			√	

另外，淮北矿区朱仙庄煤矿还受到侏罗系五含水害的威胁，2015 年 12 月 15 日，朱仙庄煤矿五含帷幕截流疏干开采综合治理工程正式启动，2018 年 5 月 4 日开始试放水试验，根据试放水试验成果，对帷幕墙体薄弱段进行了加固补强，最终五

含帷幕截流效果明显。随着五含持续放水，墙内五含水位持续下降，水位差进一步拉大。

淮南矿区新集二煤矿受到推覆体水害的威胁，该含水组的富水性取决于灰岩岩性及其占夹片地层厚度的比例。井田01勘探线以西及08勘探线以东夹片地层主要由太原组薄层灰岩组成，富水性弱；仅在01勘探线以西推覆体断层夹片地层存在奥陶系灰岩，富水性相对较强。同时，新集二煤矿还存在采动离层或局部裂隙水，覆岩变形破坏过程中，可能会因岩性差异造成非均一沉降而在软硬岩层界面形成离层裂隙或空隙，若存在积水，当冒落裂隙带波及离层空间时，会发生严重充水。在冒落裂隙带之上的导水裂隙带会使上覆煤层顶板砂岩含水层和推覆体含水层的含、导水能力增强。

3.6　水文地质类型划分结果

对照《煤矿防治水细则》分类依据，按照就高不就低的原则，依次划分两淮矿区各煤矿的水文地质类型，具体划分结果见附录3、附录4。

桃园煤矿、朱仙庄煤矿、朱庄煤矿、潘二煤矿、任楼煤矿、祁南煤矿、界沟煤矿和谢桥煤矿，一般是依据突水量、开采受水害影响程度和防治水工作难易程度来划分其水文地质类型的。其中桃园煤矿和朱庄煤矿分类依据中的开采受水害影响程度和防治水工作难易程度两项均为极复杂型，桃园煤矿发生过29 000 m^3/h的突水，2处煤矿水文地质类型均划分为极复杂型；朱仙庄煤矿、任楼煤矿和谢桥煤矿的防治水工作难易程度为极复杂型，其中任楼煤矿发生过34 570 m^3/h的突水，3处煤矿水文地质类型划分为极复杂型；潘二煤矿发生14 500 m^3/h的突水，水文地质类型划分为极复杂型。

口孜东煤矿、新集二煤矿、刘庄煤矿、恒源煤矿、祁东煤矿、任楼煤矿、顾北煤矿、张集煤矿和潘四东煤矿，一般是依据开采受水害影响程度和防治水工作难易程度两项来划分其水文地质类型的。其中口孜东煤矿、刘庄煤矿、恒源煤矿、张集煤矿和潘四东煤矿的开采受水害影响程度和防治水工作难易程度两项均为复杂，故这些矿井的水文地质类型划分为复杂型；祁东煤矿的开采受水害影响程度和任楼煤矿的防治水工作难易程度单项为复杂，故这些矿井的水文地质类型划分为复杂型。

此外，根据《板集煤矿矿井水文地质类型划分报告》(2018年9月)及报告评审意见，板集煤矿水文地质类型为中等型(表)，考虑到板集煤矿为基建矿井，且为下石盒子组近煤层群开采，充水因素多但井下揭露少等因素，暂按复杂型矿井管理，因此，按中煤新集公司批复文件确定为水文地质类型复杂型矿井。

第4章　水害治理措施

4.1　水害防治保障体系

4.1.1　防治水机构、队伍以及制度建设情况

为加强矿井防治水工作，确保矿井安全生产，两淮矿区的煤矿企业和煤矿均设立了专门的水害防治机构，构建了以总经理和矿长为核心的水害防治行政管理体系和以总工程师为核心的工作、技术管理体系，明确了各成员、各部门在矿井水害防治工作中的任务和责任，把防治水责任落实到岗位、落实到人、落实到现场。

为保证矿井防治水工作正常有序开展，领导小组下设防治水办公室，办公室设立于地质测量科，并配备有专职地测防治水副总、科长、防治水专业技术人员等。

各个矿井均根据《煤矿防治水细则》《安徽省煤矿防治水和水资源化利用管理办法》及安全生产标准化要求，制定完善了各级防治水安全生产责任制、防治水技术管理制度、预测预报、隐患排查等各类制度，使得防治水工程在组织、经费、技术、装备、人员和制度上得到了保障。

4.1.2　物探、钻探队伍及物探、钻探设备配备情况

在物探方面，淮北矿区的各个煤矿均配置配备测斜仪、RDK、全站仪、水准仪、瞬变电磁仪等物探设备进行施工；其中淮北矿业集团公司目前无专门的物探队伍、设备，物探工程主要由与公司建立长期合作关系的外委专业物探队伍进行施工。而淮南矿区的煤矿均由集团公司物探队承担井下物探工作，确保所有采掘头面物探全覆盖。

在钻探方面，各矿井成立防突区，负责井下探放水工程，在册人员若干，其中有多名持证探放水工，并配备各类钻机和注浆泵，满足矿井探放水及钻探工程需要。

此外，新集二煤矿公司在化探方面设有水化学实验室，配备离子色谱仪等先进装备，负责矿井井下出水点水样分析。新集二煤矿可根据井下出水情况及时采集水样送检，根据水质分析结果结合出水地点及水压、水温资料初步判定水源。

4.1.3 水文地质补充勘探

两淮矿区的水文地质补充勘探包括三维地震勘探、抽放水试验以及其他地质及水文地质补勘工作，具体情况如下。

4.1.3.1 三维地震工作开展情况

除个别煤矿因先期开采形成采空区、地表沉陷积水影响不能进行三维地震勘探外，两淮矿区的煤矿开采块段均进行了三维地震勘探，并且采用高密度三维地震勘探技术以及精细解释等手段查明了采区的构造发育程度及其展布规律、煤层赋存状况，解释了部分疑似陷落柱和物探异常区，给矿井建设、采区布置及生产提供了可靠的地质依据，满足了煤炭开采的需要。

1. 三维地震勘探工作开展情况

(1) 淮北矿区三维地震勘探覆盖情况

界沟煤矿中央块段野外采集测线19条，物理点3 421个，16次叠加，8线8炮中间放炮方式，施工面积为7.8 km^2，实际控制面积大于4.4 km^2，东一块段控制面积为3.3 km^2。

祁南煤矿9个采区累计完成三维地震测线168条，物理点32 248个，勘查面积累计35.60 km^2。

桃园煤矿一水平三维地震全覆盖、精细解释全覆盖；2014年委托中石油东方地球物理勘探有限责任公司对矿井深部开展了高精度三维地震勘探，覆盖二水平和三水平区域，完成勘探面积10.1 km^2，施工面积24.82 km^2。

朱庄煤矿Ⅲ62采区勘探范围西部和东北部以采区边界为限，西北部以F1401断层为界，南止于6煤层−420 m深度投影线，面积为2.55 km^2。Ⅲ63采区全区总施工面积为4.3 km^2，数据覆盖面积为3.5 km^2，覆盖有效控制面积为2.53 km^2。

恒源煤矿自投产以来，累计开展了5次三维地震勘探工程，勘探面积合计31.45 km^2，实现了矿井采区全覆盖。

祁东煤矿所有采区进行了三维地震勘探，共施工地震测线116条，有效控制面积为25.28 km^2；后期对四采区、五采区、六采区以及二、四采区二水平进行了精细处理解释，总解释面积为24 km^2。

任楼煤矿全区均进行了地面三维地震勘探，共完成三维地震勘探面积29.5 km^2，生产采区中五、Ⅱ2、中六采区均进行了勘探资料精细解释，面积约15.0 km^2。

(2) 淮南矿区三维地震勘探覆盖情况

顾北煤矿南一采区勘探面积为14.57 km^2，北一6-2采区，勘探面积为11.5 km^2，南二采区勘探面积为3.1 km^2。

潘二煤矿西四采区勘探面积为3.43 km^2，东二采区F2～F10断层间勘探面积为

1.235 km^2，西四采区Ⅶ—Ⅷ—Ⅸ线勘探面积为2.42 km^2，F68～F66断层间勘探面积为3.52 km^2，西二采区勘探面积为0.7 km^2。

潘四东煤矿东西翼均采用高精度三维地震勘探方法，工程量分别为4.426 km^2和5.0 km^2，做到矿井全覆盖，井田范围内未发现疑似陷落柱。

谢桥煤矿西一采区西翼、东一采区勘探面积为4.975 km^2，其中西一采区西翼1.835 km^2；东一采区3.14 km^2；西二采区、西一采区东翼勘探面积为3.76 km^2；东二采区勘探面积为6.65 km^2；二水平东一、东二采区勘探面积为4.684 km^2；二水平西翼采区勘探面积为2.67 km^2，东翼采区东风井勘探面积为2.55 km^2。

张集煤矿1997年至今共计进行10期三维地震勘探，完成勘探区块16个，累计完成三维地震勘探面积83.948 km^2。

板集煤矿三维地震的勘探范围为东起F12断层，西、南均至1煤层露头线，北止于F503断层。其中西翼满叠加面积为10.18195 km^2，东翼满叠加面积为14.365 km^2。

口孜东煤矿实现了井田开采区域三维地震勘探和精细解释全覆盖。

刘庄煤矿对东一、东二浅部三维地震未覆盖区开展了高精度三维地震补勘，并提交了成果报告，西一采区浅部三维地震、电法综合勘探正在施工，东二、东三采区深部三维地震补勘工程(面积为5 km^2)于2020年度实施。计划完成后，井田范围内均将实现三维地震勘探全覆盖。

在疑似陷落柱(物探异常区)探查方面，界沟煤矿和祁东煤矿无直径大于20 m的陷落柱；祁南煤矿在1022、1015工作面生产揭露了2个陷落柱；桃园煤矿三维地震解释了7个疑似陷落柱，1个已经被确定为桃园2#陷落柱；朱庄煤矿发现1个陷落柱、1个物探异常区和6个反射波品质变质区；恒源煤矿经探查发现有7个疑似陷落柱，有2个已排除，其余5个尚待查证；顾北煤矿发现2个疑似陷落柱，1个已验证为2#陷落柱；潘二煤矿西四采区发现了4个地震波低速异常区；张集煤矿经探查发现1个疑似陷落柱、1个已排除疑似陷落柱以及1个垂向导水通道；刘庄煤矿三维地震解释了7个地震波反射异常区。

2. 三维地震勘探工作开展详情

(1) 界沟煤矿

工作详情见表4-1。

表4-1　界沟煤矿各采区三维地震勘探工程量

采区	三维测线(条)	控制面积(km^2)	物理点(个)			合计
			生产物理点	试验物理点	低速带调查点	
首采区	19	4.4	3 312	50	59	3 421
东一采区	10	3.3	3 399	73	69	3 541
西一采区	18	2.9	2 048	84	35	2 167
合计	47	10.6	8 759	207	163	9 129

(2) 祁南煤矿

工作详情见表 4-2、图 4-1～图 4-3。

表 4-2　祁南煤矿各采区三维地震勘探工程量及质量

采区	工作量（测线条数）	物理点								低速带调查点	
		生产点（个）	检(抽)查点(个)	甲（个）	乙（个）	废（个）	成品率	试验点（个）	质量	点数	质量
34	16	2 798	2 798	2 012	785	1	99.96%	56	合格	121	合格
101	15	2 479	2 479	2 038	441		100%	140	合格	61	合格
36	18	3 003	1 034	800	234		100%	180	合格	62	合格
82	16	2 114	774	634	140		100%	126	合格	60	合格
84	16	3 540	3 540	3 039	501		100%	67	合格	108	合格
103	22	4 243	4 248	3 625	618	5	99.88%	78	合格	14	合格
31	30	9 540	9 541	7 799	1 741	1	99.9%	249	合格	210	合格
34	18	2 085	2 085	1 722	363		100%	82	合格	75	合格
86	17	2 446	2 446	1 803	629	14	73.7%	37	合格	61	合格
Ⅱ	58	11 144	11 144	9 384	1 760	0	100%	56	合格	8	合格
合计	226	43 392	40 089	32 856	7 212	21	97.34%	1,071	合格	772	合格

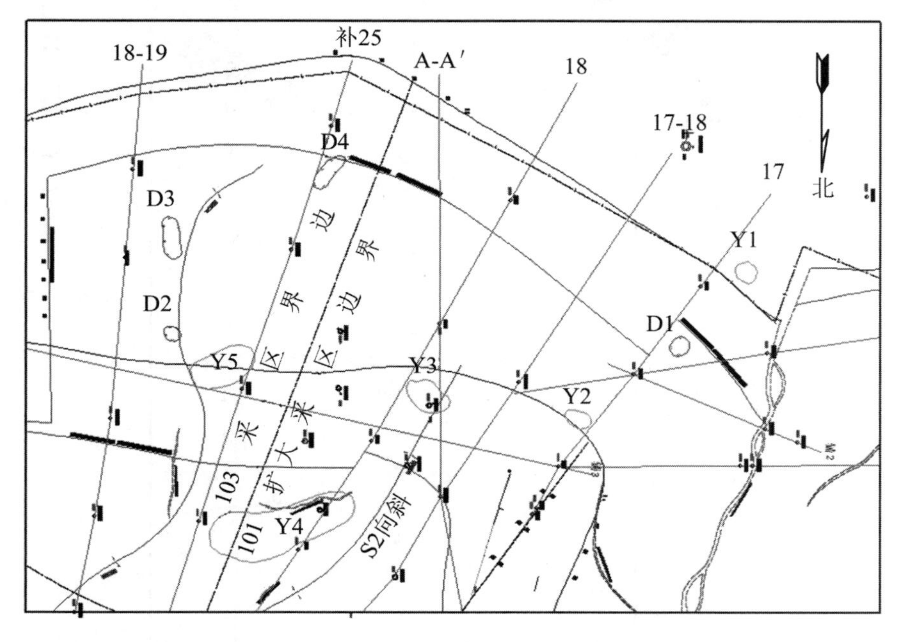

图 4-1　祁南煤矿 101 扩大及 103 采区发现的疑似陷落柱及异常区位置示意图

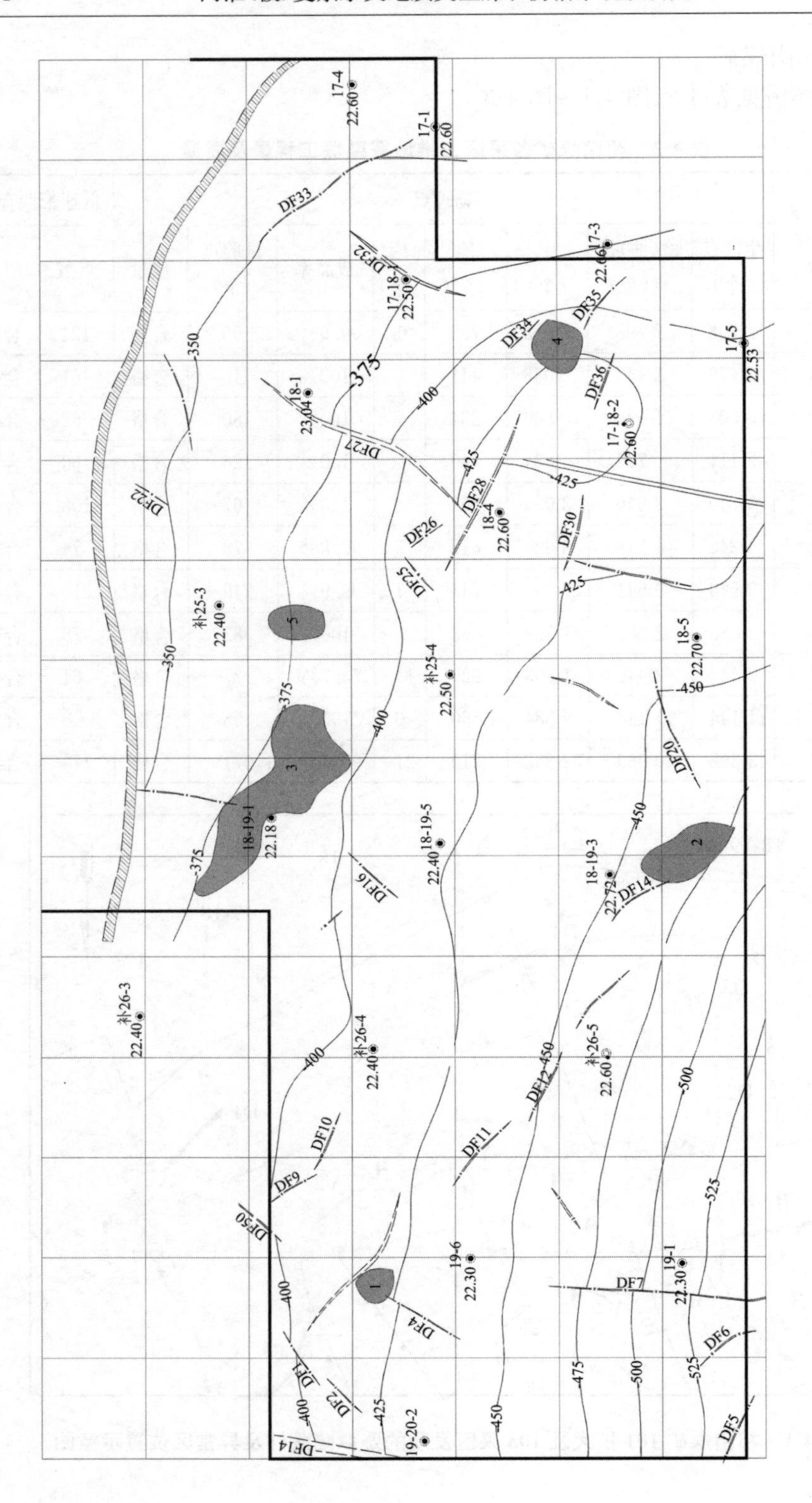

图4-2 祁南煤矿103采区7煤组中发现的5个异常区位置

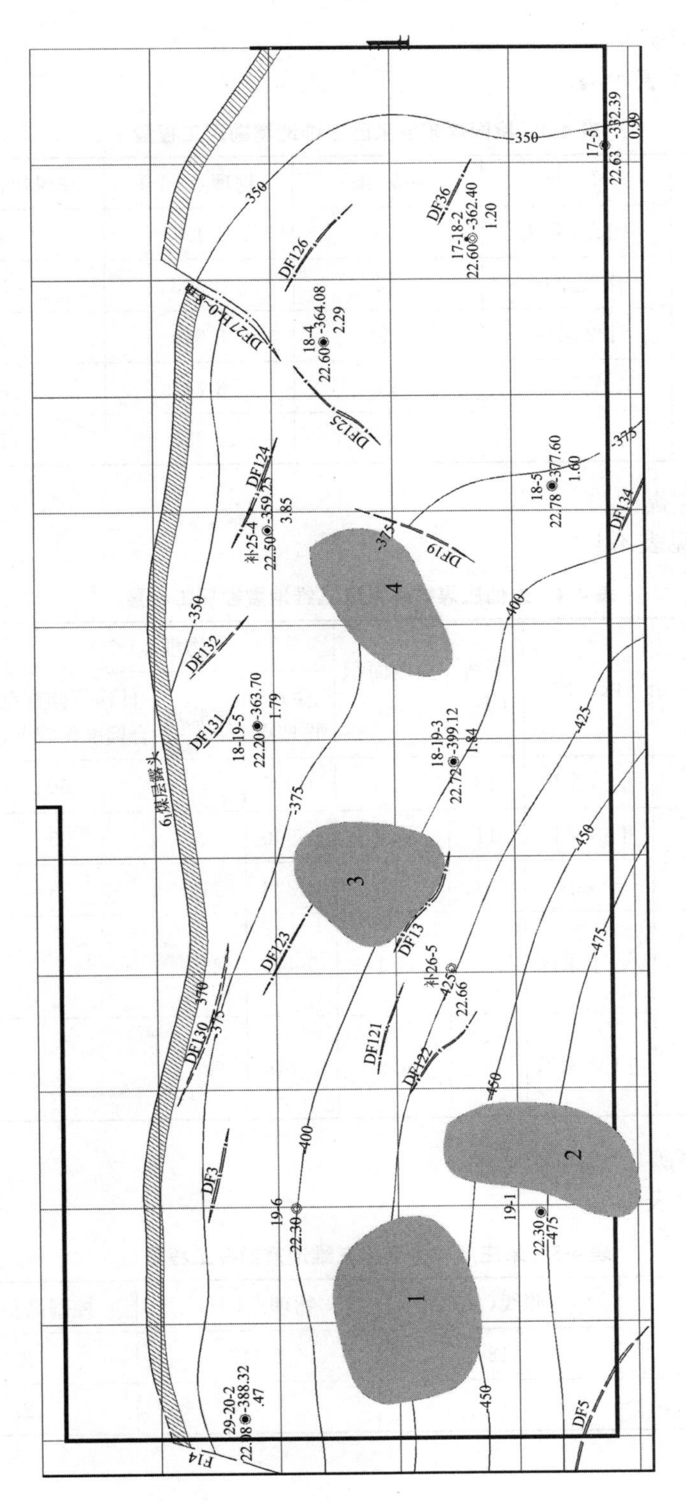

图4-3　祁南煤矿103采区6煤组中发现的4个异常区位置

(3) 桃园煤矿

工作详情见表 4-3。

表 4-3　桃园煤矿各采区三维地震勘探工程量

时　间	采　区	测线(条)	物理点(个)	控制面积(km^2)
2004 年 5 月	四、六采区	10	1 133	1.3
2004 年 9 月	南三采区	12	3 303	3.0
2006 年 4 月	Ⅱ2 采区	19	3 649	3.5
2007 年 8 月	八采区	19	3 747	3.1
合计		60	11 832	11.0

(4) 朱仙庄煤矿

工作详情见表 4-4。

表 4-4　朱仙庄煤矿各采区三维地震勘探工程量

时　间	区　段	测线(条)	控制面积(km^2)	物理点(个)			
				生产物理点	试验点	低速带调查点折合标准物理点(个)	微测井(个)
1995 年 6 月	Ⅱ85 采区	13	2.3	1 992	73	50	
2007 年 7 月	Ⅱ83 采区	11	1.9	1 900	124	35	
2007 年 2 月	十采区	13	2.3	4 226	112	50	
2015 年 6 月～2018 年 7 月	八、十采区		3.1	9 441	260		7
2018 年 1～2 月	Ⅲ103 采区	28	4.0	8 448	220		

(5) 朱庄煤矿

工作详情见表 4-5。

表 4-5　朱庄煤矿各采区三维地震勘探工程量

区　段	测线(条)	物理点(个)	控制面积(km^2)
Ⅲ62 采区	12	2 847	2.6
Ⅲ63 采区		924	2.5

（6）恒源煤矿

工作详情见表4-6。

表4-6　恒源煤矿各采区三维地震勘探工程量

时　间	采　区	测线(条)	物理点(个)	控制面积(km^2)
2002年7月	二水平二采区			4.1
2004年4月	六八采区			0.7
2005年6月	深部	38	13 268	15.2
2012年12月6日～2013年1月2日	深部井首采区	23	3 421	7.1
2014年1月～2015年9月	Ⅱ62采区	37	9 613	4.5

（7）祁东煤矿

祁东煤矿所有采区都进行了三维地震勘探，共施工地震测线116条，有效控制面积为25.28 km^2。后期对四采区、五采区、六采区以及二、四采区二水平进行了精细处理解释，总解释面积为24 km^2。根据三维地震探查及精细处理解释，未发现直径大于20 m的陷落柱。三采区高102孔及F7断层西侧（也即是YZK-1孔的位置），发现面积约为1 306 m^2（61煤层中）的椭圆形地震异常体。

矿井建立了三维地震数据动态解释系统。

（8）任楼煤矿

工作详情见表4-7。

表4-7　任楼煤矿各采区三维地震工作一览表

时　间	采　区	勘探面积(km^2)	工程量(物理点个数)	主要成果	施工单位
1997年1月～1998年2月	中一、中二、中四	3.5	4 753	共解释断点456个，断层38条，5 m＜H≤10 m的断层2条，3 m＜H≤5 m的断层22条，H＞20 m的断层6条	安徽省煤田地质物探队
1999年3月～2000年3月	Ⅱ1、中三	2.8	1 745	断点596个，组合断层33条，H≤5 m的断层14条，5 m＜H≤10 m的断层10条，10 m＜H≤30 m的断层3条，H＞20 m的断层6条	安徽省煤田地质物探队

续表

时　间	采　区	勘探面积(km²)	工程量(物理点个数)	主要成果	施工单位
2001年10月～2002年4月	Ⅱ2南部	2.2	4 865	解释断点187个，组合断层34条，$H \leqslant 5$ m的断层27条，5 m $< H \leqslant 10$ m的断层2条，10 m $< H \leqslant 50$ m的断层5条	山东省煤田地质物探队
2001年10月～2002年4月	Ⅱ2北部	2.1	3 954	解释断点255个，组合断层20条，其中，正断层17条，逆断层3条，保留断层2条，修改断层1条，本次新发现断层17条	安徽省煤田地质物探队
2003年6月～2004年6月	中五	4.9	5 145	解释断层97条，其中，正断层78条，逆断层19条，与以往构造方案基本一致的断层5条，重新组合断层2条，修改断层4条，本次新发现断层86条	安徽省煤田地质物探队
2010年5～12月	中六	8.3	6 483	共解释断层116条，其中，正断层113条，逆断层3条，本次新发现断层110条，修改断层6条；共解释物性陷落柱3个	河南省煤田地质局物探测量队
2010年7月	Ⅱ51	0.4	940	解释断点91个，其中$H > 20$ m的断层1条，10 m $< H \leqslant 20$ m的断层有4条，5 m $< H \leqslant 10$ m的断层有2条，$H \leqslant 5$ m的断层有16条	河南省煤田地质局物探测量队
2013年8～11月	中六			解释51煤层、72煤层、82煤层中的断层151条，其中保留原解释方案的断层109条，做了部分修改的断层7条，新解释的断层7条	徐州四维地球物理技术有限公司

(9) 顾北煤矿

工作详情见表4-8。

表 4-8　顾北煤矿各采区三维地震勘探工程量

时　间	采　区	控制面积(km^2)	物理点(个)
2002 年	中央采区	4.3	3 427
2004 年	南一采区	14.6	6 420
2005 年 1 月	首采区	12.8	10 805
2007 年～2008 年	北一(6－2)采区	12.5	8 348
2010 年 9～12 月	南二采区	3.1	6 345

(10) 潘二煤矿

工作详情见表 4-9。

表 4-9　潘二煤矿各施工阶段三维地震勘探工程量

时　间	施工阶段	施工单位	地震测长/条(km/条)	完成物理点(个)	提交报告及审批情况
2003 年	西三、西四三维地震勘探	—	(7.55 km)/7	1 776	2003 年提交《淮南矿务局潘二煤矿西三西四采区三维地震勘探报告》
2005 年 1 月	西四三维地震勘探	—	—/13	3 367	2005 年提交《淮南矿业集团潘东公司西四采区三维地震勘探报告》
2005 年 10 月	南二(F2～F10)三维地震勘探	江苏物测队	(1.24 km)/7	1 467	2006 年 11 月提交《淮南矿业集团潘东公司西二采区三维地震勘探报告》
2006 年 11 月	西四三维地震勘探	江苏物测队	(2.42 km)/15	2 067	2007 年 12 月提交《淮南矿业集团潘二煤矿西四采区Ⅶ-Ⅷ-Ⅸ线三维地震勘探报告》

续表

时间	施工阶段	施工单位	地震测长/条(km/条)	完成物理点(个)	提交报告及审批情况
2011年2月	Ⅳ东～Ⅵ-Ⅶ勘线(F68～F66)三维地震勘探	煤炭地质总局物探院	—/17	3 181	2011年11月提交《潘二矿F68～F66断层间三维地震勘探报告》
2011年11月	南二三维地震勘探二次解释	江苏物测队	—	—	提交13-1、11-2、8、6-1、4-1、3、1煤层构造的解释成果
三维地震勘探情况	生产阶段:完成三维地震勘探5个区块(面积12.855 km^2),完成地震测线59条				

(11) 潘四东煤矿

工作详情见表4-10。

表4-10 潘四东煤矿各采区三维地震勘探工程量

时　间	采　区	有效控制面积(km^2)	测线(条)
2004年1月	首采区	3.73	—
2004年	一采区	1.45	—
2009～2010年	井田东翼	4.43	33
2011年11月20日～2012年5月20日	井田西翼	5	—

(12) 谢桥煤矿

工作详情见表4-11。

表4-11 谢桥煤矿各区块三维地震勘探工程量

起止时间	区　块	物探工作量(km^2)
1993年10月～1994年1月	西一西	1.84
	东一	3.14
2000年10～12月	西二	2.61
	西一东	1.15
2002年1～2月	东二	6.65
2005年11～12月	二水平东一、东二	4.68

续表

起止时间	区　块	物探工作量(km^2)
2011 年 5 月	东二采区	6.65
2011 年 6 月	西二采区	2.80
2011 年 8 月	东一采区	2.55
2011 年 10 月	西一东采区	1.02
2012 年 1 月	二水平西翼(精细三维勘探)	2.67
2013 年 12 月～2014 年 4 月	东翼采区东风井	2.55
2014 年 5～12 月	二水平东一、东二采区	4.68

(13) 张集煤矿

工作详情见表 4-12。

表 4-12　张集煤矿三维地震勘探情况表

施工时间	使用仪器(系统)	施工单位	物理点(个)	面积(km^2)	提交报告	解释成果
1997～1998 年	SN-388 数字遥测地震仪	安徽煤田物测队	3 015	3.00	《淮南矿务局张集煤矿高分辨率三维地震勘探报告》	全区共解释断层 40 条(5 条位于边界外),其中落差 5～10 m(含 5 m)的断层 14 条,落差小于 5 m 的断层 26 条
2000～2001 年	系统-Ⅱ(美国)仪器	安徽煤田物测队、中国矿大(北京)	4 251	6.05	《淮南矿业(集团)张集煤矿部分采区高分辨率三维及三分量地震勘探工程报告》	全区 3 个区块共解释组合断层 68 条(西部 28 条,东部上 18 条,东部下 22 条),其中落差大于 10 m 的断层 7 条,落差 5～9 m(含 5 m)的断层 15 条,落差小于 5 m 的断层 46 条
2001～2012 年	德国产 SummitⅡ遥测数据采集系统	安徽煤田物测队	3 385	5.70	《淮南矿业(集团)张集煤第三期采区三维地震勘探报告》	全区共解释断层 54 条(新发现断层 50 条),其中落差大于 10 m 的断层 3 条,落差 4～10 m(含 4 m)的断层 19 条,落差小于 3 m 的断层 32 条

续表

施工时间	使用仪器(系统)	施工单位	物理点(个)	面积(km^2)	提交报告	解释成果
2002年11月	SN388数据采集系统	安徽煤田物测队、中国矿大(北京)	4 710	5.82	《淮南矿业(集团)张集煤矿西二采区三维地震勘探工程报告》	共解释断层123条,正断层118条,逆断层5条;可靠断层61条,较可靠断层48条,可靠性差断层14条;落差大于10 m(含10 m)的断层13条,落差5～10 m(含5 m)的断层17条,落差3～5 m的断层23条,落差小于3 m(含3 m)的断层70条
2003年1月		安徽煤田物测队	—	10.40	《淮南矿业(集团)张集煤矿北区采区三维地震勘探报告》	
2004年1月	388数据采集系统	安徽煤田物测队	5 042	5.98	《淮南矿业(集团)张集煤矿西三采区三维地震勘探报告》	全区共解释断层25条,可靠的15条,较可靠8条,可靠性差的2条,另外解释孤立断点27个
2005年2月	不规则观测系统	安徽煤田物测队	678	0.65	《淮南矿业(集团)东一下采区小块三维地震勘探报告》	本次三维地震勘探3层煤,共解释断层18条,其中新发现断层17条,保留断层1条(F213为保留断层);断层落差大于10 m的断层1条;落差5～10 m(含5 m、10 m)的断层10条;落差0～3 m的断层7条,全部为正断层

续表

施工时间	使用仪器（系统）	施工单位	物理点（个）	面积（km²）	提交报告	解释成果
2005年3月	SN388数据地震仪	安徽煤田物测队	3 265	2.77	《淮南矿业（集团）西一、西二下山采区深部三维地震勘探报告》	全区利用断点组合断层151条。其中可靠断层110条，占72.85%，较可靠断层41条，占27.15%；正断层140条，逆断层11条；落差21～100 m的断层3条，落差11～20 m的断层21条，落差6～10 m的断层37条，落差小于5 m(含5 m)的断层90条
2005年6月	IMAGE数字地震成像、多道接收，遥控放炮	安徽煤田物测队	4 329	5.36	《东二采区深部三维地震勘探报告》	全区共解释断层99条(新发现断层96条)，其中21 m(含21 m)以上的断层2条，11～20 m(含11 m)的断层4条，落差5～10 m(含5 m)的断层12条，落差小于5 m的断层81条
2006年	Topcon-Hirer机	江苏煤炭地质物测队	3 034	2.95	《西二、西三采区北部三维地震勘探报告》	全区共解释断层72条，其中落差大于20 m(含20 m)的断层1条，落差10～20 m(含10 m)的断层2条，落差5～100 m(含5 m)的断层7条，落差小于5 m的断层62条
2007年	Image System遥测数字地震仪	煤炭总局地球物理勘探研究院	11 620	3.96	《北一采区西部三维地震勘探报告》	全区共解释断层45条，其中落差大于30 m(含30 m)的断层3条，落差大于5 m(含5 m)的断层16条，落差小于5 m的断层26条

续表

施工时间	使用仪器(系统)	施工单位	物理点(个)	面积(km²)	提交报告	解释成果
2011年6月	428XL数字地震仪	煤炭总局地球物理勘探研究院	1 757	1.70	《8煤露头以北F209～F22间1煤底板灰岩岩溶陷落柱三维地震勘探报告》	全区共解释断层34条,其中落差大于5 m(含5 m)的断层3条,落差小于5 m的断层31条
2014年2月	Sercel 428XL	中石油东方地球物理勘探有限公司	—	1.60	《西二1煤采区精细三维地震勘探报告》	全区共解释断层100条(新发现断层64条),其中落差大于10 m(含10 m)的断层2条,落差5～10 m(含5 m)的断层10条,落差3～5 m(含3 m)的断层56条,落差小于3 m的断层32条
2015年1月	Geo East处理解释一体化系统	中油油气勘探软件国家工程研究中心有限公司	—	4.70	《东二采区深部三维地震二次处理解释项目报告》	本次解释过程中在合同范围内共解释断层201条,新发现断层99条,其中落差大于50 m(含50 m)的断层1条,落差10～50 m(含10 m)的断层19条,落差5～10 m(含5 m)的断层171条,落差3～5 m(含3 m)的断层25条
2017年8月	适合两区的观测系统	中石油东方地球物理勘探有限公司	—	20.95	《张集煤矿西三1煤采区和北一1煤采区三维地震二次处理及精细解释工程成果报告》	全区共解释断层232条(新发现断层158条),其中落差大于20 m(含20 m)的断层14条,落差10～20 m(含10 m)的断层39条,落差5～10 m(含5 m)的断层103条,落差小于5 m的断层76条
合计				81.59		

(14) 板集煤矿

三维地震工作开展情况如下:

① 板集煤矿在勘探期间完成全井田三维地震勘探,2015年5月由华东石油局第六物探大队提交《板集井田三维高分辨率地震勘探总结报告》。三维地震的勘探范围为:东起F12断层,西、南均至1煤层露头线,北止于F503断层。其中,西翼满叠加面积为10.181 95 km^2,东翼满叠加面积为14.365 km^2。

② 2014年8月～2017年12月,中煤科工集团西安研究院对板集井田三维地震资料进行二次处理与精细解释,并提交了《板集煤矿三维地震资料精细解释成果报告》,基本查明井田内断层发育情况,未发现隐伏陷落柱等异常。

(15) 口孜东煤矿

工作详情见表4-13。

表4-13 口孜东煤矿各区段三维地震勘探工程量

时 间	区 段	测线(条)	物理点(个)	质 量
2004年6～11月	F12～F5断层之间	31	16 879	全部合格
2006年6～12月	F5断层以西	37	12 808	全部合格

(16) 刘庄煤矿

工作详情见表4-14。

表4-14 刘庄煤矿各区段三维地震勘探工程量

区 段	测线(条)	物理点(个)	质 量
F12～F5断层之间	31	16 879	合格
F5断层以西	37	12 808	合格

(17) 新集二煤矿

工作详情见表4-15。

表4-15 新集二煤矿各期三维地震勘探工程量

时 间	测线(条)	控制面积(km^2)	物理点(个)
1994年12月～1996年1月		3.57	5 220
1996年3月～1997年1月		4.28	8 448
2008年2月	11	8.35	5 223

4.1.3.2 其他水文地质补勘工作

祁南煤矿、桃园煤矿、朱仙庄煤矿、恒源煤矿、祁东煤矿、任楼煤矿、顾北煤矿、张集煤矿及潘二煤矿等在生产期间开展了太灰水放水试验,查明了各水文地质单元地下水动力学参数,为以后的开采提供了依据。界沟、祁东、任楼等煤矿对四含进行抽水试验,查明了其富水性及水力联系等情况。各煤矿具体水文地质补勘介绍如下:

1. 界沟煤矿

矿井生产以来共完成补勘钻孔20余个(含水文长观孔),主要针对三含、四含和太灰含水层,并多次进行单孔抽水试验,西一采区对四含和太灰含水层进行了多孔抽水试验。

结合补勘和生产揭露资料,矿井主要水患为四含水、太灰水。四含单位涌水量折算后 q_{91}=0.000 15~0.301 2 L/(s·m),富水性弱~中等;煤层顶、底板砂岩含水层单位涌水量折算后 q_{91}=0.001~0.009 3 L/(s·m),属于弱富水性含水层;太灰单位涌水量折算后 q_{91}=0.119 2~1.156 L/(s·m),富水性中等~强;奥灰单位涌水量折算后 q_{91}=0.008 25~0.058 L/(s·m),属弱富水性,而邻矿抽水试验中有钻孔单位涌水量达到12.53 L/(s·m),属于极强富水性。通过补勘钻孔水位证实,随着矿井生产,四含、太灰、奥灰含水层均有不同程度的下降。

2. 祁南煤矿

(1) 101、102采区太灰放水试验

2008年1月在井下部分钻孔永久关闭之前,利用井下已有有效钻孔资源,开展101与102采区太灰放水试验研究,目前102采区已封闭。

① 利用101与102采区井上下放水观测钻孔,组织实施了较为系统的放水试验,取得了较为翔实可靠的试验数据。

② 通过放水试验资料分析,采用数值模拟与常规分析方法进行对比研究。合理确定了研究区水文地质单元,求得各水文地质单元地下水动力学参数以及灰岩含水层的动储量,为10煤层疏水降压开采可行性提供了参考依据。

③ 通过放水试验,初步查明了101与102采区太灰含水层地下水的补径排条件,初步确定F9断层为隔水断层,101与102采区边界大部分为水量交换微弱的流量边界。

④ 研究了太灰及相关含水层的水化学特征及放水试验过程中的动态变化规律。

(2) 101扩大采区太灰区域疏降

为了查明101扩大区域底板太灰含水层的富水性,隔水层岩性、厚度及裂隙发育情况,于2016年10月至2017年3月在101东翼轨道大巷施工了区域疏降钻孔,共施工5组20个钻孔,工程量为4 018 m。

① 查明了该区域底板隔水层厚度为52.7~73.4 m,平均62.5 m。

② 根据钻孔出水情况,查明了该区域太灰含水层富水性不均一,内段太灰含水层富水性比外段弱。本次探查钻孔未出水或水量较小钻孔落点大部分均位于

10煤层底板标高－540 m以深，说明该区域深部区域太灰含水层富水性比浅部区域弱。

③ 自工程开工至2018年10月底(注浆封孔)，东轨大巷区域的累计放水量为1 663 382 m^3，101-观5孔水压从3.8 MPa降为0.9 MPa，说明该区域补给水量不足，太灰可疏性强。

3. 桃园煤矿

(1) 放水试验

投产以来开展放水试验4次，分别为北八采区放水试验、1035工作面放水试验、Ⅱ2采区放水试验、Ⅱ4采区放水试验。

北八采区放水试验查明太灰上段L_1～L_4灰岩裂隙溶洞发育、含水丰富，为富水中等的含水层组，采区北部边界以F1断层为界为隔水边界，南部以F2断层为界为补给边界，深部边界为进水边界，隐伏露头为进水边界，区域补给主要来自区外同层水平径流补给和大区奥灰补给，F2断层为奥灰补给通道，与奥灰含水层水力联系较强。北八采区与大区太灰含水层不存在水力联系，可视为两个独立水文地质单元。

1035工作面放水试验查明太灰上段一灰、二灰岩溶发育较差，含水性较差，太灰(1～4灰)含水层与奥灰水之间无直接水力联系，不直接接受奥灰水的补给，两者之间不存在垂直导水通道。

井下钻孔探查表明：太灰上段L_1～L_4灰岩岩溶发育，含水丰富，钻孔单孔涌水量在50～100 m^3/h以上；水压高，放水孔位置达7.6 MPa，显示出高水位异常现象。

Ⅱ2采区放水试验查明太灰含水层与奥灰水之间存在较密切的联系，接受奥灰水的补给，两者之间应存在垂直导水通道(导水裂隙带或隐伏导水岩溶陷落柱)。采区内的不同块段水文地质参数呈现非均一性，总体为中等至强透水岩层，导水性较好。

井下钻孔探查表明：太灰上段L_1～L_4灰岩岩溶发育，含水丰富，钻孔单孔涌水量在20～200 m^3/h以上，除南部深部(G5孔)水压较高外，区划内水压为2.5～3.5 MPa，显示太灰正常水位。

Ⅱ4采区放水试验查明太灰接受补给不强，太灰含水层与奥灰含水层之间存在一定的水力联系，存在间接补给关系。采区内的不同块段水文地质参数呈现非均一性，总体为中等至强透水岩层，导水性较好。

(2) 水文补勘

2015～2019年累计施工地面水文地质补勘钻孔13个，主要布置在二水平和三水平两翼，钻孔资料表现为以工广为界，南翼太灰富水性弱、地层完整，北翼地层太灰相对富水，地层完整性差，小溶洞发育。

4. 朱仙庄矿

(1) 放水试验

投产以来开展放水试验 4 次，分别为北八采区放水试验、1035 工作面放水试验、Ⅱ2 采区放水试验、Ⅱ4 采区放水试验。

北八采区放水试验查明太灰上段 $L_1 \sim L_4$ 灰岩裂隙溶洞发育、含水丰富，为富水中等的含水层组，采区北部以 F1 断层为隔水边界，南部以 F2 断层为补给边界，深部边界为进水边界，隐伏露头为进水边界，区域补给主要来自区外同层水平径流补给和大区奥灰补给，F2 断层为奥灰补给通道，与奥灰含水层水力联系较强。北八采区与大区太灰含水层不存在水力联系，可视为两个独立水文地质单元。

1035 工作面放水试验查明太灰上段一灰、二灰岩溶发育较差，含水性较差，太灰(1～4 灰)含水层与奥灰水之间无直接水力联系，不直接接受奥灰水的补给，两者之间不存在垂直导水通道。

井下钻孔探查表明：太灰上段 $L_1 \sim L_4$ 灰岩岩溶发育，含水丰富，钻孔单孔涌水量在 50～100 m^3/h 以上；水压高，放水孔位置达 7.6 MPa，显示出高水位异常现象。

Ⅱ2 采区放水试验查明太灰含水层与奥灰水之间存在较密切的联系，接受奥灰水的补给，两者之间应存在垂直导水通道(导水裂隙带或隐伏导水岩溶陷落柱)。采区内的不同块段水文地质参数呈现非均一性，总体为中等至强透水岩层，导水性较好。

井下钻孔探查表明：太灰上段 $L_1 \sim L_4$ 灰岩岩溶发育，含水丰富，钻孔单孔涌水量在 20～200 m^3/h 以上，除南部深部(G5 孔)水压较高外，区划内水压为 2.5～3.5 MPa，显示太灰正常水位。

Ⅱ4 采区放水试验查明太灰接受补给不强，太灰含水层与奥灰含水层之间存在一定的水力联系，存在间接补给关系。采区内的不同块段水文地质参数呈现非均一性，总体为中等至强透水岩层，导水性较好。

(2) 水文补勘

2015 年至 2019 年累计施工地面水文地质补勘钻孔 13 个，主要布置在二水平和三水平两翼，钻孔资料表现为以工广为界，南翼太灰富水性弱、地层完整，北翼地层太灰相对富水，地层完整性差，小溶洞发育。

5. 朱庄煤矿

生产补勘阶段共施工水文地质钻孔 18 个，总工程量为 7 914.37 m，完成抽(注)水试验 18 次，其中太灰含水层抽水试验 10 次，奥灰含水层抽(注)水试验 7 次，太灰与奥灰含水层混合抽水试验 1 次，抽(注)水质量均合格。

6. 恒源煤矿

矿井于 1999 年、2009 年分别在 65 采区和二水平进行了放水试验，进一步查明了太原组灰岩水的补给方向、水文地质参数，并预测了太灰疏降水量；同时增补了地面地质及水文补勘钻孔，至目前累计完成地面勘探钻孔 192 个，完善了水文监测网络。

7. 祁东煤矿

(1) 六采区四含群孔放水试验

中煤科工集团西安研究院有限公司 2014 年 12 月编制了《安徽恒源煤电股份有限公司祁东煤矿南部采区井下放水试验与水文地质条件评价》，通过本次放水试验获取了四含相关水文地质参数，对煤层回采后有效隔水层厚度以及四含突水威胁程度进行了评价。

(2) 采后两带孔

为了进一步确定 32、61、71 煤层防水安全煤岩柱尺寸，观测 32、61、71 煤层采后垮落带和导水裂隙带高度，2004～2017 年先后在 7114、7122、7130、7121、6130、3241、3224、3222、7131、6131 工作面施工“两带”高度观测孔 16 个，总工程量为 6 999.23 m。垮落带高度为 7.16～20 m，平均 14.16 m；导水裂隙带高度为28.51～102.3 m，平均 53.25 m，裂高采厚比为 9.7～34.1，裂高平均为 20.96 m。

8. 任楼煤矿

2018 年 8 月～2019 年 10 月煤矿开展了以太原组灰岩含水层为目的层的中五采区井下放水试验，通过本次放水试验获取了太灰富水性等相关水文地质参数，探查区域范围内太灰水与奥灰、四含及顶板砂岩含水层无明显水力联系，并对 72511 工作面突水威胁程度进行了评价。

9. 顾北煤矿

(1) F104-1 断层导水性探查

安徽省煤田地质局水文勘探队于 2007～2008 年施工 F104-1 断层探查孔 3 个，工程量 2 488.33 m，抽水 1 次。F104-1 断层不导水。

(2) 新生界水文地质条件补充勘探

江苏煤炭地质勘探二队于 2009 年 7 月～2012 年 6 月对顾北煤矿进行了新生界水文地质补充勘探，完成钻孔 58 个(港河水面孔 12 个)，钻探工程量 36 242.42 m(港河水上施工工程量 8 340.80 m)；江苏煤炭地质勘探二队于 2012 年 9 月编制了《顾北煤矿新生界补充勘探成果报告》，并通过了淮南矿业集团组织的专家评审。查明了新生界水文地质条件，为提高开采上限提供了基础依据。

(3) A 组煤底板灰岩水文地质条件补充勘探(地面钻探)

安徽省煤田地质局水文勘探队于 2011 年 10 月至 2012 年 9 月在矿界东部煤层露头区对顾北煤矿井 A 组煤底板灰岩进行地面补充勘探，实际完成钻孔 22 个，钻探工程量为 14 413.14 m，抽水试验 22 次，并于 2012 年 12 月提交了《顾北煤矿 A 组煤底板灰岩水文地质条件地面补充勘探报告》，同年通过了淮南矿业集团组织的专家评审。查明了 A 组煤底板灰岩水文地质条件，为 A 组煤开采底板灰岩水防治提供了基础依据。

(4) 中部地质异常带探查情况

经顾北井田钻探及三维地震勘探资料成果，井田中南部发育一组呈西北向展布的断层带，该带内主要构造有正断层、逆断层以及直立断层等，经中国矿业大学2012年进一步探查和研究，确定为顾桂地堑式断层带，并留设了禁采区。

(5) 疑似陷落柱探查情况

顾北井田共发现2个疑似陷落柱，分别命名为1#疑似陷落柱和2#疑似陷落柱。1#疑似陷落柱首次发现于2008年8月北一(6-2)采区三维地震勘探，再次确认于2013年5月中石油东方公司二次精细解释。2#疑似陷落柱由中石油东方公司于2013年5月二次精细解释时新发现。

① 1#疑似陷落柱：三维地震解释发育情况：1#疑似陷落柱位于北一(6-2)采区东北部边缘、6-2煤层露头附近。影响1煤、6-2煤层以及8煤层。具体影响二水平北一1煤层采区、北一(6-2)煤层采区12726、12826、14126设计工作面、北一8煤层采区11228设计工作面布置与开采。

探查情况：根据矿井中长期规划，近10年内1#疑似陷落柱所在区域无采掘工程计划，因此，短期内1#疑似陷落柱探查工程未列入近期计划。

② 2#疑似陷落柱：三维地震解释发育情况：2#疑似陷落柱位于北一(6-2)采区西部边缘、北一1煤层采区12321、12421设计工作面中、6-2煤层风氧化带附近，影响1煤层和6-2煤层。

探查情况：2#疑似陷落柱探查工程于2015年11月24日结束，由安徽省煤田地质局第一勘探队施工。

经探查，确定2#陷落柱为顶界发育在$C_3$12层位、基底在寒灰中的充水、导水型岩溶陷落柱，陷落柱影响到4煤底板骆驼钵砂岩，4煤层以上地层与陷落柱无水力联系。并对2#陷落柱留设了掘进和回采安全煤岩柱。

(6) A组煤底板灰岩水文地质条件补充勘探(地面物探)

由中煤科工集团西安研究院于2011年11月20日开始施工，12月28日完成了野外数据采集工作，控制面积为5.46 km^2，其中水域面积为0.96 km^2，总工作量为7 503个物理点。2012年3月25日，提交了《顾北井田A组煤底板灰岩水文地质条件补充勘探地面物探成果报告》，并通过由淮南矿业集团组织的专家评审。

(7) 南一1煤层采区底板灰岩水文地质条件补充勘探地面物探

由河南省煤田地质局物探测量队于2014年10月10日开始施工，2014年11月14日完成前期野外数据采集工作，共完成勘探控制面积6.0 km^2，瞬变电磁勘探测线62条，线上物理点7 986个，质量检测点662个，试验点70个，共计瞬变电磁物理点8 718个。2014年11月，提交了《顾北煤矿南一1煤层采区底板灰岩水文地质条件补充勘探地面物探成果报告》，并通过由淮南矿业集团组织的专家评审。

(8) 南一1煤层采区A组煤底板C3Ⅰ组灰岩群孔多阶段放水试验

由安徽理工大学承担施工，分别于2018年3月19日～4月2日、2018年12月5～23日，开展了顾北煤矿一水平南一采区A组煤底板C_3Ⅰ组灰岩群孔多阶段放水试验。试验历时32天，完成背景值观测2次、放水试验3次、恢复试验3次、连通试验1次；采集常规水样38个；观测水量数据3 275个、水压数据5 730个、水位数据7 623个、水温数据82个。查明了南一1煤层采区底板灰岩水文条件，为灰岩水防治提供了基础依据。

10. 潘二煤矿

矿井针对A组煤开采，先后在东一、西二、西四A组煤采区开展了井上、下的底板灰岩水文地质条件补充勘探，补勘工程详细如下：

(1) −530 m水平东一采区A组煤底板灰岩水文地质条件补勘

2009年6月～2013年1月，开展了−530 m水平东一采区A组煤底板灰岩水文地质条件补勘，完成地面灰岩钻孔9个、钻探工程量5 691.59 m，其中石炭系C_3Ⅰ组钻孔3个，C_3Ⅱ组、C_3Ⅲ组、奥陶系各2个，进行抽水试验6次以及测井、采样测试等；完成井下11223工作面底板灰岩放水巷1条，共2 040 m，C_3^1至C_3^3下放水石门3条，共322 m，常规放水钻孔66个，共5 294 m，C_3^3顺层放水钻孔23个，共9 069 m；开展了井下直流电法、瞬变电磁探测27次、微重力测试1次等。根据井田及东一采区井上/下钻探、抽水试验、井下巷道揭露和钻孔探放水及井下物探等资料，基本查明了石炭系太原组灰岩赋存、岩性及组合特征、富水性等水文地质特征，初步查明了奥陶系灰岩赋存、岩性及组合特征、富水性特征。

(2) −530 m水平西二采区A组煤底板灰岩水文地质条件补勘

2011年10月～2016年1月，矿井开展了−530 m水平西二采区A组煤底板灰岩水文地质条件补勘，完成地面灰岩钻孔6个、钻探工程量5 056.21 m，其中西二采区石炭系C_3Ⅰ组、C_3Ⅱ组、C_3Ⅲ组、奥陶系各1个，进行抽水试验4次以及测井、采样测试等；完成井下12223工作面底板灰岩放水巷一条，共1 736 m，常规放水钻孔48个，共3 998.3 m；12223上底抽巷施工前探钻孔21组，12223底板放水巷施工前探钻孔29组，共计163孔，工程量为18 170 m；开展了12223疏水巷及上底抽巷瞬变电磁探测43次等。根据井田及西二采区井上/下钻探、抽水试验、井下巷道揭露和钻孔探放水及井下物探等资料，基本查明了石炭系太原组灰岩赋存、岩性及组合特征、富水性等水文地质特征，初步查明了奥陶系灰岩赋存、岩性及组合特征、富水性特征。

(3) 西四A组煤采区地面灰岩水文地质条件补勘

2017年8月～2018年8月，矿井开展了西四A组煤采区地面灰岩水文地质条件补勘，完成地面灰岩补勘钻孔8个，钻探工程量7 314.68 m，其中石炭系钻孔5个、奥陶系2个、寒武系1个；进行抽水试验20次、注水试验2次；开展空间拟流场测漏1次以及测井、采样测试等；根据勘探资料以及东一、西二采区实际揭露资料，基本查明了区内A组煤顶、底板岩层的岩性及组合特征、顶板砂岩富水性特征；基本查明了石炭系太原组灰岩赋存、岩性及组合、富水性等水文地质特征；初步查明了奥陶系灰岩赋存、岩性及组合、富水性等水文地质特征；了解了寒武系灰岩赋存、岩性及组合、富水性等水文地质特征；初步查明了石炭系、奥陶系及寒武系灰岩含水层的水质、水温和水位动态特征以及灰岩含水层(组)之间的水力联系,分析了区内的主要控水构造,并对其含、导水性进行了分析和评价。

11. 谢桥煤矿

(1) 一水平生产补充勘探阶段(1997～2000年)

1997年1月～1999年9月,淮南矿业(集团)地质勘探工程处对一水平进行生产补充勘探,施工钻孔30个,工程量为18 061.07 m,其中地质孔14个,工程量为11 301.34 m;水文孔16个,工程量为6 759.73 m。对新生界底部红层提水试验5次,工程量为2 041.27 m。延深揭露奥陶系灰岩孔2个。2000年淮南矿业(集团)有限责任公司于委托安徽省煤田地质局勘查研究院编制完成《淮南矿业集团谢桥煤矿补充勘探地质报告》。

(2) 第三系"红层"补充勘探阶段(1999年)

为合理确定回采上限,尽可能多地回收煤炭资源,延长矿井第一水平服务年限,满足矿井发展生产、提高技术经济效益的需要,根据淮南矿业(集团)公司煤生字〔1999〕7号文要求,对直覆于基岩面上的第三系地层("红层")进行了补充勘探,以验证评价谢桥井田"红层"的地质条件和含(隔)水性以及对安全开采的影响程度。

1999年3～10月,淮南矿业集团地质勘探工程处施工第三系"红层"钻孔8个,工程量为3 267.32 m;完成简易抽(提)水试验6次,简易水文观测342次,水文地质测井2次/孔,盐化扩散测井1孔,基岩声波测井3孔;设置4个水文长观孔。1999年12月,淮南矿业集团地质勘探工程处编制完成《谢桥井田煤系上覆第三系地层"红层"隔水性补勘验证评价报告》。

(3) 井田岩溶陷落柱探测钻探工程(2004年11月～2005年12月)

为查明验证谢桥煤矿东二采区范围及东风井北侧灰岩露头附近岩溶陷落柱发育情况及延展分布特征,为矿井水害防治、安全开采提供地质信息,2004年11月28日至2005年12月30日,山东省煤田地质局第一勘探队和淮南矿业集团勘探工程处组织施工谢桥煤矿岩溶陷落柱探测钻探工程。施工钻孔6个,总工程量为5 665.9 m。其中除1个孔在煤系地层终孔外,其余钻孔均不同程度揭露寒武系灰岩。对揭露灰岩钻孔均进行抽水试验,测定涌水量大小,分析含水层富水性。Xlz4孔涌水量较小,Xlz2、Xlz3、Xlz5、Xlz6孔涌水量极丰富,均属强富水含水层。

(4) 东翼采区岩溶陷落带及影响区水文地质条件探查工程(2010年2月～2011年12月)

2008年7月,谢桥矿二水平安全改扩建工程开工,为保证矿井的正常生产接替和瓦斯治理需在−720 m水平4煤层底板施工轨道大巷,由于矿井发育有岩溶陷落柱,且深部奥灰和寒灰含水层水文地质条件极其复杂,原有勘探工程不能满足大巷施工需要,因此必须尽快查明东翼采区岩溶地质条件,以指导巷道的掘进及1～6煤层安全开采所需的岩溶水害防治措施。淮南矿业集团和中国矿业大学(北京)、中南大学于2010年2月至2011年12月开展了《东翼采区岩溶陷落带及影响区水文地质条件探查工程》。

该项工程包括地面物探、地面钻探、孔中物探、井下超前探等,中国矿业大学负责13.229 km^2 的原有三维地震资料的重新处理解释、1孔VSP测井、AVO反演、地震约束测井、岩心样测试、井下超前探;中南大学负责3.45 km^2 地面广域电磁勘探、22次孔间拟流场测漏;地质勘探工程处负责18孔的野外钻探工作。通过该工程查明了东翼采区1#和2#陷落柱在8煤层和6煤层不含水,亦不导水,但在4煤层底板以下砂岩层位明显具充水性,将可能威胁到区内4、1煤层的安全开采。为此,集团公司下发了《关于做好谢桥煤矿东翼岩溶陷落柱水害防治工作的通知》(集政函〔2011〕216号),划定了4煤层、1煤层禁掘、禁采区。

2014年12月,中国矿业大学(北京)编制完成《谢桥煤矿东翼采区岩溶陷落带及影响区综合探查与水害防治研究报告》。

(5) 东二A1煤层采区灰岩水文地质条件补勘工程(2016年11月~2017年12月)

为了探明东二采区三维地震解释的3#、5#疑似陷落柱性质及在1煤层、石炭系灰岩地层顶部等平面分布范围、剖面形态、边界位置,评价3#、5#疑似陷落柱对东二A1煤层开采的安全影响程度,2016年11月~2017年12月开展了东二A1煤层采区灰岩水文地质条件补勘工程。该工程施工4个地面探查钻孔,工程量为2 592.17 m。

2017年12月,安徽省煤田地质局第三勘探队提交了《谢桥煤矿东二A1煤层采区灰岩水文地质条件补勘报告》,确定3#疑似陷落柱应为断层带,断层带有一定的导水性;确认5#疑似陷落柱为陷落柱,其顶部发育至新地层底界,为导水陷落柱。针对导水断层带和5#陷落柱圈定了1煤层影响区和停止开采区,面积分别为0.34 km^2 和0.81 km^2。

12. 张集煤矿

截至目前,以煤炭开采为核心,以防治矿井水害、保障矿井安全生产为主要目的而开展的专门水文地质补勘和研究工作共开展了5项专门勘探和研究,施工水文地质钻孔48个,钻探工程量为30 954.9 m,抽水试验45次,为矿井水害防治提供了丰富资料和科学依据。

此外,按照规程、规定,在生产过程中开展了矿井水文地质动态观测(水量、水位、水温、水化学等)、充水性调查和编录、采后覆岩破坏、采空区探放水及观测工作等;建立了台账、制度、图纸、水动态观测网等。

目前矿井已开采山西组1煤层,针对1煤层开采底板灰岩水害,遵循淮河以南老区"因地制宜、疏水降压、限压开采、综合治理"十六字灰岩水害防治技术原则,开展井上、下水文地质条件补勘和疏水降压工程,为安全高效开采1煤层提供了保证。

其中需要特别指出的是为防治1煤层底板灰岩水，确保1煤层在受底板岩溶水威胁情况下，达到限压开采的条件而在张集煤矿北区井下实施的1煤层底板灰岩含水层(组)疏水降压工程(主要是施工井下钻孔)及为了查清煤岩层富水性而进行的井下物探工作。

13. 板集煤矿

2003年12完成《安徽省亳州市板集井田煤矿勘探报告》审查备案工作。

2004年安徽省水文队对板集井田进行供水水文勘探，共完成钻孔12个，工程量2 622.18 m，抽水5次，2004年5月提交了《国投新集能源股份有限公司板集井田供水水文地质勘探报告》。

2004～2015年矿井基建及井筒修复期间，共零星施工地面补勘孔57个，工程量为43 576.05 m，其中水文孔30个，工程量为18 927.57 m，抽水33次。对松散层底含、9煤顶板砂岩、太灰、奥灰等主要含水层进行勘探，部分钻孔留作长观孔。截至2019年10月底，井田内共施工地面钻孔125个，工程量为94 948.23 m，其中专门水文孔及地质兼水文孔44个，工程量为27 715.19 m。

14. 口孜东煤矿

(1) 三维地震反射波异常区验证

2005年5月至2015年2月对1＃、2＃、3＃、7＃、6＃、5＃、4＃、12＃异常区进行钻探验证，共施工钻孔8个，累计工程量10 406.06 m，抽水试验3次，所有钻孔钻进过程中虽有地层破碎、缺失，但除验7孔过破碎带漏水外无明显的循环液消耗或增加现象。结合三维地震精细解释以及井下物探、钻探资料分析：1＃、2＃、3＃异常区不排除有岩溶陷落柱存在的可能，7＃异常区为断层破碎带，在13-1煤层附近的工作面已经安全开采结束。6＃、5＃、4＃、12＃异常区均排除岩溶陷落柱存在的可能。

(2) 松散层底含补勘

2013年1～7月，在F5断层以东13-1煤层浅部共施工6个松散层补勘水文孔，对松散层底部砾石层(红层)进行抽水试验，钻探工程量为4 045.8 m，查明该区松散层底普遍发育红层，富水性弱，与三隔共同组成复合隔水层，可有效防止松散层水对矿坑充水，与区域探查结论一致。

(3) F5、DF23断层补勘

2015年施工的23-10孔、23-11孔，终孔深度分别为1 172.84 m、1 245.12 m，均未见漏水现象，查明了F5断层位置、落差及断层含(导)水性。2017年至2019年先后施工了T06、23-12、23-13等钻孔，查明了DF23断层位置及含(导)水性，为矿井西翼开拓及140502工作面设计开采提供了地质依据。

(4) 灰岩补勘

口孜东煤矿在生产期间先后施工了9个灰岩补勘钻孔，对太灰及奥灰进行抽水试验，除T06孔单位涌水量1.7 L/(s·m)，富水性较强外，均为弱富水。灰岩钻孔一般控制到奥灰，均留作灰岩水动态观测钻孔。

15. 刘庄煤矿

(1) 新生界松散层水文地质补勘

矿井自建设以来，先后在东二、东三、西一、西三及西四采区对新生界松散层开展了水文地质补充勘探工作(39 个钻孔)，并委托有关单位编制了《东三采区新生界厚松散层下 13-1、11-2、8 煤层开采防水煤(岩)柱合理留设可行性研究》《刘庄煤矿西区"红层"水文地质报告》。

(2) 1 煤底板灰岩水文地质补勘

根据矿井生产接替需要，优先对矿井东区 1 煤层底板灰岩进行了水文地质补勘工作；2016 年 3 月提交了《刘庄煤矿(东区)1 煤底板灰岩水文地质补充勘探报告》，并经专家评审验收。

16. 新集二煤矿

(1) 1993～2009 年

共施工生产补充勘探钻孔 25 个(不含灰岩水文补勘及 F10 断层以北资源勘查已施工的钻孔)，工程量为 15 600.3 m，其中水文钻孔 8 个，工程量为 5 507.27 m，抽水 10 次。

(2) 2008 年 2 月～2015 年 6 月

安徽省煤田地质局对 F10 以北、01 线以东区段及 08～013 线间进行补勘，截至 2015 年 6 月底，共完成钻孔 34 个，累计工程量为 35 801.27 m，其中地质兼水文孔 9 个，抽水试验 8 次，保留寒灰观测孔 1 个(HB0008)。

(3) 2011 年 11 月

安徽省煤田地质局水文勘探队提交《新集二煤矿 1 煤层底板灰岩水文地质补勘报告》，共施工地面钻孔 16 个，钻探工程量为 12 260.04 m，抽水试验 12 次；井下探查钻孔 103 个，钻探工程量为 10 550.2 m，完善了灰岩水动态观测网。

(4) 2011～2016 年 5 月

新集二煤矿实施了《新集二煤矿提高 1 煤组煤炭资源高效开采示范工程》项目，在二煤矿井田内施工了 12 个钻孔，累计工程量为 11 536.33 m，抽水试验 11 次。

(5) 2013 年 1 月～2015 年 7 月

在 F10 断层以南深部灰岩补勘施工钻孔 7 个，抽水试验 7 次，均为水文长期观测孔。

(6) 2017 年 11 月及 2018 年 5 月

安徽省煤田地质局第一勘探队对新集二煤矿 1 煤层西翼 2401 采区底板进行了补勘，共施工地面钻孔 2 个(水 101、水 102)，累计工程量为 1 681 m，抽水试验 2 次。

截至 2019 年 6 月，井田范围内共施工地面钻孔 150 个，总工程量为122 444.55 m；抽水试验 65 次。保留长观孔 35 个，能正常使用的 24 个，均安装了 KJ402 水文动态监测系统,实现了远程实时自动监测、预警。

以上补勘为新集二煤矿1煤层开采底板灰岩水害防治提供了翔实的资料,为矿井1煤层安全开采提供了可靠的地质保障。

4.1.4 地理信息系统

两淮矿区的煤矿除了界沟煤矿和潘四东煤矿,均建立了地理信息系统、地测防治水信息化平台或者生产技术信息管理系统等进行信息化管理。界沟煤矿采用的是通过龙软绘图软件进行绘图,尚未建立数据库。潘四东煤矿尚未建立地理信息系统。

4.1.5 水害预警系统建立

1. 地面水文观测预警系统

两淮矿区矿井均建立了地面水文观测系统,对充水含水层长观孔和井下涌水量等数据进行遥测,实现对矿井地面钻孔的水位、水温及地表河流和井下钻孔水压、水温、流量,明渠流量等水文参数的实时测量和采集,具备连续长期测量并利用计算机分析、辅助决策功能,实现了水文动态监测。可设置预警值,发现水位变化幅度超限时,能及时性预警,保证矿井的安全。两淮矿区地面水文观测预警系统具体情况如表4-16所示。

表4-16 两淮矿区地面水文观测预警系统

矿 区	矿 名	地面水文观测孔(个)	备 注
淮北矿区	界沟煤矿	10	四含观测孔5个、太灰观测孔2个、奥灰观测孔3个
	祁南煤矿	15	在浍河水位站设立水文动态监测系统分站1个
	桃园煤矿	6	
	朱仙庄煤矿		水文动态监测系统分站设在塌陷区和工厂北侧小黄河内
	朱庄煤矿	5	太灰观测孔2个、奥灰观测孔3个
	恒源煤矿		分站总数14个
	任楼煤矿	15	四含观测孔5个、太灰观测孔7个、奥灰观测孔3个
	祁东煤矿	8	四含观测孔5个、太灰观测孔2个、奥灰观测孔1个

续表

矿区	矿名	地面水文观测孔(个)	备注
淮南矿区	顾北煤矿	26	观测孔上含下段1个、中含上段1个、中含下段3个、下含1个、红层2个、太原C_3Ⅰ组6个、C_3Ⅱ组3个、C_3Ⅲ组3个和奥灰4个、寒灰2个
	谢桥煤矿	25	观测孔上含下段3个、中含上段3个、中含下段3个、C_3Ⅰ灰3个、C_3Ⅱ灰3个、C_3Ⅲ灰3个、奥灰3个、奥灰+寒灰混合2个、寒灰2个
	张集煤矿	24	C_3Ⅰ灰岩观测孔5个、C_3Ⅱ灰岩观测孔3个、C_3Ⅲ灰岩观测孔2个、奥灰观测孔3个、寒灰观测孔2个、新生界上含观测孔3个、中含上观测孔2个、中含下观测孔4个
	板集煤矿	17	观测孔一含1个、二含2个、三含3个、四含4个、二叠系砂岩含水层1个、石炭系太原组灰岩、奥陶系灰岩含水层各3个
	口孜东煤矿	14	松散层四含观测孔3个、太灰观测孔6个、奥灰观测孔4个、F1断层上盘观测孔1个
	刘庄煤矿	21	观测孔松散层8个、11-2煤层底板砂岩1个、太灰8个、奥灰4个
	潘四东煤矿	18	观测孔中含2个、下含3个、基岩面1个、中隔1个、下隔1个、太灰8个、奥灰2个、寒灰1个

2. 井下涌水量、水压等在线监测预警系统

两淮矿区的矿井建立了井下涌水量在线监测系统,设立了井下明渠监测分站,分别对矿井各主要大巷涌水量进行观测。根据设置的预警数值,当数据出现异常时,系统自动对管理人员及相关领导发出短信预警,及时处理问题,以保证安全生产。此外界沟煤矿、桃园煤矿和朱庄煤矿设有井下太灰水压观测孔,顾北、潘二、潘四东、张集等煤矿建立了井下水压预警系统,均实现了对井下水压的实时观测。

3. 底板微震监测系统建设

淮北矿区的界沟、祁南、桃园、朱仙庄、祁东、任楼等煤矿尚未建立底板微震监测系统,朱庄的底板微震监测系统于2020年开始建设。恒源煤矿于2018年在Ⅱ633工作面与武汉长盛煤安科技有限公司合作,进行了微震与电法耦合突水预警监测试验,共布置5个监测点,未发现明显底板产生的水害微震事件,这说明Ⅱ633工作面通过实施了地面顺三灰层位注浆加固后,底板岩层比较稳定。后续将准备开展“Ⅱ634 工作面矿井微震突水预警监测”。

淮南矿区的顾北煤矿和张集煤矿均已建立了底板微震监测系统。目前新集二煤矿正在建设该系统，刘庄煤矿待其运行正常并掌握相关技术后，结合刘庄煤矿 1 煤层开采，适时建立底板微震监测系统。潘二煤矿和潘四东煤矿的微震监测系统建设工作正在开展，目前已完成了潘二煤矿矿井水害微震监测监控系统及云平台建设方案的编制，准备分步组织实施。

4.1.6 防排水系统建设情况

两淮矿区复杂、极复杂水文地质类型煤矿均按照实际情况，并结合本矿井的正常涌水量与最大涌水量，设置主排水系统及潜水电泵应急排水系统，其中淮南矿区多数矿井只设置了一个水平主排水系统，淮北矿区设置两个以上水平主排水系统的矿井较多。矿井建立的永久排水系统和应急排水系统，能满足矿井正常排水和应急排水需要。各矿具体防排水系统建设情况见表 4-17。

表 4-17 两淮矿区复杂、极复杂水文地质类型煤矿排水系统一览表

<table>
<tr><th rowspan="2">矿区</th><th rowspan="2">矿名</th><th rowspan="2">区域</th><th colspan="3">水泵</th><th rowspan="2">总排水能力(m^3/h)</th><th rowspan="2">水仓容积(m^3)</th><th rowspan="2">排水管路</th><th rowspan="2">排水去向</th></tr>
<tr><th>型号</th><th>台数</th><th>单台额定流量(m^3/h)</th></tr>
<tr><td rowspan="8">淮南矿区</td><td rowspan="2">潘二煤矿</td><td>−530 m水平</td><td>MDS420-95×7</td><td>5</td><td>420</td><td>2 100</td><td>4 440</td><td>3 趟 DN325 mm</td><td>−530 m水平水仓</td></tr>
<tr><td>潜水泵排水系统</td><td>BQ550-650/17-1600/W-S</td><td>1</td><td>550</td><td>550</td><td>909</td><td>1 趟 DN300 mm</td><td>新水仓</td></tr>
<tr><td rowspan="6">谢桥煤矿</td><td rowspan="3">−610 m水平</td><td>HDM420×8</td><td>2</td><td>420</td><td>840</td><td rowspan="3">4863</td><td rowspan="3">3 趟 DN325 mm</td><td rowspan="3">地面净化水厂</td></tr>
<tr><td>MDS420-96×8</td><td>1</td><td>420</td><td>420</td></tr>
<tr><td>MD420-96×8</td><td>2</td><td>420</td><td>840</td></tr>
<tr><td>−720 m水平</td><td>MD155-30×4</td><td>3</td><td>280</td><td>840</td><td>1 836.9</td><td>2 趟 Ø273 mm</td><td>−610 m泵房</td></tr>
<tr><td>−920 m水平</td><td>MDS420-96×12</td><td>7</td><td>420</td><td>2 940</td><td>6 862</td><td>二副井井筒、管子道内敷设 3 趟 Ø377 mm 的排水管与泵房内 3 趟 Ø325 mm 的排水管连接</td><td>地面净化水厂</td></tr>
<tr><td>−920 m水平潜水电泵</td><td>BQ550-1105/13-2500/W-S</td><td>2</td><td>550</td><td>1 100</td><td>4 266.6</td><td>1 趟 Ø530 mm</td><td>地面</td></tr>
</table>

续表

矿区	矿名	区域	水泵			总排水能力(m³/h)	水仓容积(m³)	排水管路	排水去向
			型号	台数	单台额定流量(m³/h)				
淮南矿区	张集煤矿(中央区)	−600 m水平	PJ2000B×8	1	420	420	4 731	3 趟 Ø325 mm	−600 m水平中央水仓
			HDM420×8	1	420	420			
			MDS420-96A×8	3	420	1 260			
		东一 11-2 煤层上采区	MD155-30×4	3	155	465	500	2 趟 Ø219 mm	采区水仓
		西一 11-2 煤层上采区	MD85-45×2	3	90	270	500	2 趟 Ø159 mm	采区水仓
		东一 11-2 煤层下采区	MD85-45×2	3	90	270	500	2 趟 Ø159 mm	采区水仓
		−820 m水平	MDS580100×9	3	580	1 740	4 032	3 趟 DN350 mm	−820 m水平水仓
	张集煤矿(北区)	−492 m水平	HDM420A-7	3	420	1 260	4 067	3 趟 Ø325 mm	−492 m水平中央水仓
			MDS420-96A×7	2	420	840			
		南翼−567 m采区	MD155-30×4	2	90	180	4067	2 趟 Ø159 mm	
		西二1煤层采区	MD450-60×3	3	450	1 350	2 330	2 趟 Ø325 mm	
	潘四东煤矿	−650 m水平	HDM420−96×9	7	420	2 940	6 500	3 趟 DN325 mm	地面污水处理厂
		−650 m水平潜水电泵排水系统	BQ550-800/21-1900/W-S	2	550	1100		1 趟 Ø426 mm	地面
	顾北煤矿	−648 m水平	HDM420×8	5	420	2 100	5 950	4 趟 DN325 mm	地面污水处理厂
		−648 m水平潜水电泵排水系统	BQS550-770/11	1	550	550		1 趟 DN325 mm	地面

续表

矿区	矿名	区域	水泵			总排水能力(m^3/h)	水仓容积(m^3)	排水管路	排水去向
			型号	台数	单台额定流量(m^3/h)				
淮南矿区	新集二煤矿	−550 m水平	PJ200×7	5	420	2 100	7 582	3趟Ø273 mm	−550 m水平水仓
		−750 m水平	MD420-96×10	4	420	1 680	7 250	2趟Ø325 mm	地面
			MD420-96×4	2	420	840		1趟Ø325 mm	−550 m水平水仓
		−750 m潜水泵排水系统	BQ550-838/22-1900/W-S	3	550	1650		2趟Ø325 mm	地面
	刘庄煤矿	−762 m水平	HDM420×10	1	420	420	5 816	4趟Ø325 mm	−762 m水平水仓
			MD500-85×12	4	500	2 000			
		−750 m潜水泵排水系统	BQ275-1070/28-1400	4	275	1100		独立排水管路	地面
	口孜东煤矿	−967 m水平	MDS420-96×12	5	420	2 100	5 280	4趟DN325 mm	−967 m中央水仓
		−967 m潜水泵排水系统	BQ275-1070/28/W-S	4	275	1 100		2趟DN377 mm	地面
	板集煤矿	−735 m水平	MDS420-96×9	5	420	2 100	5 392	4趟DN325 mm	主水仓
淮北矿区	界沟煤矿	−425 m水平	MDS300-65×8	5	300	1 500	3 440	2趟DN325 mm	−425 m井底车场水仓
		−500 m水平	MD280-43×3	4	280	1 120	1 985	3趟DN273 mm	−500 m水仓
		−425 m水平潜水电排系统	BQ725-530/20-1600/W-S	1	725	725	3 440	1趟DN325 mm	−425 m井底车场水仓

续表

矿区	矿名	区域	水泵			总排水能力(m³/h)	水仓容积(m³)	排水管路	排水去向
			型　号	台数	单台额定流量(m³/h)				
淮北矿区	朱庄煤矿	三水平	D500A-57×9	6	500	3 000	10 076	3 趟 DN350 mm	三水平水仓
		三水平潜水电泵强排水系统	BQ725-450/17-1400	2	725	1 450		2 趟 DN250 mm	
		Ⅲ63 采区	MDA 500-57×5	4	500	2 000	4 000	2 趟 DN300 mm	Ⅲ63 采区水仓
	朱仙庄煤矿	井底车场副井井筒附近	D450-60×9	8	450	3 600	10 050	3 趟 Ø325 mm	副井井筒附近水仓
		二水平	MD450-60×5	4	450	1 800	3 200	2 趟 Ø325 mm	二水平中央水仓
		Ⅱ3 水仓内电潜泵排水系统	BQ550-306/8-710/W-S	1	550		550	2 趟 Ø275 mm	Ⅱ3 采区水仓
		88 采区	MD720-60×8	3	720	2 160	2 400	两口净孔径 Ø350 mm 的直排井	地面界洪河
	桃园煤矿	一水平	MD500A-57×11	6	500	3 000	7 302	325 mm 三趟钻孔排水管路	一水平水仓
		二水平	MD420-93×10	7	420	2 940	7 890	3 趟 DN325 mm	二水平中央水仓
		二水平潜水泵应急排水系统	BQ725-450/17-1400/W-S	1	725	725		1 趟 Ø375 mm	

续表

矿区	矿名	区域	水泵			总排水能力(m^3/h)	水仓容积(m^3)	排水管路	排水去向
			型号	台数	单台额定流量(m^3/h)				
淮北矿区	祁南煤矿	主排水系统	MD500A-57×11	5	500	2 500	4 071	250 m以深为3趟Ø273 mm，250 m以浅及地面为3趟Ø320 mm排水管	主水仓
淮北矿区	祁南煤矿	潜水电排系统	BQ725-636/24-1800/W-S	1	725	725	4 071	与主排水管路相连	主水仓
淮北矿区	祁南煤矿	34下采区排水系统	BQS80-400/4-200	3	80	240	1 500	3趟DN150 mm	主水仓
淮北矿区	恒源煤矿	一水平大泵房	MDAMD450-60×8	7	450	3 150	13 570	3趟DN325 mm	一水平中央水仓
淮北矿区	恒源煤矿	二水平大泵房	MD450-60×5	6	450	2 700	7 960	3趟DN325 mm	二水平中央水仓
淮北矿区	恒源煤矿	−750 m潜水泵排水系统	BQS220-220/4-220/N	1	220	220	7 960	1趟DN273 mm	二水平水仓
淮北矿区	祁东煤矿	中央泵房排水系统	MD280-65×10	6	280	1 680	5 000	3趟Ø273 mm	地面
淮北矿区	祁东煤矿	中央泵房排水系统	MD420-96×8	4	420	1 680	5 000	3趟Ø273 mm	地面
淮北矿区	祁东煤矿	潜水电排系统	BQ550-770/9-1800/W-s	1	550	550	5 000	1趟Ø325 mm	地面
淮北矿区	祁东煤矿	六采区排水系统	MD450-60×4	5	450	2 250	2 300	3趟Ø325 mm	−650 m水平水仓
淮北矿区	任楼煤矿	一水平−520 m排水系统	MD450-60×10	6	450	2 700	4 223	3趟DN325 mm	一水平水仓
淮北矿区	任楼煤矿	二水平−720 m排水系统	MD450-60/84×4MD450-60×4	6	450	2700	2574	1趟DN325 mm	二水平水仓
淮北矿区	任楼煤矿	−720 m强排系统	BQ550-838/22-1990/W-S	2	450	2 700	2 574	1趟DN377 mm	二水平水仓

4.2　近3年主要水害治理技术

两淮矿区复杂、极复杂水文地质类型煤矿近3年开采工作主要的水害威胁有煤系砂岩裂隙水、新生界松散层底部孔隙含水层水、老空水、灰岩水等，每个矿针对这些水害威胁都采取了有效的防治措施。

4.2.1　淮北矿区

1. 界沟煤矿

(1) 顶、底板砂岩水

该含水层以弱富水性为主，主要表现为滴、淋水，对安全不构成威胁，10煤层工作面回采前对砂岩水进行了探查疏放，钻孔水量非常小，基本无水。

(2) 四含水

为新生界松散层底部孔隙含水层水，主要威胁缩小防(隔)水煤岩柱工作面开采，为严格落实《煤矿防治水细则》《安徽省煤矿防治水和水资源化利用管理办法》，委托科研院校进行了开采可行性研究并编制开采设计，组织专家论证，上报公司审批。掘进时采取物探先行、循环探查，回采前对四含水进行探查、疏放，采取物探和钻探相结合方式验证防治水效果，编制效果评价报告，上报公司审批。回采中控制采高、匀速均衡推进、完善排水系统、加强水情观测。

(3) 底板灰岩水

底板灰岩水仅对10煤层开采构成威胁，东一10煤层下采区已实施地面超前区域治理，掘进时采取超前物探、异常区钻探验证的循环探查方式，回采前施工验证孔，编制效果评价报告，上报公司审批。

(4) 老空水

矿井采空区、老巷等积水的范围、积水量、积水水头高度清楚，主要采取超前探放水措施。

2. 朱庄煤矿

(1) 灰岩水害治理

随着矿井采深加大，水压升高，水患的危险性日益增大，传统的井下治理技术已不能很好适应当前的防治水工作，目前采取地面定向钻超前区域治理6煤层底板高承压、强富水、薄层灰岩技术和井下钻探验证的井上、下结合治理方式开展防治水工作，做到由点状治理转变为面状治理，由井下治理转向井上、下综合治理，由局部治理转变为区域治理，由采前治理转变到掘前治理，由被动防御转变到主动超前防范,通过地面定向钻探技术与高压注浆技术的结合,能有效地将含水层改造为隔水层,加大隔水层厚度,提高隔水层强度,给6煤层开采提供有效的保证。本矿6煤底板灰岩富水性强,补给来源丰富,在疏水降压效果不能满足安全开采的需要时,只能采取底板注浆加固改造含水层的方法来增强底板岩体抗水压能力和变含水层为隔水层以加大隔水层厚度的方法。

6煤层底板薄层灰岩隐蔽灾害区域勘查与超前治理工程需要在技术管理方面严格按照"水文地质条件分析→制定区域防治方案与设计→实施地面定向钻注浆改造灰岩含水层→采取井下钻探及物探进行防治水工作效果验证→开展工程总结和安全开采评价→制定保障措施→跟踪调查→评估总结"的治理总体路线,以确保6煤层底板灰岩治理达到预期效果。

(2) 老空水害治理

朱庄煤矿Ⅲ63采区右翼与土型北煤矿相邻,矿界间距27～118 m。土型北煤矿存在越界开采现象,其开采范围、开采煤层层位不清,老窑水积水范围、积水量不清,前期采用地面补勘钻孔分区不能准确查清越界范围。

为确保Ⅲ63采区右翼采掘工作面安全生产,与中煤科工集团西安研究院合作利用地面定向钻连续全覆盖的顺6煤层探查一条完整煤柱线,并根据完整煤柱线留设防(隔)水煤(岩)柱。该工程于2019年2月21日开工,至2019年5月6日结束;共完成主孔4个,分支孔13个,钻探工程量6 509 m,注水泥量195 t;通过岩屑录井、测定水位、浆液漏失、煤层完整性、注浆充填、钻孔验证等手段,形成了连续完整煤柱线,确定了土型北煤矿盗采边界线,并对盗采区进行注浆充填,其中单孔顺煤长度最长达318 m,顺利完成了松软中厚煤层中长距离顺层钻进技术作业。

3. 朱仙庄煤矿

为根治矿井北翼五含水害对下伏8煤层的开采的安全威胁,2015年集团公司与中煤科工集团西安研究院开展了五含帷幕截流疏干开采综合治理项目。该项目采用在地面施工直孔和定向钻孔注浆工艺,在矿井北翼8煤层露头线外施工了一座"长距离、大埋深、高承压、混合介质、地下隐蔽、落底式"帷幕截流墙阻隔来自帷幕墙外侧的五含水,间接阻隔奥灰水、太灰水向帷幕墙内五含的补给。经分析计算,帷幕墙截流率达到90%。经过五含放水,墙内五含水位持续下降,墙外五含水位基本保持稳定,墙内、外五含水位差持续增大,目前水位差达到324 m并保持稳定,经88采区五含疏降效果评价报告结论看,88采区五含－350 m标高以浅五含水已基本疏干,消除了五含水对巷道掘进施工的威胁。

通过对五含水害的区域注浆综合治理,达到了预期的工程设计目标,有效地阻隔了墙外五含水的补给,为矿井北翼五含下8煤层的安全开采提供了基础保障。

4. 桃园煤矿

(1) 开展老空水岩巷集中验证

提高验证级别,远距离定向钻超前探放水后,对掘进期间施工高位探放水钻场岩巷进行了集中验证，Ⅱ8222风巷掘进期间施工探放水钻场4个，对相邻的7245、8245采空区进行了集中验证，共施工验证钻孔645.5 m/14孔，进一步证实了采空区内无积水，保障了掘进施工安全。

(2) 超前查清水文地质条件

主要集中在三个方面：一是提前查验疑似陷落柱，防止奥灰突水淹井。三维地震方法发现的疑似陷落柱，必须采用地面立孔＋定向钻孔的查验方法超前查验。桃园煤矿已经验证否定了D5、D7疑似陷落柱，正在查验D2、D3疑似陷落柱；二是提前查治三维地震方法发现的切断太、奥灰的断层，开展针对性的水文补勘，查明其含(导)水性；三是开展区域放水试验、含水层离子示踪试验，进一步查明各含水层间水力联系及富水性。通过严格查验落实"疑似陷落柱"；提前查治三维地震发现的"切断太、奥灰为辅"的综合勘探方法，为采区设计、工作面布置和防治水方案的制定提供可靠的依据。

(3) 固化地面定向超前区域治理灰岩水害

对太灰不具备疏放性或太奥灰存在水力联系的区域，均采取地面区域治理措施。革新地面钻孔布置方式，探索"扇形＋鱼骨"状布孔方式，对扇形、鱼骨状布孔进行了工程对比试验，既满足了工期需要，又保证了工程质量，同时还减少了钻孔工程量，为进一步完善地面定向钻孔顺层钻进、注浆改造薄层灰岩技术提供了有力支撑。

(4) 地面定向钻相邻孔组交叉验证

为提高地面定向钻注浆改造底板灰岩含水层的可靠性，采用地面相邻孔组交叉验证的方法，进行三灰注浆改造效果的检验。一方面可以校核钻孔顺层层位的准确性、一致性，验证注浆效果；另一方面"缝合"相邻治理孔组的接缝处，强化钻孔注浆末端效果，确保灰岩含水层的改造质量。

(5) 加强井下验证

地面定向钻区域治理工程完成后，对治理区域内"一带七区"(灰岩径流带、冲洗液漏失严重区、注浆量较大区、高水位区、治理薄弱区、构造发育区、跟层率较差区、物探异常区)同步进行井上、井下联合验证。

(6) 改进完善地面区域治理的注浆、验证方法

将"地面区域治理→地面验证→井下验证"程序改为"地面治理→井上、下同步联合验证"；将原来单纯的"地面劈裂注浆"改为"井下引流＋地面劈裂注浆"。地面验证钻孔与前期治理钻孔呈交叉布置，施工期间同步展开井下验证工程。井下验证钻孔发现水压、水量异常时，立即调整地面验证钻孔轨迹，对钻探异常区进行补强治理，充分发挥地面定向钻孔的功效。如Ⅱ1044工作面地面补强工程设计了T6、T7两个孔组，在地面钻孔施工期间同步开展了井下验证，共设计施工了53个井下验证钻孔，终孔层位三灰，与地面钻孔层位一致。地面注浆扩散范围直接影响灰岩含水层改造效果，而扩散范围主要受含水层渗透性、裂隙发育方向影响。为进

一步提高灰岩注浆改造效果,将已施工的井下验证孔闸阀打开,井下疏水与地面注浆同步进行,以起到引流注浆效果,特别是通过引流注浆对井下钻孔发现的异常区的治理效果尤为显著。如Ⅱ1044 工作面地面补强治理期间,井下施工的 9 个验证孔发生跑浆现象,跑浆初期浆液浓稠较低,1～3 h 后浆液变稠,再关闭井下验证钻孔的闸阀止浆。地面完成注浆候凝一周后对井下钻孔进行透孔检查,发现无水、引流注浆效果良好。

5. 祁南煤矿

(1) 近 3 年主要水害治理技术方法

近 3 年来,矿井主要开采了 3_2、6_1、7_1、7_2、10 煤层,主要受四含水、老空水、砂岩裂隙水、断层水和灰岩水影响。对四含水采取了探查与疏放的技术方法,对老空水采取了远距离岩巷集中探放的技术方法,对砂岩裂隙水采取了探查疏放和自然疏干技术方法,对断层水采取探查的技术方法,对灰岩水采取了探查与注浆加固的技术方法。

(2) 近 3 年防治水工程总结

四含水因岩溶裂隙发育、接受大气降水补给、补给水源充沛、径流条件好、富水性较强,构成了淮北岩溶水系统的主要补给区。

6. 恒源煤矿

近 3 年来,对掘进巷道采取了预测预报、水情水害分析、物探超前探查、富水异常区等方法进行钻探验证;沿空掘进期间巷道对相邻工作面老空水进行探放。工作面回采前均采取两种以上的物探探查,并对富水区进行钻探验证,同时进行水情水害分析评价和预测预报工作,在涌水量较大地段施工井下放水孔以及泄水巷,安装排水设备。

矿井的 6 煤层距太原组灰岩较近,为防治太原组灰岩水害,本矿井建立了地面注浆系统,对受灰岩水害威胁的 6 煤层工作面开展了底板注浆工作。主要采用井上、下灰岩含水层注浆改造技术,增加工作面底板隔水层厚度,并结合疏水降压工程,将工作面底板灰岩水突水系数降至《煤矿防治水细则》所要求的安全临界值以下。

矿井自 2014 年进入深部开采后,太灰水压为 3.37～5.17 MPa,突水系数为 0.072～0.11 MPa/m,6 煤层开采受灰岩水害威胁严重,为此煤矿坚持"勘查、预测、井下物(钻)探、评价、措施、检查、监测、防护"八位一体防治水工作程序模式,引进了"地面顺层孔区域超前治理技术"并制定了相应的防治方案,自 2015 年以来,先后实施了Ⅱ63 采区地面顺层孔区域注浆改造三期工程,完成了Ⅱ632、Ⅱ633、Ⅱ634、Ⅱ635 共 4 个工作面的水害治理工作,有效治理面积 1.39 km^2,地面施工主孔 8 个、分支孔 52 个,钻探进尺总量 4.6×10^4 m,注入水泥 6.5 万吨,累计投入资金 1.77 亿元,目前前两期工程已结束,第三期剩余 2 个分支孔,安全采出煤炭 280 万吨,实现了防治水工作的"五个转变"和保水绿色开采。

7. 祁东煤矿

(1) 四含水的防治

2016年10月～2019年10月，矿井采掘主要受四含水威胁，先后回采了$6_1$31、$6_1$32、$8_2$31近上限工作面，其间通过采取大阻力综采支架、顶板超前预裂爆破、采动矿压与水位在线监测预警、合理控制工作面采高、匀速推进等关键技术措施，实现了安全回采。

(2) 隐伏导水构造的防治

Ⅱ三采区为矿井新采区，巷道掘进期间采用物探、钻探方法进行超前循环探查，互相验证，查清前方水文地质条件，目前已实现了新区巷道1 860 m的安全掘进。

8. 任楼煤矿

影响矿井安全生产的主要水害类型为四含水、砂岩裂隙水、老空水、灰岩水。水害治理技术方法分述如下：

(1)四含水害治理技术方法

① 合理留设防(隔)水煤(岩)柱，严格控制上限标高；② 近上限工作面严格控制采高，加强顶板管理，严防抽冒，工作面匀速快速推进；③ 完善机巷排水系统，确保排水能力符合要求。

(2) 砂岩裂隙水水害治理技术方法

煤矿现主可采煤层顶板以泥岩、粉砂岩为主，总体砂岩富水性弱，局部揭露断层处及裂隙发育地段有淋渗水现象，对工作面采掘影响不大。

(3) 老空水水害治理技术方法

① 沿空掘进严格按《安徽省煤矿防治水和水资源化利用管理办法》《煤矿防治水细则》要求采用限压放水方法；② 对上覆老空水严格按《煤矿防治水细则》超前30 m集中探放。

(4) 灰岩水水害治理技术方法

① 井下采掘活动严格落实“三专两探一撤人”制度；② 防治水工作采取群防群治，新区出现淋渗水立即取样化验，判别水源后方可进掘；③ 工作面回采前进行综合物探及钻探探查验证，编制安全回采评价后方可回采。

4.2.2 淮南矿区

4.2.2.1 潘二煤矿

2017年“5.25”突水事故之后，为防范奥灰水危害，A组煤开采底板灰岩水害防治工作在已有A组煤层底板施工物探、钻探探查、工作面底板石炭系C_3 Ⅰ组灰岩含水层疏水降压、工作面底板综合物探和钻探验证基础上，采用地面定向水平钻探技术,先后对西二A组煤采区12223、12123工作面和东一A组煤采区11123、11023工作面增加开展了地面区域探查治理,隔断了奥陶系与A组煤工作面、底板太原组上部灰岩含水层间的水力联系,从而确保了A组煤的开采安全。

4.2.2.2 谢桥煤矿

矿井近3年主要受煤系顶板砂岩裂隙水及老空水影响。

1. 煤系砂岩裂隙水害防治

矿井各工作面在采掘过程中均受顶板砂岩裂隙水影响,施工中加强工作面顶板管理和排水系统检修以及加强对工作面水情观察,保证排水系统正常运转,有效消除了煤系砂岩裂隙水对安全生产的影响。

2. 老空水水害防治

受老空水影响的工作面提前查清老空区积水位置、范围、积水量,掘进前编制探放老空水设计及措施,合理布置探放水钻孔,掘进期间严格按照探放水设计及措施进行探放水,消除了老空水对采掘工作面的安全威胁。

4.2.2.3 张集煤矿

1. 煤层顶板砂岩水害防治方法

矿井前期开采各组煤层时,其顶板砂岩裂隙含水层(组)水害的防治方法,主要以工作面建立临时排水系统为主,辅以钻孔超前疏干的手段。经实践证明该方法简单有效。

2. 提高上限开采采取的措施及监测工程

在各组煤层提高上限开采时,为防治上覆新生界中含下段充水,矿井开展了张集煤矿新生界及浅部煤系地层水文与工程地质补充勘探工程。采后对覆岩破坏采用物探和钻探进行探测和监测,并进行了分析和总结。开采过程中加强了工作面充水性调查、完善排水设施、加强支护等措施。

由于上覆中含下段单位涌水量$q=0.000\ 2\sim0.046$ L/(s·m),对照《煤矿防治水细则》,当$q=0.1$ L/(s·m)时属弱富水性的含水层(组)。加之煤系上方"红层+中隔"复合隔水层(组)平均厚35.42 m,有效地阻隔了中含下段对工作面的充水。因此该矿水体采动等级为Ⅲ级,允许导水裂隙带及垮落带波及中含下段弱含水层(组),故上覆松散层水对矿井提高开采上限回采安全影响不大。

3. A组煤开采底板灰岩水害防治

关于1煤层开采的底板灰岩水害防治,在2017年潘二煤矿"5.25"突水事故以前,主要是针对石炭系上部C_3Ⅰ组直接充水含水层采取地面三维地震勘探、地面灰岩水文地质条件勘探、井下水文地质条件探查、疏水降压等措施,即在地面三维地震勘探、二次精细化解释、地面水文地质条件补勘的基础上,在井下结合1煤层及底板巷道掘进,采用物探、钻探超前对C_3Ⅰ组灰岩含水层开展循环探查,探明条件，掩护巷道安全掘进；工作面贯通后，综合采用物探、钻探方法，对工作面底板进行全面探查，查找导水构造并予以治理；同时，对 C_3 Ⅰ组灰岩含水层进行疏水降压、实行限压开采。

在"5.25"突水事故后，经充分分析论证，为防范奥灰水害威胁，决定开展地面区域探查治理，坚持由局部治理向区域治理，由井下治理向井上、下结合治理，由措施防范向工程治理的转变；坚持奥灰水防治与太灰水防治并重，以探查垂向导水构造为重点，区域超前探查治理与太灰水疏水降压相结合。初步建立了具有淮南特色的灰岩水害防治立体体系，即地面区域探查、治理先行，井下局部探查、治理补充，采前综合物探、钻探验证，形成由地面到井下、由采区到工作面的灰岩水害"四层网"综合防治体系。

"第一层网"：利用三维地震勘探全面排查"陷落柱"等地质异常体。1煤层采区设计前，对三维地震勘探资料进行二次处理与精细解释，提高识别的准确性，划分异常导水构造影响带，对其充水情况进行判别，进一步查找A组煤底板隐伏构造。采掘施工前及施工过程中，利用三维地震工作站进行动态精细解释。

目前，张集煤矿井三维地震勘探已实现了全覆盖。通过三维地震勘探查找出3个疑似陷落柱，经进一步对2个疑似陷落柱的钻探和物探探查，确认了1个疑似陷落柱为陷落柱，排除了1个疑似陷落柱。

"第二层网"：在三维地震勘探资料的基础上开展地面区域探查治理，通过地面定向近水平顺层分支钻孔群查找导水构造，经注浆进行隔断，防范奥灰突水事故。

目前张集煤矿正在实施西三1煤层下采区、北一1煤层采区开采地面区域探查、治理工程，计划实施中央区东一1煤层采区地面区域探查、治理方案。

"第三层网"：在1煤层采掘过程中，采用井下定向长钻孔钻探技术、物探开展巷道施工循环前探，掩护巷道安全掘进；同时对底板石炭系 C_3 Ⅰ组直接充水含水层进行疏水降压；巷道施工物探前探方法不少于两种。探查发现异常导水构造，实行先治理后通过，具体如下：

① 1煤层底板巷道施工：采用物探与钻探相结合的循环前探措施，并保持不小于25 m的超前距。钻探主要采用定向顺层长钻孔前探，物探采用两种方法。

② A组煤层巷道实体掘进：采用钻探、物探前探掩护，物探异常区钻探验证。

③ 探查发现异常区域，专门制定针对性措施，先治理后通过。

④ 对工作面底板及周边 C_3 Ⅰ组直接充水含水层按照每米抗水压0.06 MPa的限压值进行疏水降压。疏水降压钻孔，采用井下定向长钻孔的孔间距为80～100 m，采用常规钻孔的孔间距为60～80 m。

"第四层网"：A组煤工作面贯通后、回采前，采用瞬变电磁、直流电法、无线电波透视、槽波地震等方法探查工作面及底板构造、低阻富水区，对物探异常区及地面区域探查、治理效果进行钻探验证。

验证地面区域探查、治理效果，做到对地面钻孔冲洗液漏失区、注浆异常区、钻探异常区、物探异常区等钻孔全控制，沿工作面回采方向钻孔每 100 m 不少于 1 个。

物探异常区的钻探验证，每个异常区不少于 2 个孔，并穿透异常区域。

钻探验证异常做到先治理后回采。

同时在工作面回采前，沿上、下顺槽建设微震监测站，对工作面回采过程中的底板破坏深度、断层活化、出水可能性等进行监测；监测与开采相关的石炭系、奥陶系、寒武系灰岩含水层地面观测孔水位、井下钻孔水压与水量等动态，指导工作面安全回采。

4.2.2.4 潘四东煤矿

矿井开采第一水平（−650 m），辅助水平标高−490 m，主要受煤系水和老空水的影响，开采 1、3 煤层时太灰水对矿井有一定的影响。近 3 年来的防治水工程主要针对老空水和灰岩水。

1. 煤系砂岩水

煤系砂岩含水层（组）分布于煤层之间，矿井开采时，煤系砂岩水成为矿井充水的直接充水水源。砂岩裂隙发育不均匀、连通性差，储存量小。根据矿井煤系砂岩含水层抽水试验成果，该含水层单位涌水量 $q=0.001\,41$ L/(s·m)，弱富水性。采掘工程受煤系砂岩水的水害影响较小，以自然疏干为主。

2. 灰岩水

矿井正在开采 A 组煤，太灰水可通过采动破坏底板所形成的岩溶裂隙或导水断层等对矿井充水，太灰水是矿井的重要充水水源。由于 C_3 Ⅰ 组上距 1 煤层较近，平均 17 m，且水压大、富水性不均一、难疏放，因此，太灰水对矿井采掘工程构成一定威胁，甚至会威胁矿井安全。

① 建立采区灰岩水位（压）观测、放水系统，采用井下放水试验、连通试验或其他技术手段查明灰岩含水层的富水性及补给条件；根据井上、下勘探（试验）成果，对灰岩含水层的可疏性进行评价，并有针对性地编制防治措施。

② A 组煤底板以下放水巷掘进前采用井下定向长钻孔进行区域探查和治理；掘进期间采用超前物探探查巷道前方富水性，对物探异常区进行打钻验证，坚持“循环迈步、交叉前探”及区域治理的探控措施；A 组煤（实体）巷道掘进期间，采取物探超前循环探查掩护，并对低阻异常区进行钻探验证；A 组煤工作面贯通后、安装前，采用瞬变电磁、直流电法等物探技术，全面排查工作面底板富水区，发现异常必须进行探放验证和治理。

③ A 组煤开采期间，加强井上、下灰岩钻孔水位、水压及水量观测。

4.2.2.5 顾北煤矿

1. 老空水害防治措施

顾北煤矿井田范围内及周边老空区范围及积水量清楚。

坚持“预测预报，有疑必探，先探后掘，先治后采”的原则，坚持“查全、探清、放净、验准”四步工作法，彻底消除老空水害威胁。在矿井采掘工程平面图上，依据《煤矿防治水细则》相关规定，根据现场调查情况和老空区空间关系，合理圈定积水线、探水线和警戒线。采掘巷道、采煤工作面设计前，地测防治水部必须详细分析周边老空区位置及积水情况，并反映在所提交的资料及图纸上。编制老空水探放设计和钻孔施工安全技术措施，经矿总工程师组织审批后实施，放净积水，消除威胁。

2. 砂岩裂隙水害防治措施

根据周边地质资料，综合分析井田内煤系砂岩沉积厚度、构造裂隙发育程度、钻孔冲洗液消耗量、砂岩裂隙充水调查资料、物探探查资料和含水层间的水力补给关系，初步圈定各开采煤层顶板砂岩富水区。工作面排水系统做到与开采同时设计、与掘进同步施工、与工作面投产同时使用。采煤工作面有效排水能力不低于预计最大涌水量的1.5倍，掘进工作面有效排水能力不低于预计的最大涌水量，采掘工作面保持排水设施完好、排水路线畅通。

3. 底板灰岩水害防治

（1）底板灰岩水害防治模式：实行奥灰水与太灰水防治并重，区域超前探查治理与井下C_3Ⅰ组灰岩疏水降压相结合的治理模式。结合煤矿南一、北一及中央1煤层采区实际情况，采取地面施工定向近水平顺层分支钻孔群，揭露预治理区域内可能存在的导水构造，并通过注浆拦截下部奥灰水对上部太灰含水层的补给通道，消除奥灰水对1煤层开采水害威胁；井下采用定向钻孔对C_3Ⅰ组灰岩水进行疏水降压，将压力降至安全开采值以下。

（2）底板灰岩水害防治措施：

① 利用三维地震勘探全面排查A组煤层隐伏构造。目前矿井三维地震勘探已经全覆盖，且均已进行了二次精细处理解释，重点对A组煤层底板灰岩地层进行再解释。

② 利用地面大深度瞬变电磁物探，进一步探查底板灰岩富水异常区，目前矿井一水平1煤层采区已实现地面大深度瞬变电磁物探全覆盖。

③ 实施地面区域探查治理工程，地面施工定向近水平顺层分支钻孔群，最大限度地揭露治理区域内可能存在的导水构造，并通过注浆拦截下部奥灰水对上部太灰含水层的补给通道，消除奥灰水对1煤层开采的水害威胁。

地面区域探查、治理目的层位为C_3^9灰岩，治理的范围不小于开采区域以外30 m，孔间距60 m。其中南一1煤层采区地面区域探查治理共设计5个主孔、近水平分支孔91个，钻探总工程量为52 995.05 m，预计注水泥15.3万吨；北一与中央1煤层采区地面区域探查治理共设计9个主孔、4个井场，近水平分支孔104个，钻探总工程量为80 765 m，预计注水泥30.1万吨。

④ 井下采用C_3Ⅰ定向顺层长钻孔对C_3Ⅰ组灰岩水进行疏水降压，将压力降

至安全开采值以下。目的层位 C_3^3 下灰,孔间距 80～100 m,单孔深度 650 m。

⑤ 1 煤层巷道掘进期间采用循环物探掩护巷道掘进,保留 25 m 超前距;1 煤层底板巷道掘进采用物探及钻探循环超前掩护,保留 25 m 超前距。

⑥ 工作面回采前,采用物探与钻探相结合的方法开展综合探查,验证水害治理效果。物探方法不少于两种,查清隐蔽致灾地质因素、煤岩层富水性等情况,并对异常区进行钻探验证。

4. 陷落柱水害防治措施

① 采取地面钻探查明陷落柱的性质、空间发育范围及形态特征,陷落柱及影响带的地质及水文、工程地质条件。

② 根据陷落柱探查成果,参照《煤矿防治水细则》附录五(二)含水或者导水断层防(隔)水煤(岩)柱留经验公式,留设陷落柱影响区安全煤(岩)柱。

③ 采用地面钻孔注浆加固区域治理措施。钻孔分 2 组进行,1 组目的层为太原组 C_3^9 灰岩层位,另 1 组目的层为 C_3^3 下灰岩层位,钻孔平面间距 40 m,构成立体交叉的治理形式。

④ 井下采掘巷道距陷落柱影响区安全煤(岩)柱边界 80 m 时,按照“先物探后钻探”的原则,超前对巷道前方、底板及陷落柱一侧进行循环探查。

4.2.2.6　新集二煤矿

近 3 年,新集二煤矿面临的水害类型主要有推覆体断层水、砂岩裂隙水、采空区水、钻孔水及底板灰岩水,按照分源分策治理的原则,对主要水害治理技术方法及防治水工程总结如下:

1. 推覆体断层水

(1) 防治技术方法

针对推覆体断层水,矿井初步设计中根据地质构造、水文地质条件、煤层赋存条件、围岩物理力学性质、开采方法及岩层移动规律等因素,留设了 80 m 防(隔)水煤(岩)柱,并以此作为各采区及工作面设计依据。

矿井在接近 80 m 防(隔)水煤(岩)柱回采作业前,超前施工钻孔对断层局部含(导)水性进行探查,探测防(隔)水煤(岩)柱的实际高度和宽度,重新验算煤柱的宽度和岩柱的高度,严格进行煤(岩)柱可靠性的验证评价,确认无水害威胁后方可采掘。

(2) 防治水工程总结

近 3 年受推覆体断层水影响的主要为 220108、230102 等 1 煤层工作面,累计施工探查、验证断层局部含(导)水性及防(隔)水煤(岩)柱的高度和宽度钻孔 2 组 6 个,工程量 882 m;历年来累计施工 10 组 27 个,工程量 2 576 m,并结合 1 煤层工作面施工的底板灰岩探查钻孔成果综合分析,经评价确认断层无水,导水性差,留设的防(隔)水煤(岩)柱高度和宽度满足规定要求,历年累计回采 9 个工作面,接近推覆体断层防(隔)水煤(岩)柱开采期间未出现淋滴水情况,保障了工作面回采安全。

2. 砂岩裂隙水

(1) 防治技术方法

针对工作面开采导水裂缝带波及范围内的砂岩含水层提前施工综合物探对顶板砂岩含水层富水性进行探查,针对物探低阻区施工不低于 2 个钻孔进行验证,并超前施工顶板砂岩探查钻孔疏干砂岩裂隙水,进行安全评价,确认无水害威胁后方可采掘。

(2) 防治水工程总结

近 3 年开采导水裂缝带波及砂岩裂隙含水层的主要为 1 煤层 220112、220108 工作面和 11-2 煤层 211112 工作面,累计施工围面瞬变电磁物探 7 200 m,施工疏放及验证顶板砂岩水钻孔 12 组 49 个,工程量为 8 212 m,经评价确认消除了水害威胁,保障了工作面采掘安全。

3. 采空区水

(1) 防治技术方法

新集二煤矿各采空区均按要求及时进行现场联系测量,建立台账,并将各类图纸动态填绘上图,采空区范围位置清楚,定期对井下各采空区闭墙进行调查,各采空区积水情况清楚。针对受老空水害威胁的采掘工作面,坚持"查全、探清、放净、验准"四步工作法,在掘进至探水线之前超前施工钻孔对老空区积水进行探放、验证,并进行效果评价,确保消除水害威胁。针对存在动态补给水的采空区,留设放水孔保持长期疏放,并定期进行巡查,防止造成采空区二次积水;若存在积水威胁,及时补充施工钻孔进行验证,确保采空区内无积水。工作面回采前对探放效果进行分析、验证评价,若存在水害威胁,及时施工钻孔进行验证。

(2) 防治水工程总结

近 3 年二煤矿施工的采空区水探查、治理工程主要有:110812 采空区水探查、治理工程共施工 2 组 4 个钻孔,工程量 161.7 m,累计疏放采空区水 390 m^3;210816 采空区水及 210816 底抽巷水探查、治理工程共施工 4 组 8 个钻孔,工程量为 429.5 m,累计疏放采空区水 27 638 m^3;210612 采空区水探查、治理工程共施工 3 组 7 个钻孔,工程量为 218 m,累计疏放采空区水 273 m^3;130608、130808 采空区水探查、治理工程共施工 8 组 22 个钻孔,工程量为 1 631.7 m,累计疏放采空区水 92 241 m^3;130810 采空区水探查、治理工程共施工 2 组 5 个钻孔,工程量为 385 m,累计疏放采空区水 36 848 m^3;211110 采空区水探查、治理工程共施工 3 组 10 个钻孔,工程量为 585.3 m,累计疏放采空区水 270 m^3;210102、210100 采空区探查、治理工程共施工验证钻孔 2 组 4 个;220106、220112 采空区探查、治理工程共施工验证钻孔 6 组 16 个。通过严格落实"探查、验证、效果评价"的工作思路,采掘期间消除了老空水害威胁,杜绝了因探放水工程施工不到位导致的老空区透水事故,保障了工作面采掘安全。

4. 钻孔水

(1) 防治技术方法

二煤矿受采掘活动影响的各期补勘钻孔均建立了钻孔台账,钻孔位置、用途、施工层位、工艺、已封闭钻孔封孔质量评述等资料清楚。针对位于工作面开采塌陷影响范围内的地面水文长观孔,在工作面回采前进行永久注浆封闭。

(2) 防治水工程总结

二煤矿近3年受钻孔水影响的工作面为220108工作面,地面水0002、水0003、水0004、水0007水文长观孔位于工作面开采塌陷影响范围之内,提前2个月完成了注浆封孔,累计扫孔、封孔2 619.01 m,杜绝了钻孔导通含水层向回采工作面充水而导致突水事故,保障了工作面回采安全。

5. 底板灰岩水

(1) 井下治理

近3年1煤层组掘进期间执行“钻探与物探相结合”的超前循环探查措施,重点探查富水异常区及垂向导水构造;经对钻探和物探效果进行相互验证与综合分析,编制评价报告经矿总工程师批准同意后,下达允许掘进通知单,明确限掘距离和超前距,同时在现场悬挂限掘牌板,保证了各项措施在现场的执行和落实。

工作面回采前采用坑透、瞬变电磁、并行电法等综合物探方法,进一步探查验证工作面底板灰岩富水性及垂向导水通道查治情况,并对底板灰岩水治理效果进行分析、验证与评价,编制《工作面底板灰岩水探查治理效果及安全开采评价报告》,经专家评审后,上报公司审查批准;编制工作面底板灰岩水带压开采等防治水措施,报公司审批、备案;编制工作面开采期间水害应急预案及现场处置方案,在现场严格落实执行。

(2) 地面超前区域探查治理

近年来新集二煤矿1煤层组针对2201、2301采区剩余块段及2401采区开采采取地面超前区域探查治理措施,实现了从井下治理向井上、下相结合治理的转变,严格落实先地面超前区域探查治理,后井下钻探、物探探查验证,严格执行验证评价、达标开采。

地面超前区域探查治理结束,并经效果验证评价通过,方可允许工作面掘进。工作面掘进期间采取“物探超前循环验证,针对区域治理工程中钻井液漏失量大、注浆量明显增大区域和构造破坏区及物探异常区采用钻探进行进一步验证”的探查方案,以“垂向导水通道查治”为重点,按照“首次物探验证为一个评价单元,进行超前物探循环验证、钻探超前掩护、综合分析、安全评价”模式进行物探循环验证、钻探超前掩护、分次评价,查清巷道掘进前方底板灰岩的水文地质条件,掩护巷道安全掘进。

工作面回采前采用“重点查治垂向导水通道”的底板灰岩水综合防治方案。即工作面回采前运用瞬变电磁、并行电法、坑透等物探方法进行全覆盖式验证，综合分析地面超前区域探查治理成果，井下钻探、物探、化探及水文地质试验成果，对存在的物探低阻区、底板灰岩富水区等采用钻探进行加密验证，查明工作面回采范围内底板灰岩地质及水文地质条件，确保工作面回采安全。

4.2.2.7　刘庄煤矿

近3年，刘庄煤矿面临的水害类型主要有松散层孔隙水、煤系砂岩裂隙水、断层水、采空区积水及三维地震反射波异常区。刘庄煤矿严格落实“一矿一策、一面一策”，对各类水害采取分源分策防治措施，主要水害治理技术方法及防治水工程总结如下：

1. 松散层孔隙水

(1) 松散层水害防治对策

以防为主，查清“底含富水性、底界面形态、覆岩类型”三大条件，划分开采等级，合理留设煤(岩)柱，严控基岩面标高及开采上限。

(2) 松散层水害防治技术路线

① 查清松散层的厚度、岩性分布、含(隔)水性特征、水位变化特征以及水力联系等情况，特别是底部含水层或隔水层的岩性、厚度及含(隔)水性。

② 查清基岩面起伏形态及风氧化带岩性、发育深度、工程力学特征。

③ 查清浅部煤层覆岩岩性组合特征、厚度及富水性等。

④ 确定采动等级，留设防水(砂)煤(岩)柱。

⑤ 采掘过程中严控开采上限和采高，尺寸校核和安全可靠性评价。

(3) 松散层水害防治技术

松散层探查标准为凡是水体下开采的矿井必须查明“底含富水性、底界面形态、覆岩类型”，否则必须开展新生界松散含水层水文地质补充勘探。

浅部工作面及其附近500 m范围内至少应有1个钻孔取得松散层底部水文地质参数。

提高上限开采的工作面应有1～2个能够查明上述条件的钻孔，在基岩面起伏较大或松散层底部含水层富水性中等及以上时应不少于3个。

(4) 松散层煤岩柱留设要求

① 根据《建筑物、水体、铁路及主要井巷煤柱留设与压煤开采规范》第66条要求，确定水体采动等级，采动等级为Ⅰ级，留设防(隔)水煤(岩)柱；采动等级为Ⅱ级，留设防砂煤(岩)柱。

② 煤层露头防(隔)水煤(岩)柱尺寸按《煤矿防治水细则》附录6相关公式计算，结合矿井初步设计、矿区已有探测资料及经验综合确定。防(隔)水煤柱值一经确定，如无补勘或其他实测资料，不得随意变动，并在采掘过程中严格控制开采高度、范围，校核防(隔)水煤(岩)柱尺寸。

③ 煤层(组)垮落带、导水裂隙带高度、保护层厚度可以按照《建筑物、水体、铁路及主要井巷煤柱留设与压煤开采规范》中的公式计算,或者根据实测、类似地质条件下的经验数据结合力学分析、数值模拟、物理模拟等多种方法综合确定。

④ 煤层露头留设防砂煤(岩)柱开采的,应当结合上覆土层、风化带的临界水力坡度,进行抗渗透破坏评价。

⑤ 缩小煤柱开采必须开展可行性研究,编制可行性方案和开采设计,经煤矿企业主要负责人审查批准。试采期间,要采集、积累资料,加强分析研究,查明覆岩破坏高度、特征及规律。试采结束后,必须进行技术总结,评价留设的防(隔)水煤(岩)柱的安全可靠程度,作为扩大开采的依据。

⑥ 考虑到刘庄为巨厚松散层下开采,确定防(隔)水煤(岩)柱还应考虑因煤(岩)柱强度不够导致的工程地质问题。

(5) 松散层水害防治效果验证、安全评价

① 效果验证方法:靠近煤层露头防(隔)水煤(岩)柱布置的巷道须采用电法或瞬变电磁等物探方法对顶板岩层进行富水性探测,并在合适位置施工 1~2 个钻孔(测斜、取心)对煤(岩)柱尺寸进行校核。

② 评价方法及标准:

评价方法:根据地面勘探、井下物探、钻探资料,确认松散层底部条件已查清,实际覆岩距离不小于设计留设的煤(岩)柱尺寸。

结合开采工艺、采高和参考已有两带发育高度资料等综合分析,确认所留设的煤(岩)柱中裂高范围内的水害已得到治理。

评价标准:对松散层底界面、风氧化带岩性及深度、覆岩组合、松散层底部含(隔)水层的分布特征,主要含水层的富水性及水力联系等进行分析,确认含(隔)水层界面和基岩面起伏变化、覆岩组合特征、构造已查明。

评价采高、覆岩性质、构造、煤层倾角、矿压及推进度、采煤工艺等顶板破坏的影响因素,开采实际标高到基岩面的最小垂距大于留设的煤(岩)柱尺寸。

论证大采深、大采高、高水压等特殊条件对防(隔)水煤(岩)柱的影响,确认留设的煤(岩)柱安全有效。

(6) 防治水工程总结

近 3 年刘庄煤矿无缩小防水煤(岩)柱开采工作面,开采浅部煤层各工作面均按《刘庄矿井初步设计说明书》留设了煤(岩)层露头防(隔)水(砂)煤柱,并按“三下开采规范”对煤岩柱高度进行校核。近煤层露头防(隔)水煤(岩)柱布置的采掘工作面主要有 131302、131101、151102 等 7 个。工作面掘进前收集整理工作面及周边钻孔资料,分析、评价松散层岩性、厚度、分布及水文地质特征,并按规定留设露头防(隔)水煤(岩)柱;掘进期间严格控制巷道顶板标高,并采取钻探方法校核煤层露头防(隔)水煤(岩)柱高度;工作回采期间加强顶板管理,严格控制采高;工作面掘进期间累计施工了 25 个校核煤层露头防(隔)水煤(岩)柱高度钻孔,工程量

2 796 m。通过采取上述措施，各工作面采掘期间无松散层水害影响。

2. 煤系砂岩裂隙水

(1) 砂岩裂隙水害防治对策

严格落实《新集公司砂岩裂隙水探放效果评价标准》，坚持“综合分析、超前探放、效果评价、以排为主”。

(2) 砂岩裂隙水害防治技术路线

分析研究煤系砂岩裂隙含水层的富水性、赋存条件和裂隙富水带的分布规律，出(突)水点分布与构造的空间关系，补给条件及采动影响等，编制水文地质情况分析报告。采掘过程中采用物探、钻探方法进行探查探放，建立不小于预计最大涌水量 1.5 倍的排水系统。

(3) 砂岩裂隙水害防治技术要求

① 超前探放，出水钻孔保持疏放并连续观测水压、水量、水温、水质等。

② 巷道掘进期间，采用物探探查并对物探异常区钻探验证。

③ 工作面回采前，采用不少于 2 种物探方法探查；并超前施工顶、底板砂岩水疏放钻孔，以自然疏放为主。

④ 对水压高于 1 MPa、出水量大于 60 m^3/h 的砂岩裂隙含水层需进行井下放水试验，准确获取水文地质参数。

⑤ 对导水裂缝带及底板破坏波及范围内存在的富水性较强的含水层(体)选择合适位置超前探放。

⑥ 必要时施工底板泄水巷，并综合评价探放效果。

⑦ 砂岩水探放工程需编制专门探放水设计，设计中应明确布置原则、方案、技术要求、工程量和验收标准，由矿总工程师组织审查批准。

(4) 砂岩水害防治效果验证、安全评价方法及标准

工作面回采前探查(放)煤层顶、底板砂岩裂隙水的物探、钻探工程与井巷需穿过富水性强的砂岩裂隙含水层进行施工的探放水工程，要求对探放水效果进行验证、评价，并经矿总工程师审批。

① 砂岩裂隙水探放效果验证方法：以钻探为主，物探、化探、水文地质试验等手段为辅。

验证钻孔依据已施工物探、钻探及周边巷道、地面钻孔等综合成果设计，测斜取心满足要求。

工作面回采开展探放水效果评价，可一次性验证评价；回采长度大于 600 m 的可分段验证，但每次验证长度不小于 500 m 且验证超前距不小于 100 m。

未达到验证标准的，需采取补充措施并重新验证。

② 探放砂岩裂隙水效果验证标准：验证钻孔数量不少于探放水孔的 10%，出水量大于 2 m^3/h 的钻孔数量小于 50%，单孔出水量小于检验前的 30%。

井巷掘进穿过煤层顶、底板砂岩裂隙含水层时，水压原则上应疏降至无压

(0.05 MPa 以下)状态;否则需制定专项安全技术措施并报矿总工程师审批。

若回采过程中实际涌水量大于 60 m^3/h,必须立即停止生产,观测水量、水压、水质变化情况,查明原因,采取补充措施,重新评估无威胁后方可恢复生产。

(5) 防治水工程总结

根据近 3 年井下探查钻孔及井巷揭露资料,13-1 煤层底板砂岩富水性弱,顶板砂岩局部含水,其中 131302 轨道顺槽探顶板砂岩水 F4-1 钻孔出水量最大,涌水量达 7 m^3/h,累计放水 1 500 m^3,其他钻孔或巷道揭露出水点的涌水量均小于3 m^3/h。

11-2 煤层顶板砂岩富水性较弱,底板砂岩发育分区明显,F24 断层以西富水性弱;F24 断层以东富水性相对较强,东三轨道石门累计疏放砂岩水 47×10^4 m^3,151105 胶带顺槽探 F24 断层下盘 11-2 煤层底板砂岩水钻孔累计疏放 3.9×10^4 m^3。

除 120502 孤岛工作面外,矿井仅有西一采区石门及 8 煤层集中上山等巷道和该区域井下钻孔揭露的 5～8 煤层顶、底板砂岩含水层,未有明显出水,富水性弱。

1 煤层顶板砂岩层较厚且稳定,中央胶带机尾部联巷、120503 胶带顺槽等先期施工钻孔对东二采区 1 煤层顶板砂岩水进行了疏放。近 3 年在回风二石门、中央轨道石门、矸石胶带机巷等探放水钻孔出水量均小于 1 m^3/h。

通过物探、钻探对煤层顶、底板砂岩含水层的探查,矿井 1 煤层顶板砂岩较发育,相对富含水;11-2 煤层底板砂岩分区明显,F24 断层以东富水性相对较强,其他煤层顶、底板砂岩分布零散,总体富水性弱,以静储量为主。

3. 断层水

(1) 断层水害防治对策

坚持“探、防、治”相结合,当断层与强含水层沟通时,按导水断层留设防(隔)水煤(岩)柱或者进行注浆改造隔断与强含水层间的水力联系。沿断层防(隔)水煤(岩)柱线布置的巷道,应控制断层摆动和核实防(隔)水煤(岩)柱尺寸。需通过断层的巷道掘进时,落实钻探、物探综合超前探查和注浆加固等措施。

(2) 断层水害防治技术路线

积极开展补勘、三维地震精细解释和专题研究,掌握断层发育规律,条件不清的需开展补勘。

井田边界断层、采区边界断层按规定留设安全煤柱,掘进工作面过断层期间严格落实物探、钻探超前探查和验证评价。采区布置应充分考虑断层影响,确定断层安全煤柱,并在回采期间严格控制。

井下石门过大落差断层或在其附近掘进时需编制专门措施,采取物探、钻探超前探测,提前疏水降压或注浆加固;工作面回采前利用物探、钻探探查断层富(导)水性并校核煤(岩)柱尺寸。

(3) 断层水害防治技术要求

① 有下列情形之一的,必须开展断层水文地质补勘或研究:

主要断层(落差大于 100 m)控制不足且影响采掘进工程布置的;

采掘活动可能涉及的主要断层含(导)水性不清的;

不能满足井巷工程安全(包括水、瓦斯及工程地质)及煤柱留设需要的;

断层与松散层、灰岩或煤系砂岩强含水层存在水力联系的;

其他需要补充探查的情形。

补勘查明采掘进范围内主要断层破碎带宽度、充填胶结程度、两盘地层组合等。获取水文地质参数及其他参数,查明断层带瓦斯、工程地质及与强含水层的水力联系等。

② 在受水害威胁的区域,进行工作面掘进及回采前,应采用钻探、物探和水文地质试验等方法查清工作面内断层、陷落柱和含水层(体)富水性等情况,并制定相应的水害防范措施。

③ 井下遇下列情况时必须对断层进行探放水:

采掘工作面前方或附近有井巷已揭露过的含(导)水断层存在时;

采掘工作面前方或附近预测有断层存在,但其位置和含(导)水性不清,可能出现突水事故时;

采掘工作面底板隔水层厚度与实际承受的水压都处于临界状态,在采掘工作面前方或影响范围内遇断层,一旦触及很可能发生突水时;

根据井巷工程和留设断层防(隔)水煤(岩)柱的需要,必须探明断层时;

采区内断层使煤层与强含水层的距离缩短可能危及安全时。

④ 断层探查时应编制专门设计,确定探查位置并不少于3个揭露断层钻孔,其中对盘主要含水体方向的不少于2个。

⑤ 有下列情形之一的,应留设断层煤柱,防(隔)水煤(岩)柱尺寸应满足《煤矿防治水细则》要求:

矿井以断层分界的,应当在断层两侧留有防(隔)水煤(岩)柱;

与富水性强的含水层间存在水力联系的断层、裂隙带或者强导水断层接触的煤层,应当留防(隔)水煤(岩)柱;

对导水断层,如果不能探放水的,必须留设防(隔)水煤(岩)柱;

断层防(隔)水煤(岩)柱应当在矿井设计中确定,经补勘需重新留设的可与有资质的大专院校、科研机构合作进行设计,报公司总工程师组织审批。

断层防(隔)水煤(岩)柱一经确定,不得随意变动。严禁在各类防(隔)水煤(岩)柱中进行采掘活动。

(4) 井下含(导)水断层探测及处理要求

① 建立断层台账,在井巷通过煤系地层内部的含(导)水断层前必须先探后掘,采取超前疏水降压或注浆加固等安全技术措施。

② 当井下巷道穿过与河流、湖泊、溶洞、含水层等存在水力联系的导水断层、裂隙(带)、陷落柱等构造时,应先开展井上、下物探、钻探查清其水文地质特征及条件并采取预注浆加固处理,加大特殊支护范围,制定专门的措施避免来压突水。回

采工作面必须布设在断层防(隔)水煤(岩)柱线以外,并在巷道掘进至断层煤柱前,进行物探、钻探探查验证。

③ 当回采工作面内有导水的断层、裂隙或陷落柱时,应当按照规定留设防(隔)水煤(岩)柱,也可以采用注浆方法封堵导水通道,否则,不准采煤。注浆改造的工作面可以先进行物探,查明水文地质条件,根据物探资料打孔注浆改造,再用物探与钻探验证注浆改造效果。

④ 对大、中型强含水或导水断层,必须按规定留设防(隔)水煤(岩)柱,进入断层防(隔)水煤柱内的一切采掘活动,需进行专门的补勘和试验等课题研究,查明其水文、工程地质条件,其设计方案必须经公司组织审查批准后方可执行。

⑤ 留设断层煤柱时,按《煤矿防治水细则》附录六相关公式计算防(隔)水煤(岩)柱尺寸。断层防(隔)水煤(岩)柱一经确定,不得随意变动。沿断层防(隔)水煤(岩)柱线布置的巷道,在掘进过程中应当明确每隔一定距离布置一组探查钻孔,控制断层摆动和核实防(隔)水煤(岩)柱尺寸。

(5) 断层探查治理效果验证、安全评价方法及标准

① 巷道过含(导)水断层或断层附近对盘为砂岩或灰岩等主要含水层,采用瞬变电磁、MSP 地震等物探方法探查断层位置、低阻异常区等,并用钻探验证。

② 留设防(隔)水煤(岩)柱的,在巷道临近断层煤柱时,应先采用物探、钻探探查断层及附近含水层富水情况,验证控制煤柱尺寸,报送矿总工程师组织审查批准。

③ 探查效果验证由矿总工程师组织,经验证没有达到水害防治要求的,必须采取补充措施,并再次验证,且达到水害防治要求。

④ 采用注浆加固方法治理或留设防(隔)水煤(岩)柱的,经施工治理效果验证或煤柱尺寸校核,确认无水害威胁。

(6) 防治水工程总结

近年来,刘庄煤矿无井巷或回采工作面揭露含(导)水断层,有部分工作面沿断层或断层煤柱布置。

F5 断层位于矿井东部,与谢桥井田分界,正断层,倾向西北,倾角 55°～70°,落差大于 500 m。通过地面补勘钻孔对其进行了探查,累计施工了 F5 补 1、F5 补 2、F5 补 3、F5 补 4、F5 补 5、F5 补 6 地面补勘孔,工程量 4 955.94 m,对 F5 断层进行了抽水试验,q=0.000 03～0.001 98 L/(s·m),K=0.000 06～0.006 5 m/d,弱富水性。查明了该区域 F5 断层含(导)水性,进一步控制 F5 断层位置、产状,为东三东采区工作面设计及制定防治水技术措施提供地质依据。

F1-2 推覆断层位于矿井西部边界,逆断层,倾斜西南,落差 21～280 m。施工了 F1-01、F1-02、F1-03、F1-04 地面补勘孔,工程量 3 665.38 m,据 F1-01、F1-02、F1-03、F1-04 钻孔对推覆体、F1-2 断层及 13-1 煤层顶板混合抽水试验,单位涌水量为 0～0.002 7 L/(s·m),渗透系数 0～0.002 5 m/d。

井下111101工作面沿F19断层布置，围面前综合先期施工的井上、下物探、钻探资料分析认为，F19断层不含(导)水，断层煤柱按20 m留设；围面期间制定了专项探查方案，每隔300 m左右施工一组钻孔，探查、验证断层含(导)水情况；工作面贯通后采用瞬变电磁、并行电法进一步探查F19断层富水情况，并对低阻区进行钻探验证，累计施工探查钻孔4 232 m，围面瞬变电磁探查4 800 m，并行电法探查3 245 m，最终实现了工作面安全开采。

171305轨道顺槽、171307胶带顺槽掘进期间，施工了7组22个钻孔对F1-2断层进行了探查，其中6个钻孔出水，单孔最大出水量仅2 m^3/h，且出水钻孔均很快衰减至无水。通过地面、井下钻孔探查，进一步控制F1-2推覆断层位置、产状、水文地质特征，为工作面布置提供了技术依据。

4. 采空区水

(1) 采空区水害防治对策

依据“逐面排查、有疑必探、超前疏放、效果评价、安全评估”及采空区分区管理的原则，严格落实“查全、探清、放净、验准”四步工作法。

(2) 采空区水害防治技术路线

查明采空区积水三要素，划定积水线、警戒线、探水线“三线”，并严格落实物探、钻探超前探查、疏放，存在动态补给时需留排水孔(管)，放水结束后进行效果评价，确认放净或达到动态平衡，方可恢复采掘。

(3) 采空区水害防治技术要求

① 严格“三要素、三线、三区”管理。建立台账，实行分区管理，将信息准确填绘到采掘工程平面图和矿井充水性图上。

② 除留设防(隔)水煤(岩)柱外，有下列情形必须超前疏放采空区积水：

同一煤层工作面连续布置、净煤柱小于10 m(含)，上一工作面局部积水的；

近距离煤层开采时，下伏煤层开采裂高范围内存在上覆煤层采空区或底抽巷积水的；

掘进巷道距积水采空区小于10倍的采高或过老巷的(法距小于10 m(含))或透老巷的(包括巷道下方积水区水压高于本巷道过巷底板标高的)；

邻近煤层开采破坏范围内岩层再次充水且在本煤层开采破坏范围内存在再生水或离层水体；

其他需要探放采空区积水的。

③ 采空区邻近巷道掘进一旦出现透水预兆，要立即撤人并汇报调度室。

④ 对采空区积水的水压、水量、水温、水质、有害气体等进行动态监测；采掘前需落实“探清、查全、放净、验准”四步工作。

⑤ 在不能对采空区积水采取疏放措施时，在受采空区积水影响区域采煤，需留设防(隔)水煤(岩)柱，防(隔)水煤(岩)柱的尺寸参照《煤矿防治水细则》相关公式计算。

⑥ 巷道掘进至探水警戒线后，必须采用物探、钻探超前循环探，确认安全后方可掘进，掘进至探水线时开展采空区水探放工作。探放水期间撤出受水害威胁区域其他作业人员。

近距离煤层群开采时，采掘下伏煤层前，必须疏干导水裂隙带波及范围内的上覆煤层采空区积水，若存在动态水补给，必须保持放水量与补给量平衡，并建立完善的排水系统。

⑦ 采空区积水疏放应尽量选择远距离探放，若不具备远距离疏放条件，则邻近巷道掘进期间需多轮次限压探放，监视放水全过程，核对放水量和水压。有补给水源的，需在最低点留放水观测孔。

⑧ 采取限压探放水时，计算单次降压值范围水量；依据限压循环放水步距严格控制停头位置，直到巷道安全通过采空区最低洼点。

⑨ 根据排水能力、水仓容量控制性疏放，发现顶钻或孔内有害气体超过规定时，应立即停止钻进，切断电源，撤出人员，并报告矿井调度室，及时处理。

(4) 采空区水害防治效果验证、安全评价方法及标准

① 有下列情形之一的必须对老空水(指水淹区或老窑、老巷、采空区积水)进行探放，并对探放水效果进行验证、评价：

巷道在老空积水区下掘进时，巷道与水体之间的最小距离小于巷道高度 10 倍的；

在同一煤层下(或上)老空积水区附近采掘时，若水淹区或老窑积水区的界线已基本查明，防(隔)水煤(岩)柱的尺寸小于《煤矿防治水细则》附录六之二规定的；

在老空积水区下的煤层中进行回采时，防(隔)水煤(岩)柱的尺寸小于导水裂缝带最大高度与保护带高度之和的；

老空积水区上覆煤层开采时，下方的老空区积水水位高于工作面的最低标高，且对工作面安全开采构成威胁的。

② 探放采空区水的验证方法如下：

探放水孔钻入老空水体，并实测初始水压，根据初始水压重新核算老空区积水位置和积水量，在放水全过程中连续观测水量、水压，核对放水量、积水位置，防止假放净现象，直到老空水放完或放至安全水压以下为止；

探放有补给水源的老空水，放至安全水位以下后，在老空低洼处留长期放水和观测孔，并保持放水畅通；

探放老空水效果验证，以钻探方法验证为主，物探、化探、水文地质试验等手段验证为辅。若未达到验证标准，须采取补充措施，再次进行探放水效果验证。

③ 探放采空区水效果验证标准：

放水结束后，对比放水量与预计积水量，采用钻探、物探方法对放水效果进行验证，确保疏干放净。编制探放水效果验证评价报告，由矿总工程师签字确认。

效果验证钻孔布置在老空区最低位置，钻孔不出水，且有明显的进风或出风现

象，可以确定老空区无积水。

有水源补给的，放至安全水位以下后，放水量衰减至补给水量达到动态平衡并保持正常放水，方可进行开采。

(5) 防治水工程总结

近3年，刘庄煤矿施工的采空区水治理工程主要有：171305(里)采空区水防治水、120601采空区水防治、151102采空区水防治。采空区水防治始终坚持“查全、探清、放净、验准”四步工作法，掘进前分析采空区空间关系、采空区积水范围、积水量和积水深度，掘进期间探明采空区积水范围、积水标高，采用限压循环放水措施，每轮探放水结束按规定开展效果验证、安全评价，保证了采掘安全。171305(里)采空区水治理工程共施工5组24个钻孔，累计疏放采空区水56 594 m^3，120601采空区水治理工程共施工5组15个钻孔，累计疏放采空区水1 499 m^3，151102采空区水治理工程共施工2组6个钻孔，累计疏放采空区水450 m^3。

5. 三维地震反射波异常区

(1) 陷落柱、三维地震反射波异常区(疑似陷落柱)水害防治对策

坚持查、探、防、治、监“五位一体”防治体系，落实“先物探后钻探、先地面后井下”的技术路线，根据《新集公司陷落柱、疑似陷落柱及三维地震反射波异常区防治管理暂行规定》及《煤矿防治水细则》要求留设煤(岩)柱，并按《关于安徽省煤矿停止开采区域和暂缓开采区域划定工作的指导意见》规定，划定了暂缓开采区。

(2) 陷落柱、三维地震反射波异常区(疑似陷落柱)水害防治技术路线

积极开展补勘、三维地震精细解释和专题研究，圈定三维地震反射波异常区(陷落柱或疑似陷落柱)；制定三维地震反射波异常区探查验证规划，先井上后井下、先物探后钻探的探查方式逐一验证、查明水文地质特征；井下随采掘延深自上而下逐层探查。确定三维地震反射波异常区(陷落柱或疑似陷落柱)禁(缓)采区；并在回采期间严格控制。

(3) 陷落柱、三维地震反射波异常区(疑似陷落柱)水害防治技术要求

① 运用三维地震数据重新处理、精细解释圈定三维地震反射波异常区(陷落柱)，坚持存疑即有的原则，建立三维地震动态解释工作站，通过属性分析仔细筛查、确定。

② 对三维地震数据解释的异常区(陷落柱)制定探查规划，按先井上后井下、先物探后钻探的原则逐一探查验证。在条件许可的情况下，地面使用三维地震、高密度电法、瞬变电磁勘探等物探和钻探方法探查验证。

③ 对收集和取得的地勘成果等资料进行分析研究，圈定三维地震反射波异常区(陷落柱)禁(缓)采区范围，留设不小于20 m的安全煤(岩)柱。并在采掘工程平面图、矿井充水性图及井上、下对照图等相关图件上填绘相关信息，建立台账，严格“三线、三区”管理。

④ 评估三维地震反射波异常区(陷落柱)对煤层开采、采区划分、工作面设计

等的影响程度。若采掘过程中必须通过三维陷落柱,则必须进行地面区域治理或井下超前注浆加固,并进行采动条件下的陷落柱影响、围岩稳定性及陷落柱突水风险评价。

⑤ 利用井下邻近巷道采用电法、瞬变电磁、MSP地震等物探方法和钻探自上而下探查三维地震反射波异常区(陷落柱)的范围、发育高度及深度、富(导)水性等,物探应能够覆盖三维地震反射波异常区(陷落柱)区域。

⑥ 坚持"两超前"(物探、钻探)、"三覆盖"(三维地震勘探全覆盖、三维地震精细解释全覆盖、井下物探全覆盖)原则对异常区进行探查。探查钻孔必须穿过异常区,向上应探至超过导水裂缝带,向下应满足底板安全厚度需要。

⑦ 探查结束后,应及时编制陷落柱、三维地震反射波异常区(疑似陷落柱)勘探成果总结报告及安全评价报告,由公司组织有关专家评审、验收。

⑧ 在采掘生产过程中揭露隐性陷落柱,加强水文地质调查、资料分析,判断识别其导水性、突水源。利用井下物探和钻探相结合进行详细探查,对陷落柱实施采动条件下的围岩稳定性分析以及突水风险评估,选择经济合理的治理方案。

⑨ 巷道掘进进入陷落柱探水线时,应采取物探与钻探相结合的措施对巷道前方、顶、底板及陷落柱一侧进行探查。在陷落柱探水线范围内的采掘工作面,施工前应编制水文地质情况分析报告,制定水害防治综合措施和应急救援预案。

⑩ 含(导)水陷落柱防治方法:

利用三维地震勘探数据体通过精细解释初步筛查出三维地震反射波异常区,再用物探、钻探进一步探查、验证。

含(导)水陷落柱可采取留设安全煤柱或注浆封堵的方法进行处理,含(导)水陷落柱安全煤(岩)柱设计及注浆堵水方案设计必须报公司总工程师批准后实施。

(4) 三维地震反射波异常区(陷落柱)探查效果验证、安全评价方法及标准

① 利用三维地震动态工作站结合地面探查钻孔对三维地震反射波异常区进行再解释。

② 在采掘工作面接近岩溶陷落柱安全煤(岩)柱前,应当对陷落柱的含(导)水性等进行验证。

③ 井下采用瞬变电磁、MSP地震等物探方法探查三维地震反射波异常区的边界、低阻异常区等,并经用钻探验证。

④ 验证钻孔数量不少于探查钻孔总数的20%,最低不少于2个,需穿过(陷落柱)三维地震反射波异常区。控制底板深度和帮距必须符合《煤矿防治水细则》附录六安全隔水层厚度计算要求,且不得小于30 m。

⑤ 采用注浆封堵加固方法治理陷落柱的,应施工地面或井下注浆效果验证孔,验证孔要穿过整个注浆段,验证孔的数量依据陷落柱的规模而定,但不得少于2个。

⑥ 地面验证孔吸浆量不大于60 L/min,或者井下验证孔涌水量小于1 m^3/h。

⑦ 效果验证工程结束后，及时编制探放水效果验证评价报告，报送工程师、公司总工程师审批。

⑧ 经探查为陷落柱的应严格按陷落柱进行管理，若不能查明或未经有效治理，需划为禁采区或缓采区，留设不小于 20 m 的安全煤(岩)柱。

(5) 防治水工程总结

根据《刘庄煤矿三维地震数据二次处理精细解释报告》，井田内存在 6 个疑似程度较高的三维地震反射波异常区，即 Xl3、Xl5、NXl5、NXl1、NXl8 和 NXl9。目前对 NXl8、NXl1 分别施工了验 2、验 3 孔地面钻孔探查，工程量 1 997.71 m，根据验 2、验 3 孔抽水试验资料，$q=0\sim0.0024$ L/(s·m)，弱富水性，地层层位正常，无地质、水文地质异常。查明了 NXl8、NXl1 三维地震反射波异常区的构造性质、地质及水文地质特征，

4.2.2.8　*口孜东煤矿*

近 3 年，口孜东煤矿面临的水害类型主要为松散层水、断层水、煤系砂岩裂隙水、三维地震反射波异常区、采空区水等。采掘设计前利用三维地震工作站开展隐蔽致灾地质因素排查和水害风险辨识，对不同水害类型严格按"一害一策"原则进行分源防治，保障了矿井安全生产。水害治理技术方法及防治水工程总结如下：

1. 松散层水

口孜东煤矿开采煤层上覆松散层底部发育稳定的红层隔水层，通过留设防砂煤(岩)柱，对浅部煤层开采一般不会造成威胁。

(1) 松散层水害防治对策

以防为主，查清"底含富水性、底界面形态、覆岩类型"三大条件，划分开采等级，合理留设煤(岩)柱，严控基岩面标高及开采上限。

(2) 松散层水害防治技术路线

重点查明以下情况：

① 松散层的厚度、岩性分布、含(隔)水性特征、水位变化特征以及水力联系等情况，特别是对底部含水层或隔水层的岩性、厚度及含(隔)水性；

② 基岩面起伏形态及风氧化带岩性、发育深度、工程力学特征；

③ 浅部煤层覆岩岩性组合特征、厚度及富水性等；

④ 确定采动等级，留设防水(砂)煤(岩)柱；

⑤ 采掘过程中严控开采上限和采高、尺寸校核和安全可靠性评价。

(3) 松散层水害防治技术

① 松散层探查标准：

a. 凡是水体下开采的矿井必须查明"底含富水性、底界面形态、覆岩类型"，否则应开展新生界松散含水层水文地质补充勘探；

b. 浅部工作面及其附近 500 m 范围内至少应有 1 个钻孔取得松散层底部水

文地质参数;

c. 提高上限开采的工作面应有1～2个能够查明上述条件的钻孔,基岩面起伏较大或松散层底部含水层富水性中等及以上时应不少于3个。

② 松散层煤(岩)柱留设要求:

a. 根据《建筑物、水体、铁路及主要井巷煤柱留设与压煤开采规范》第66条要求,确定水体采动等级,采动等级为Ⅰ级,留设防(隔)水煤(岩)柱;采动等级为Ⅱ级,留设防砂煤(岩)柱。

b. 煤层露头防(隔)水煤(岩)柱尺寸按《煤矿防治水细则》附录六相关公式计算,结合矿井初步设计、矿区已有探测资料及经验综合确定。防(隔)水煤(岩)柱值一经确定,如无补勘或其他实测资料,不得随意变动,并在采掘过程中严格控制开采高度、范围,校核防(隔)水煤(岩)柱尺寸。

c. 煤层(组)垮落带、导水裂隙带高度、保护层厚度可以按照《建筑物、水体、铁路及主要井巷煤柱留设与压煤开采规范》中的公式计算,或者根据实测、类似地质条件下的经验数据结合力学分析、数值模拟、物理模拟等多种方法综合确定。

d. 煤层露头留设防砂煤(岩)柱开采的,应当结合上覆土层、风化带的临界水力坡度,进行抗渗透破坏评价。

e. 缩小煤柱开采必须开展可行性研究,编制可行性方案和开采设计,报送煤矿企业主要负责人审查批准。试采期间,要采集、积累资料,加强分析研究,查明覆岩破坏高度、特征及规律。试采结束后,必须进行技术总结,评价留设的防(隔)水煤(岩)柱的安全可靠程度,作为扩大开采的依据。

f. 考虑到刘庄为巨厚松散层下开采,确定防(隔)水煤(岩)柱还应考虑因煤(岩)柱强度不够导致的工程地质问题。

(4) 松散层水害防治效果验证、安全评价

① 效果验证方法:

接近煤层露头防(隔)水煤(岩)柱布置的巷道需采用电法或瞬变电磁法等物探方法对顶板岩层进行富水性探测,并在合适位置施工1～2个钻孔(测斜、取心)对煤(岩)柱尺寸进行校核。

② 评价方法及标准:

评价方法:

a. 根据地面勘探、井下物探、钻探资料,以确认松散层底部条件已查清,实际覆岩距离不小于设计留设的煤(岩)柱尺寸;

b. 结合开采工艺、采高和参考已有两带发育高度资料等综合分析,确认所留设的煤(岩)柱中裂高范围内的水害已得到治理。

评价标准:

a. 对松散层底界面、风氧化带岩性及深度、覆岩组合、松散层底部含(隔)水层的分布特征,主要含水层的富水性及水力联系等进行分析,确认含(隔)水层界面和

基岩面起伏变化、覆岩组合特征，查明构造；

b. 评价采高、覆岩性质、构造、煤层倾角、矿压及推进度、采煤工艺等顶板破坏的影响因素，开采实际标高到基岩面的最小垂距大于留设的煤(岩)柱尺寸；

c. 论证大采深、大采高、高水压等特殊条件对防(隔)水煤(岩)柱的影响，确认留设的煤(岩)柱安全有效。

③ 防治水工程：

近几年涉及浅部煤层开采的不多，目前主要是正在准备的 140502 工作面切眼涉及浅部煤(岩)柱留设，已施工 23-12 补勘钻孔对松散层底部进行了探查，并留设了防砂煤(岩)柱。

2. 断层水

(1) 防治方法

坚持“探、防、治”相结合，当断层与强含水层沟通时，按导水断层留设防(隔)水煤(岩)柱或者进行注浆改造隔断与强含水层间的水力联系。沿断层防(隔)水煤(岩)柱线布置的巷道或需过断层的巷道掘进时，应严格落实钻探、物探综合超前探查和注浆加固等措施，积极开展补勘、三维地震精细解释和断层含(导)水性及煤柱留设专题研究，掌握断层发育规律；合理确定留设安全煤(岩)柱或提前疏水降压或注浆加固。

有下列情形之一的，必须开展断层水文地质补勘或研究：

① 主要断层(落差大于 100 m)控制不足且影响采掘进工程布置的。

② 采掘活动可能涉及的主要断层含(导)水性不清的。

③ 不能满足井巷工程安全(包括水、瓦斯及工程地质)及煤(岩)柱留设需要的。

④ 断层与松散层、灰岩或煤系砂岩强含水层存在水力联系的。

⑤ 有其他需要补充探查的情形的。

在受水害威胁的区域，工作面掘进及回采前，采用钻探、物探和水文地质试验等方法查清工作面内断层、陷落柱和含水层(体)富水性等情况，并制定相应的水害防范措施。

井下遇下列情况必须对断层进行探放水：

① 采掘工作面前方或附近有井巷已揭露过的含(导)水断层存在时。

② 采掘工作面前方或附近预测有断层存在，但其位置和含(导)水性不清，可能出现突水事故时。

③ 采掘工作面底板隔水层厚度与实际承受的水压都处于临界状态，在采掘工作面前方或影响范围内有断层，一旦触及很可能发生突水时。

④ 根据井巷工程和留设断层防(隔)水煤(岩)柱的需要，必须探明断层时。

⑤ 采区内断层使煤层与强含水层的距离缩短可能危及安全时。

有下列情形之一的，应留设断层煤(岩)柱，防(隔)水煤(岩)柱尺寸应满足《煤矿防治水细则》要求：

① 矿井以断层分界的，应当在断层两侧留有防(隔)水煤(岩)柱。

② 与富水性强的含水层间存在水力联系的断层、裂隙带或者强导水断层接触的煤层，应当留防(隔)水煤(岩)柱。

③ 对导水断层，如果不能探放水的，必须留设防(隔)水煤(岩)柱。

④ 断层防(隔)水煤(岩)柱应当在矿井设计中确定，经补勘需重新留设的可与有资质的大专院校、科研机构合作进行设计，报送公司总工程师组织审批。

效果验证、安全评价：

① 巷道过含(导)水断层或断层附近对盘为砂岩或灰岩等主要含水层的，采用瞬变电磁、MSP 地震等物探方法探查断层位置、低阻异常区等，并用钻探验证。

② 留设防(隔)水煤(岩)柱的，在巷道临近断层煤柱时，须先采用物探、钻探探查断层及附近含水层富水情况，验证控制煤柱尺寸，由矿总工程师组织审查批准。

③ 探查效果验证由矿总工程师组织，经验证没有达到水害防治要求的，必须采取补充措施，并再次验证，且达到水害防治要求。

④ 采用注浆加固方法治理或留设防(隔)水煤(岩)柱的，应经施工治理效果验证或煤柱尺寸校核，以确认无水害威胁。

(2) 防治水工程

近 3 年，西翼开拓巷道掘进过 F5 断层，111302 工作面内发育 DF20、DF21 断层，巷道掘进或工作面回采受断层影响，此外 DF23 断层直接影响 140502 工作面布置。

① 西翼开拓巷道：超前施工地面补勘钻孔进一步控制 F5 断层空间发育形态和含(导)水性。巷道掘进期间采用物探、钻探综合超前探查措施，进一步查明断层位置及其含(导)水性，掩护巷道安全掘进。

2015 年施工地面补勘共施工 2 孔，查明 F5 断层断距 150～180 m，钻进过程中冲洗液消耗正常，表明 F5 断层不含(导)水。

2017 年在西翼轨道大巷开展 F5 断层含(导)水性探查验证工程，施工钻孔 9 个，工程量 1 445 m。较好地控制了 F5 断层位置及断层下盘 5、8 煤层赋存情况。所有钻孔均穿过 F5 断层，且无出水现象，巷道实际揭露与探查情况一致。

② 111302 工作面：为验证地震解释的 DF20、DF21 断层，111302 风巷掘进期间超前施工钻孔 2 个，工程量 440 m，均无出水现象，掩护了巷道安全掘进。工作面回采前采用围面瞬变电磁探查，未发现明显低阻异常区，进一步验证断层含(导)水性，确保了工作面安全回采。

除井下超前物探、钻探探查外，还提前对 F5、DF23 断层分别布置了 23-10、23-11、23-12、23-13 和 T06 等地面钻孔，进一步控制断层发育状态及含(导)水性。

3. 三维地震反射波异常区

口孜东煤矿井田内 6 个三维地震反射波异常区暂按相关要求留设安全煤(岩)

柱，划定为缓（禁）采区。

（1）防治方法

坚持查、探、防、治、监“五位一体”防治体系，坚持“先物探、后钻探，先地面、后井下”的原则逐一开展探查验证，并对探查结果进行分析评价和专家论证。留足安全煤（岩）柱，在得到验证或有效治理前均划为暂缓开采区。

① 防治技术：

运用三维地震数据重新处理精细解释圈定三维地震反射波异常区，坚持存疑则有的原则，利用三维地震动态解释系统仔细筛查、确定，并在采掘工程平面图、矿井充水性图及井上、下对照图等相关图件上填绘相关信息，建立台账，严格“三线、三区”管理。

制定三维地震解释的异常区探查规划，按先井上后井下、先物探后钻探的原则逐一探查验证。在条件许可的情况下，地面使用三维地震、高密度电法、瞬变电磁勘探等物探和钻探方法探查验证。

若采掘必须通过三维地震反射波异常区或陷落柱，则必须进行地面区域治理或井下超前注浆加固，并进行采动条件下的陷落柱影响、围岩稳定性及陷落柱突水风险评价。

利用井下邻近巷道采用物探、钻探方法自上而下逐一探查三维地震反射波异常区（陷落柱）区域。

探查结束后，应及时编制陷落柱、三维地震反射波异常区（疑似陷落柱）勘探成果总结报告及安全评价报告，由公司组织有关专家评审、验收。

② 效果验证、安全评价：

利用三维地震动态工作站结合地面探查钻孔、井下探查成果对三维地震反射波异常区进行再解释。

验证钻孔数量不少于探查钻孔总数的20%，最低不少于2个，需穿过（陷落柱）三维地震反射波异常区。地面验证孔吸浆量应不大于60 L/min，或者井下验证孔涌水量小于1 m^3/h。

采用注浆封堵加固方法治理陷落柱的，应施工地面或井下注浆效果验证孔，验证孔要穿过整个注浆段，且不得少于2个。

经探查确认为陷落柱未经有效治理或不能查明的，划为禁采区或缓采区，留设不小于20 m的安全煤（岩）柱。

（2）防治水工程

口孜东煤矿三维地震勘探及精细解释的三维地震反射波异常区均在条件许可的情况下进行地面钻探验证，并排除部分异常由陷落柱引起，不能排除的在井下利用邻近巷道进行物探、钻探探查。近3年主要工程有：

① 111302机巷位于1＃三维地震反射波异常区北侧，采用“物探、钻探相结合”的手段查明1＃三维地震反射波异常区水文地质特征，共施工钻孔9个，工程量

1 618 m,均无出水现象,判断对 111302 机巷掘进及回采无水害威胁。

② 111305 切眼外侧存在 2＃三维地震反射波异常区,在邻近巷道掘进期间采用瞬变电磁、电法、地震 MSP 和钻探对巷道掘进前方及 111305 切眼掘进范围进行循环探查。在切眼下口施工钻孔对 9＃三维地震反射波异常区水文地质情况进行探查,回采前开展 111305 工作面开采安全性评价。累计施工 23 次物探和 4 轮共 22 个钻孔,工程量 4 219.8 m。综合探查分析评价 111305 工作面开采不受 2＃、9＃三维地震反射波异常区的影响,经专家论证,认为可保证该面安全回采。

4. 砂岩裂隙水

(1) 防治技术方法

严格落实《新集公司砂岩裂隙水探放效果评价标准》,坚持“综合分析、超前探放、效果评价、以排为主”。采掘过程中采用物探、钻探方法超前探放,建立满足要求的排水系统并保证排水顺畅。

对煤系砂岩水进行物探、钻探超前探查,以疏放为主;其中对新水平开拓或新采区掘进编制专门探查方案并严格落实。

① 防治技术:

巷道掘进期间,采用物探探查并对物探异常区钻探验证;

超前探放,出水钻孔保持疏放并连续观测。

工作面回采前,对导水裂缝带及底板破坏波及范围内存在的富水性较强的含水层(体)选择合适位置超前探放。

对水压高于 1 MPa,出水量大于 60 m^3/h 的砂岩裂隙含水层需进行井下放水试验,以准确获取水文地质参数。

② 效果验证、安全评价:

在下列情形需对探放水效果进行验证、评价,并经矿总工程师审批:

工作面回采前有探查(放)煤层顶、底板砂岩裂隙水的物探、钻探工程,井巷需穿过富水性强的砂岩裂隙含水层施工的探放水工程。

砂岩裂隙水探放效果验证方法以钻探为主,物探、化探、水文地质试验等手段为辅。工作面回采前应进行验证评价,回采长度大于 600 m 的可分段验证,但每次验证长度不小于 500 m 且验证超前距不小于 100 m。

未达到验证标准的,须采取补充措施并重新验证。

③ 探放砂岩裂隙水效果验证标准:

验证钻孔数量不少于探放水孔总数的 10%,出水量大于 2 m^3/h 的钻孔数量应少于 50%,单孔出水量小于检验前的 30%。

井巷掘进穿过煤层顶、底板砂岩裂隙含水层时,水压原则上应疏降至无压(0.05 MPa 以下)状态;否则需制定专项安全技术措施并报矿总工程师审批。

若回采过程中实际涌水量大于 60 m^3/h,则立即停止生产,进行水动态观测并采取补充措施,重新评估无威胁后方可恢复生产。

（2）防治水工程

13-1 煤层顶、底板砂岩水是 13-1 煤层开采直接充水含水层导致的，总体含水性弱，一般不构成水害威胁。121304、121302 工作面回采受砂岩裂隙水影响。

121304 工作面：采用瞬变电磁法探查 121304 工作面顶、底板岩层含水性情况，发现在 121304 工作面风巷侧有一低阻异常区。施工 2 个验证钻孔，均无出水现象，工程量 305 m。

121302 工作面：采用瞬变电磁法探查 121302 工作面顶、底板岩层含水性情况，未发现明显低阻区。在 121302 机巷施工 4 个砂岩水超前探放钻孔，均未出水，进一步验证了工作面顶、底板砂岩的弱富水性。

5. 采空区水

所有采空区均为自身生产形成，范围、位置和积水情况相对清楚。采空区点多面广，积水区分散，且存在动水补给，增加了邻近工作面的水害治理难度，是采空区水害治理的重点。

（1）防治技术方法

坚持“逐面排查、有疑必探、超前疏放、效果评价、安全评估”及采空区分区管理的原则，严格落实“查全、探清、放净、验准”四步工作法。

① 防治技术要求：

严格“三要素、三线、三区”管理。建立台账，实行分区管理，将信息准确填绘到采掘工程平面图和矿井充水性图上。

除留设防（隔）水煤（岩）柱外，有下列情形必须超前疏放采空区积水：

同一煤层工作面连续布置、净煤柱≤10 m 时，上一工作面局部积水的；

近距离煤层开采时，下伏煤层开采裂高范围内存在上覆煤层采空区或底抽巷积水的；

掘进巷道距积水采空区小于 10 倍的采高或过老巷（法距≤10 m）或透老巷的（包括巷道下方积水区水压高于本巷道过巷底板标高的）；

邻近煤层开采破坏范围内岩层再次充水且在本煤层开采破坏范围内存在再生水或离层水的；

其他需要探放采空区积水的。

巷道掘进至探水警戒线后，必须采用物探、钻探超前循环探，确认安全后方可掘进，掘进至探水线时开展采空区水探放工作。探放水期间撤出受水害威胁区域其他作业人员。

若对采空区积水不能采取疏放措施，则在受采空区积水影响区域采煤需留设防（隔）水煤（岩）柱，防（隔）水煤（岩）柱的尺寸参照《煤矿防治水细则》相关公式计算。

近距离煤层群开采时，采掘下伏煤层前，必须疏干导水裂隙带波及范围内的上覆煤层采空区积水，若存在动态水补给，必须保持放水量与补给量平衡，并建立完善的排水系统。

疏放采空区积水应尽量选择远距离探放；若不具备远离疏放条件，则应在邻近巷道掘进期间进行多轮次限压探放，监视放水全过程，核对放水量和水压。有补给水源的，需在最低点留放水观测孔。

采取限压探放水时，计算单次降压值范围水量；依据限压循环放水步距严格控制停头位置，直到巷道安全通过采空区最低洼点。

根据排水能力、水仓容量进行控制性疏放，发现顶钻或孔内有害气体超过规定时，应立即停止钻进，切断电源，撤出人员，并报告矿井调度室，及时处理。

② 效果验证、安全评价：

有下列情形之一的必须对老空水(指水淹区或老窑、老巷、采空区积水)进行探放，并对探放水效果进行验证、评价：

巷道在老空积水区下掘进时，巷道与水体之间的最小距离小于巷道高度 10 倍的；

在同一煤层下(或上)老空积水区附近采掘时，若水淹区或老窑积水区的界线已基本查明，防(隔)水煤(岩)柱的尺寸小于《煤矿防治水细则》附录六之二规定的；

在老空积水区下的煤层中进行回采时，防(隔)水煤(岩)柱的尺寸小于导水裂缝带最大高度与保护带高度之和的；

开采老空积水区上覆煤层时，下方的老空区积水水位高于工作面的最低标高，且对工作面安全开采构成威胁的。

③ 探放采空区水的验证方法：

探放水孔钻入老空水体，并实测初始水压，根据初始水压重新核算老空区积水位置和积水量，在放水全过程中连续观测水量、水压，核对放水量、积水位置，防止假放净现象，直到老空水放完或放至安全水压以下。

探放有补给水源的老空水，应在放至安全水位以下后，在老空低洼处留长期放水和观测孔，并保持放水畅通。

探放老空水效果验证，以钻探方法验证为主，物探、化探、水文地质试验等手段验证为辅。若未达到验证标准，应采取补充措施，再次探放和效果验证。

④ 探放采空区水效果验证标准：

放水结束后，对比放水量与预计积水量，采用钻探、物探方法对放水效果进行验证，确保疏干放净。编制探放水效果验证评价报告，由矿总工程师签字确认。

效果验证钻孔布置在老空区最低位置，钻孔不出水，且有明显的进风或出风现象，可以确定老空区无积水。

有水源补给的，放至安全水位以下后，放水量衰减至补给水量达到动态平衡并保持正常放水，方可进行开采。

(2) 防治水工程

111304 采空区(外段)积水会对 111302 工作面巷道掘进和回采存在一定水害

威胁。

根据采掘工程进度超前在 111302 轨道顺槽联巷、111302 轨道顺槽(内段)采用物探探查和钻探放水消除 111304 采空区积水水害威胁。共施工钻孔 5 个,工程量 304 m。

6. 钻孔水

(1) 防治对策

全面排查、封孔质量评估、分类建立专门台账;受采动影响的钻孔提前处理;井巷掘进、回采揭露钻孔前物探与钻探超前探查,防止钻孔水水害发生。

① 防治技术路线:

井巷工程布置前对可能受影响的封闭不良钻孔或未封闭钻孔提前重新封孔处理或留设安全煤柱。

② 防治技术要求:

对所有钻孔进行封孔质量判别、分类,建立封闭不良钻孔台账。并根据重新处理或揭露情况及时更新信息,并准确填绘到采掘工程平面图及充水性图上。

根据采掘接替计划,提前 1 年将采掘工作面遇到的封闭不良钻孔、未封闭钻孔等列入处理计划并进行采掘前处理。

对封闭不良钻孔优先考虑地面启封,对未封闭钻孔在采掘影响到之前封闭;不能启封的在设计时需考虑留隔离煤(岩)柱或采取井下处理措施。

(2) 防治效果验证评价

采掘工作面临近重新启封的钻孔前采用物探、钻探方式对裂高范围内的钻孔进行探测,以确认无水害隐患或隐患已消除。

留设钻孔防(隔)水煤(岩)柱时,需重新校核孔斜,以确认留设的煤(岩)柱安全有效。

7. 井筒安全管理

(1) 防治对策

对井筒涌水量、井壁质量和沉降变形定期监测,建立专门台账。如水量突增或水中含砂,应及时分析原因并注浆处理。

(2) 防治技术路线

重点查明井筒内出水点的位置及其水量变化、井壁质量及井筒涌水量变化;定期分析井底马头门附近围岩压力变化情况及井架沉降变化情况;定期取水样进行水质分析。发现问题及时处理并对处理效果进行安全评价,以确保井筒可安全使用。

4.2.2.9　板集煤矿

矿井恢复建设以来,主要井巷工程为轨道一石门、轨道二石门、回风二石门、主胶带机石门、北翼(回风、轨道、胶带机)3 条大巷道等,存在的水害风险主要为断层水、煤层顶(底)板砂岩裂隙水及隐伏构造导通深部灰岩水以及井筒的安全隐患。

1. 断层水

(1) 防治对策

坚持“探、防、治”相结合，当断层与强含水层沟通时，按导水断层留设防(隔)水煤(岩)柱或者进行注浆改造；隔断与强含水层间的水力联系。沿断层防(隔)水煤(岩)柱线布置的巷道，应控制断层摆动和核实防(隔)水煤(岩)柱尺寸。在通过断层的巷道掘进时，应落实钻探、物探综合超前探查和注浆加固等措施。

(2) 防治技术路线

积极开展补勘、三维地震精细解释和专题研究，掌握断层发育规律，条件不清的需开展补勘。

井田边界断层、采区边界断层按规定留设安全煤(岩)柱，掘进工作面过断层期间严格落实物探、钻探超前探查和验证评价。采区布置应充分考虑断层影响，确定断层安全煤柱，并在回采期间严格控制。

井下石门过落差大断层或在其附近掘进时需编制专门措施，采取物探、钻探超前探测，提前疏水降压或注浆加固。

(3) 断层探查治理效果验证、安全评价方法及标准

① 巷道过含(导)水断层或断层附近对盘为砂岩或灰岩等主要含水层的，采用瞬变电磁、MSP地震等物探方法探查断层位置、低阻异常区等，并用钻探验证。

② 留设防(隔)水煤(岩)柱的，在巷道临近断层煤柱时，应先采用物探、钻探探查断层及附近含水层富水情况，验证控制煤柱尺寸，报矿总工程师组织审查批准。

③ 探查效果由矿总工程师组织验证，没有达到水害防治要求的，必须采取补充措施，并再次验证，直至达到水害防治要求。

④ 采用注浆加固方法治理或留设防(隔)水煤(岩)柱的，应经施工治理效果验证或煤柱尺寸校核，以确认无水害威胁。

(4) 工程总结

2006年6月～2008年5月，在板集煤矿地面施工验证注浆钻孔7个(工程量为6 013.58 m)，对BF34、BF33-1、BF33、F512断层群进行了注浆加固，累计注入水泥3 875.7 t，保障巷道掘进顺利使－735 m的5条石门大巷安全穿过断层群。

2018年12月11日，－735 m轨道二石门G3＋13.2 m处右帮肩窝处突然出现涌水，最大涌水量14.0 m^3/h，采取的治理措施如下：

① 三维地震资料再解释。委托了中煤科工西安研究院和安徽省物探测量队对三维地震资料进行了再分析，并委托安徽省惠州地质安全研究院在井下开展高分辨物探，均未发现大的导水通道。

② 积极开展井下钻探探查。在轨道二石门、轨道一石门、轨道二石门与轨道一石门联巷等多处对出水点前10 m、后方0～40 m范围及底板下30～100 m范围进行导水通道及可能的影响因素进行探查，结果在30～42 m范围内的钻孔均未出

水。深部钻孔在 1 煤层顶板砂岩时有不同程度出水但快速疏干。

③ 巷道围岩注浆加固，对巷道围岩注浆 11.25 t 水泥、巷道迎头出水点导水通道和裂隙注浆 24.9 t。

④ 巷道出水后多次组织召开专家会，共同分析商讨对策，并在全部治理工程结束后，组织专家对该出水点处理效果及安全评价进行论证，排除了－735 m 轨道二石门附近及前方存在隐伏陷落柱及其他异常构造的可能，确认无水害威胁，2008 年 5 月 23 日与北翼轨道大巷安全贯通。

采取超前物探、钻探综合探查，查明了巷道掘进前方水文地质条件及 DF02-1、BF32、DF11、BF28、BF30 断层的含（导）水性，确保了巷道掘进安全；2019 年瞬变电磁超前物探 26 次、地震 4 次，施工超前探查钻孔 6 组，38 个孔，工程量为 7 467 m。

2. 砂岩裂隙水

（1）防治对策

制定《新集公司砂岩裂隙水探放效果评价标准》，坚持"综合分析、超前探放、效果评价、以排为主"。

（2）防治技术路线

分析研究煤系砂岩裂隙含水层的富水性、赋存条件和裂隙富水带的分布规律，出（突）水点分布与构造的空间关系，补给条件及采动影响等，编制水文地质情况分析报告。采掘过程中采用物探、钻探进行探查探放，建立不小于预计最大涌水量的排水系统。

（3）探放效果验证方法

① 以钻探为主，以物探、化探、水文地质试验等手段为辅。

② 依据已施工物探、钻探及周边巷道、地面钻孔等综合成果验证，测斜取心应满足要求。

③ 未达到验证标准的，须采取补充措施并重新验证。

（4）探放效果验证标准

① 验证钻孔数量不少于探放水孔总数的 10%，出水量大于 2 m^3/h 的钻孔数量应少于 50%，单孔出水量应小于检验前的 30%。

② 井巷掘进穿过煤层顶、底板砂岩裂隙含水层时，水压原则上疏降至无压（0.05 MPa 以下）状态；否则需制定专项安全技术措施并经矿总工程师审批。

（5）工程总结

先后在－735 m 轨道二石门、－735 m 轨道一石门、清理斜巷上口硐室、北翼回风大巷等地点的钻探施工过程中对各煤层顶、底板砂岩水进行了超前疏放，累计疏放 1 煤层顶板砂岩水 25 950 m^3、疏放 9 煤层顶板砂岩水 9 250 m^3。通过对钻孔出水情况进行连续观测及分析，不仅消除了巷道掘进期间的水害威胁，并进一步查明了矿井水文地质条件，为后期采掘生产水害防治措施的制定提供了技术依据。

3. 隐伏构造探查

落实（皖经信煤炭〔2017〕218 号）精神：新水平、新采区掘进时，必须同时采用物探、钻探等方法循环探查,严格控制超前距、帮距和探查深度,北翼(回风、轨道、胶带机)三条大巷道均做到物探全覆盖,钻探超前掩护。

工程总结:北翼集中大巷(回风、轨道、胶带机大巷)探放水执行"两探"循环探查措施,三巷均做到物探全覆盖,钻探超前掩护;三条大巷道施工瞬变电磁超前物探 26 次,地震 4 次,施工超前探查钻孔 7 组,41 个孔,总工程量 8 099 m;查明了巷道掘进方向前方水文地质条件及断层的含(导)水性,保证了巷道掘进安全。

4. 井筒安全管理

(1) 井筒水害防治对策

对井筒涌水量、井壁质量和沉降变形定期监测,建立专门台账;如水量突增或水中含砂,应及时分析原因并注浆处理。

(2) 井筒水害防治技术路线

重点查明井筒内出水点的位置及其水量变化、井壁质量及井筒涌水量变化;定期分析井底马头门附近围岩压力变化情况及井架沉降变化情况;定期取水样进行水质分析。发现问题及时处理并对处理效果进行安全评价,以确保井筒安全使用。

工程总结:2013 年 1 月在板集煤矿主、副、风三井将传感器和光缆等埋设在加固处理的混凝土中,建立了井筒在线实时监测系统;2014 年 7 月在副井用钢弦式受力与变形监测元件,对井筒及马头门受力情况进行应力应变进行实时监测、分析、预警;2019 年开展井筒监测预警技术研究,安装井筒受力变形监测系统。

5. 永久排水系统

建设矿井并进行联合排水试验和性能测试,经验收合格投入使用,增强了矿井的抗灾能力。

4.3 典型问题及相关技术措施

两淮煤矿在治理水害过程中遇到的问题复杂多样,其中淮北矿区面临的主要是区域治理、注浆、陷落柱、四含水以及老空水等方面的问题;淮南矿区面临的主要是注浆等次生水害、灰岩水水害、导水通道探查等方面的问题。结合近 3 年水害治理工作,各个煤矿均针对这些问题制定了相关的技术措施,结合表 4-18,下面对各种问题进行详述。

表 4-18　两淮矿区的典型问题和相关技术措施

矿区	矿名	典型问题	相关技术措施
淮北矿区	朱庄煤矿	地面区域治理存在治理薄弱区、周边矿井闭坑、高压注浆次生灾害等	进行详细勘查、分析，实现超前区域探放效果，采取超前探查老空水措施
	朱仙庄煤矿	地面注浆期间，地表抬升，造成地面建筑物破坏变形，巷道板底起鼓破坏	合理确定注浆终压并改良施工
	桃园煤矿	地面区域注浆，水泥固结出水，或突破巷道、采空区造成壅堵，形成情况不明的老空积水	布置太灰含水层疏放钻孔，加大钻孔布置密度，钻孔进入灰岩层位前不进行预注浆。采取超前探查老空水措施
	恒源煤矿	① 地面区域治理注浆压力大，巷道易发生跑浆、破坏变形； ② 周边矿井闭坑停排水可能引发的次生灾害	① 开展地面顺层钻孔区域治理工程； ② 提前妥善处理井下的各类水害源头
	祁东煤矿	六采区松散层四含水害	开展水文地质研究，制定针对性的安全开采对策
	任楼煤矿	陷落柱	迅速封堵，采用井下探查与地面打钻注浆封堵相结合
淮南矿区	板集煤矿	① 导水通道复杂； ② 二叠系砂岩含水层初始水压高、局部储水量丰富	① 以物探、钻探等方法循环探； ② 查明采掘区域前方水文地质条件，超前疏放
	口孜东煤矿	存在多个三维地震反射波异常区	地面定向分支钻孔，一次性从根部进行治理
	刘庄煤矿	煤受灰岩水影响，尚未分区隔离	构筑智能化远程控制高压防水闸门
	新集二煤矿	① 三维地震数据品质差，无法进行二次精解； ② 多煤层联合开采，无法做到分区隔离开采	① 施工钻孔查明水文地质条件； ② 专家会诊、专题研究； ③ 有针对性地采取局部注浆加固措施
	张集煤矿	① 需采用井下定向长钻孔快速过破碎地层钻进工艺； ② 需采用井下长距离钻孔高质量封孔工艺； ③ 需采用高承压条件下灰岩水水害探放水钻孔固孔工艺； ④ 需采用千米灰岩长钻孔定向高效钻进工艺； ⑤ 地面注浆加固期间，井下巷道局部存在底鼓、开裂、顶板来压、跑浆等次生威胁，安全隐患较大； ⑥ 地面钻孔过井下采空区，存在风险	① 以正在全面施工的 A 组煤底板定向长钻孔探查工程为依托，探索利用新型设备，进行超千米灰岩长钻孔定向高效钻进工艺研究，以满足当前矿井 A 组煤底板灰岩水害探查治理的需要； ② 施工地面定向近水平顺层分支钻孔群，最大限度地揭露预治理区域内可能的导水构造及灰岩含水层，通过注浆工程改造深部灰岩及其附近含水层使其成为隔水层并阻断奥灰及以下含水层水进入矿井的通道

续表

矿区	矿名	典型问题	相关技术措施
淮南矿区	顾北煤矿	A组煤开采底板灰岩水水害治理	进一步探查底板灰岩富水异常区，实施地面区域探查治理工程
	谢桥煤矿	老空水探放工程结束后，发现实际放水量远小于预计积水量	同时采用钻探、物探，做到相互验证，查清采掘工作面及周边老空水、含水层富水性以及地质构造等情况
	潘四东煤矿	A组煤开采底板灰岩水水害治理	建立采区灰岩水位(压)观测、放水系统，并对低阻异常区进行钻探验证
	潘二煤矿	12123底抽水巷联巷发生突水事故，发生灰岩水水害	开展A组煤层开采底板灰岩水水害防治，坚持奥灰水与太灰水防治并重，采取地面区域超前探查治理、井下钻探与物探综合探查、疏水降压、灰岩地下水动态与底板破坏监测等综合水害防治措施

1. 地面区域治理

朱庄煤矿、恒源煤矿和顾北煤矿等均存在区域治理问题。为防范水害事故的发生，朱庄煤矿在进行地面超前区域治理工程前，对治理范围内的地质条件进行了详细勘查、分析，以使地面定向钻孔设计时使用的煤层及目的层位尽量准确；恒源煤矿在底板薄层灰岩地面顺层钻孔区域治理中，针对地层条件复杂、治理目的层薄、顺层难度高的特点，先施工探查孔，确定层位，再合理确定布孔间距，并采取斜向器开窗切割套管、羽状分支孔补注等技术手段，提高了治理效果。

2. 注浆、闭坑等次生水害

朱庄煤矿、朱仙庄煤矿、桃园煤矿、恒源煤矿、张集煤矿、顾北煤矿等在注浆方面均遇到了问题。其中朱仙庄煤矿和桃园煤矿结合该矿实际情况，分别提出了合理确定注浆终压，并改良施工技术和布置井下疏放钻孔，加大钻孔布置密度，疏放钻孔进入灰岩层位前不进行预注浆等措施。

3. 四含水和老空水问题

祁东煤矿针对受顶板四含水威胁的近上限工作面采取大阻力综采支架、顶板超前预裂爆破、采动矿压与水位在线监测预测预警、严格控制推进速度、加强支护质量监测、使用千米钻机精准施工导水孔实现自流排水等关键技术措施。祁南煤矿后期在巷道掘进至该破坏段时提前采取了超前探查注浆措施，以确保巷道的施工安全。

4. 灰岩水水害

针对灰岩水水害问题，刘庄煤矿计划分年度在中央轨道石门、矸石胶带机巷延伸段各构筑一道智能化远程控制高压防水闸门，为东二采区复杂水文地质条件下开采1煤层采取快速区域隔离措施。为防治A组煤层开采底板灰岩水水害，潘二煤矿坚持奥灰水与太灰水防治并重，采取地面区域超前探查治理、井下钻探与物探综合探查、疏水降压、灰岩地下水动态与底板破坏监测等综合水害防治措施。

5. 导水通道问题

导水通道的探查与控制问题，是当前煤矿水害防治工作难以突破的瓶颈，板集煤矿在井下同时采用物探、钻探等方法循环探查，严格控制超前距、帮距和探查深度，查明采掘区域前方水文地质条件或采取地面区域探查治理进行注浆封堵，确保了采掘工作面在钻探控制保护范围内活动，防止了误揭含水层或导水通道。

6. 三维地震勘探异常区

口孜东煤矿存在三维地震勘探异常区，故采取地面定向分支钻孔一次性从根部进行治理的措施。新集二煤矿的三维地震勘探数据模糊，为防治水害问题的发生，采取了以下措施：

① 施工钻孔查明水文地质条件。

② 专家会诊、专题研究。

③ 有针对性地采取局部注浆加固措施。

此外，张集煤矿还存在钻孔钻进工艺和封孔工艺问题。针对这些典型问题，张集煤矿以正在全面施工的A组煤底板定向长钻孔探查工程为依托，探索利用新型设备，进行超千米灰岩长钻孔定向高效钻进工艺研究，以满足当前矿井A组煤底板灰岩水水害探查治理的需要。

4.4　2020～2022年采煤工作面接替情况

4.4.1　淮南矿区

2020～2022年潘二煤矿将主要回采3、4、5、7及1煤层，回采工作面主要有18224，18427内、外段，11123，18115，12123内、外段，18124内、外段等。谢桥煤矿回采工作面主要有1322(3)、21216W、2121(3)E、2212(1)、12526W、2121(3)W、11518、13418、11618、12526E等。张集煤矿中央区采场以一水平为主，二水平以B、C组煤采区开拓为主，计划安排3条回采线；北区采场主采西二、西三、北一A组煤，安排2条线回采。潘四东煤矿采掘活动均在东翼采区，西翼采区暂不开采，目前至2022年底接替工作面回采面积预计约313 660 m^2，主要回采工作面有1131(3)内、外段，11411、1151(3)、11613外段。顾北煤矿2020年回采5个工作面，3次安装，3次拆除，1次减架。2021年回采3个工作面，1次安装，1次拆除，1次加架，回采产量378万吨;2022年回采4个工作面,2次安装,2次拆除,回采产量378万吨。新集二煤矿按照两条生产线安排,计划回采10个工作面,其中以1煤组为主线,11-2煤层和9煤层为(配采)辅线。刘庄煤矿继续保持“一井两面”的生产布局,东西区各安排一条回采线组织生产。口孜东煤矿主要回采13及5煤层,开采工作面有121302、111307、140502、111306、140506及111309。板集煤矿主采8煤层与5煤层,回采工作面主要有110801、110804、110802及110501。详见附录5。

4.4.2 淮北矿区

未来3年界沟煤矿采煤工作面主要有2条主线,采煤一区主采7_1、7_2煤层,采煤二区主采8_2、10煤层。朱庄煤矿主采5、3、4及6煤层,主采工作面有Ⅲ5427、Ⅲ5419、Ⅲ425、Ⅲ421、Ⅲ633及Ⅱ6110等。朱仙庄煤矿主采8煤层及10煤层,工作面主要有Ⅱ1055、883、Ⅱ836、887、Ⅱ853、8106、Ⅱ1057等。桃园煤矿主采10煤层及8_2煤层,采煤工作面主要有Ⅱ1042、Ⅱ1044、Ⅱ1011、Ⅱ1012、Ⅱ8222、Ⅱ8223及Ⅱ8225等。祁南煤矿生产采区为82、84和31采区,矿井2条线生产,主采3_2和7_2煤层,配采薄煤层。恒源煤矿计划未来3年4煤层开采接替为486→487→4810→480→Ⅲ412共5个工作面;6煤层开采接替为Ⅱ634→Ⅱ618→Ⅱ6120→二水平南翼煤柱→Ⅱ635→Ⅱ636共6个工作面。祁东煤矿未来3年主采7_1、9及8_2煤层,采煤工作面主要有$7_1$33、$7_1$36、$8_2$37、921、$7_1$34、961与$8_2$35。任楼煤矿未来3年主采7_2、7_3及8_2煤,回采工作面主要有Ⅱ$7_3$24N、$7_2$511、$8_2$58、Ⅱ$7_3$24S、$7_2$64、$7_2$510N、Ⅱ$8_2$24N、$7_3$55、$7_2$513等。详见附录6。

4.5 2020～2022年掘进工作面接替

4.5.1 淮南矿区掘进工作面接替情况

1. 潘二煤矿

2020～2022年掘进工作面主要围绕采煤工作面接替和采区准备进行,主要巷道为18424上、下底抽巷及联巷,－650～－530 m轨道斜巷,11313底抽巷、上顺槽回风联巷,西四A组煤采区胶带机上山及联巷等。

2. 谢桥煤矿

2020年,矿井安排了6个掘进工作面,其中从2019年延续至2020年的工作面有2个,新增掘进工作面4个。2021年,将安排5个掘进工作面,其中从2020年延续至 2021 年的工作面有 3 个，2021 年新增掘进工作面 2 个。2022 年，矿井安排了 7 个掘进工作面，其中从 2021 年延续至 2022 年的工作面有 4 个，新增掘进工作面 3 个。

3. 张集煤矿

2020～2022 年的掘进工作面主要围绕采煤工作面接替和采区准备进行，巷道主要包括 1511(1)与 1513(1)工作面的轨顺、运顺、回风联巷及底抽巷等，东一 B 组煤(1)采区轨道、胶带机大巷及联巷，东一 1 煤层顶、底板矸石胶带机大巷及联巷等，而中央区将对东一 1 煤层上采区进行开拓，为开采 A 组煤作准备。

4. 潘四东煤矿

2020～2022 年矿井开拓巷道集中在东翼－870 m 水平以上，主要围绕 1131(3)内段、11411、11613 内/外段、1151(3)与 11511 工作面施工。

5. 顾北煤矿

2020 年开拓了 13321 煤巷，13126、13521 煤岩巷，1532(1)煤巷，13326、14121 岩巷等。2020 年岩巷进尺 4 800 m、煤巷进尺 8 000 m；2021 年预计岩巷进尺4 800 m、煤巷进尺 6 000 m；2022 年预计岩巷进尺 4 800 m、煤巷进尺8 800 m。

6. 新集二煤矿

2020～2022 年巷道掘进主要围绕 230106、230108、220106、220111、220115、211112、210818 及 210913 等工作面与 2106 采区东翼回风上山、－550 m 的煤西翼运输巷、－750 m 东翼轨道石门及－735 m 东翼皮带石门等进行。

7. 刘庄煤矿

2020～2022 年矿井开拓工程主要分布在中央区、东一区、东三区、西一区、西区井底车场区域以及二水平延深工程。

8. 口孜东煤矿

开拓巷道主要以西四采区延伸为主。

9. 板集煤矿

将对东一采区及东二采区进行开拓，巷道主要有 110801、110804、110802 及 110501(胶带机、轨道顺槽、切眼)、110803 轨道顺槽，－735～－650 m 南翼胶带机、回风及轨道斜巷。

4.5.2　淮北矿区掘进工作面接替情况

1. 界沟煤矿

掘进工作面主要围绕采煤工作面接替和东一 10 煤南翼采区准备进行，主要巷道为采煤工作面机、风巷和南翼 3 条下山。

2. 朱庄煤矿

2020～2022 年分两条线掘进，线一为Ⅲ633→Ⅲ5427→Ⅲ5419→Ⅲ635→Ⅲ

3311→Ⅲ323→Ⅲ637→Ⅱ616→Ⅲ6219→Ⅲ639→Ⅱ618→Ⅱ6110;线二为Ⅲ325→Ⅲ321→Ⅲ425→Ⅲ5417→Ⅲ421→Ⅲ339→Ⅲ423。

3. 朱仙庄煤矿

开拓采区主要是88采区、Ⅲ103采区及Ⅱ853采区,巷道主要有Ⅱ836、Ⅱ1055、866及8104外段机、风巷及切眼,Ⅲ103运输、轨道上山等。

4. 桃园煤矿

2020～2022年掘进工作面主要有Ⅱ1皮带大巷外段、南翼主暗斜井,Ⅱ2回风上山修复,Ⅱ1012机巷,Ⅱ8223底抽巷外段、外段进风联巷、外机巷岩石段、回风联巷及内(外)段风巷、切眼及绞车窝、外机巷、切抽巷下段,Ⅱ1044机巷外段、风巷、机巷外段进风联巷、切眼,Ⅱ1011机巷运输石门、机巷,Ⅱ1042机巷车场、集运巷修复,Ⅱ4回风巷、上山轨道修复补强等。

5. 祁南煤矿

83采区为开拓采区,6127、7228、312、6227、6145、313及7224机巷、机联巷、回风道、切眼等一系列掘进巷道。

6. 恒源煤矿

矿井2020～2023年掘进工作面接替主要围绕480、Ⅱ635、Ⅱ636、Ⅲ412等投产工作面施工,以Ⅱ41、Ⅱ65、Ⅲ41接替采区准备为辅,结合部分煤柱工作面进行。

7. 祁东煤矿

2020～2022年掘进巷道主要有$8_2$37、961、921及Ⅱ$7_1$31风巷、机巷、切眼,Ⅱ三采区下部绕道、水仓、管子道及变电所,(8～9煤层)四采区轨道、回风、运输上山等。

8. 任楼煤矿

2020～2022年掘进巷道主要有中六轨道大巷(中段)、运输大巷(内段)、运输上山、回风上山、变电所、一车场,$7_2$510N机联巷、机巷、风巷、切眼,Ⅱ$7_3$24S外风巷、外切眼、机巷、内切眼,$7_3$55机巷、风联巷、风巷,$8_2$58N机联巷、机巷、切眼、回风联巷、风巷,Ⅱ$8_2$24S风巷、机巷等。

4.6 两淮矿区各煤矿2020～2022年主要水害分析

结合矿井接替计划,两淮矿区各煤矿2020～2022年主要水害为新生界松散层底部孔隙水、老空水、底板灰岩水、煤系砂岩裂隙水、断层断裂构造水等,具体水害类型见表4-19。

表 4-19　两淮矿区各煤矿 2020～2022 年主要水害分析

矿区	矿名	底板灰岩水	老空水	新生界松散层底部孔隙水	煤系砂岩裂隙水	五含水	断层断裂构造水	陷落柱和三维地震反射波异常区	钻孔水	推覆体夹片含水层
淮北矿区	祁南煤矿		√	√(四含水)	√					
	桃园煤矿	√	√		√					
	朱仙庄煤矿	√	√		√	√				
	朱庄煤矿	√	√					√		
	恒源煤矿	√	√		√			√		
	祁东煤矿		√	√(四含水)	√		√	√(陷落柱)		
	任楼煤矿	√	√	√(四含水)	√					
	界沟煤矿	√	√	√(四含水)	√					
淮南矿区	潘二煤矿	√	√		√			√		
	板集煤矿			√(四含水)	√		√		√	
	口孜东煤矿		√		√		√	√		
	刘庄煤矿	√	√		√		√	√		
	新集二煤矿	√	√		√		√			√
	张集煤矿	√	√		√		√	√	√	
	顾北煤矿	√	√		√		√	√	√	
	潘四东煤矿	√	√	√			√			

依据表 4-19 所示各个煤矿 2020～2022 年所遇到的水害类型，各煤矿针对本

矿实际情况均制定了相应的防范措施，具体介绍如下：

1. 新生界松散层底部孔隙水

祁南煤矿、祁东煤矿、任楼煤矿、界沟煤矿、板集煤矿、刘庄煤矿、新集二煤矿、张集煤矿、顾北煤矿以及潘四东煤矿均受到四含水水害威胁。为有效防范水害，在工作面系统形成后对四含进行探查与疏放，查明覆岩岩性、安全煤（岩）柱厚度及四含富水性，以确保安全回采。

2. 灰岩水

根据灰岩含水层富水性采取地面区域超前治理、疏水降压等治理措施。底板巷道掘进中，采取物探、钻探循环前探掩护，进行疏水降压，达到安全开采限压值后方可回采。回采前，在井下施工防治水验证孔，采取物探和钻探相结合的防治水办法进行效果验证，编制评价报告，上报审批。工作面回采中，动态监测井田区灰岩含水层疏水水量及水压动态，发现异常立即停采，分析原因，采取补充措施。

3. 老空水

为避免老空水水害威胁，采掘前需确定老空积区水范围、积水标高、积水量，在采掘工程平面图和充水性图上标明积水线、探水线、警戒线；制定老空水防治方案，巷道掘进期间落实采空区水超前探放、效果验证与安全评价措施；超前探放、验证，严格落实“查全、探清、放净、验准”四步工作法，以确保采掘安全。

4. 砂岩水

为避免砂岩出水影响，对顶板砂岩可能赋水的工作面，采取先物探后钻探的方法，对工作面顶板砂岩裂隙含水层进行探查、探放。

5. 断层断裂构造水

受断层断裂水水害影响的矿井主要分布在淮南矿区。针对受断层水影响的采掘工作面，根据井上、下物探、钻探成果及井巷揭露资料分析研究断层位置、产状、含（导）水性及断层两盘地层的对接关系，掘进严格执行物探与钻探相结合的超前探查措施，超前探查断层发育特征和含（导）水性，确认无水害隐患后方可掘进。

6. 陷落柱和三维地震勘探异常

祁东煤矿目前已揭露陷落柱 3 个，均不导水。2020～2022 年，Ⅱ三采区巷道、94 采区巷道 961 工作面两巷等新区受可能存在的隐伏陷落柱威胁。口孜东煤矿和刘庄煤矿均存在地震反射波异常区，掘进过程中采用物探、钻探超前探查掩护巷道掘进；巷道掘进至异常区安全煤（岩）柱前，应进一步探明异常区地质、水文地质特征，并采取针对性措施。

此外，朱仙庄煤矿还存在五含水水害的威胁，在开采过程中采用物探和钻探相结合的方法查明异常区，布设井下五含水拦截疏放孔，以有效防范五含水威胁。板集煤矿 110801 工作面回采后，地面水文长观孔 B2-3（三含）、水 1（四含）将受到破坏，需采取有效措施防治水害威胁。新集二煤矿推覆体夹片中太灰弱富水性、奥灰中等～强富水性，总体岩溶裂隙不发育，仅 2201、2301 采区工作面接近阜风下夹片断层时需进行防治水探查、验证及评价工作。

4.7　2020～2022 年水害防治工程及装备计划

4.7.1　水文地质补勘工程

根据 2020～2022 年水害防治工程计划，两淮矿区复杂、极复杂水文地质类型煤矿在 2020～2022 年均计划进行一定的水文地质补勘工程。两淮矿区绝大部分煤矿因开采 1 煤层及 10 煤层等，而受到底板灰岩水害的影响，所以两个矿区复杂、极复杂水文地质类型煤矿以实施 1 煤层及 10 煤层采区灰岩水文地质条件补勘工程为主，旨在探明 1 煤层及 10 煤层等底板 C_3 Ⅰ、C_3 Ⅱ、C_3 Ⅲ组灰岩及奥陶系灰岩含水层富水性、连通性、岩性组合、各含水层间水力联系、隔水边界及含水层涌水量、单位涌水量、影响半径及渗透系数等相关水文地质参数，为煤层开采提供依据；同时组织实施 1 煤层及 10 煤层地面区域探查治理工程、地面注浆站建设和井下灰岩巷道施工探查工程，为煤层安全回采提供保障。2020～2022 年，两淮矿区复杂、极复杂水文地质类型矿井的水文地质补勘工程、防治水具体措施以及建议等如表 4-20 所示。

表 4-20 2020～2022 年各矿防治水工程与防治水措施

矿区	煤矿	主要防治水工程名称	实施时间	防治水措施	防治水评价建议
淮南矿区	潘二煤矿	11023、11313、11213、18413工作面开采底板灰岩水水害防治工程	2020～2022 年	未实施地面区域探查治理的区域,在工作面准备及底板巷道掘进前完成地面区域探查治理;底板巷道掘进中,采取物探、钻探循环前探掩护,对物探异常区进行钻探验证,探明巷道前方水文地质条件,并对地面区域探查治理效果进行验证。对C_3I组灰岩含水层按每米隔水层抗水压 0.06 MPa的标准进行疏水降压;对物探异常区以每百米不少于 1 个钻孔对地面区域探查治理的效果进行验证;动态监测井田区灰岩含水层疏水水量及水压动态	所采取的措施可达到安全开采条件,建议如下: ① 采掘过程中,要超前分析研究上覆煤层采空范围、积水量及与下伏煤层的采掘关系、采掘进度,超前对老峒、采空区积水进行探放; ② 结合采区 A 组煤层开采,对底板灰岩水文地质条件进行勘探,进一步查明开采位置灰岩的水文地质条件; ③ 对太灰水进行探放时,应注意观察奥灰水水位变化
		西四 A 组煤采区、东一东 A 组煤采区底板灰岩水水害区域探查治理工程			
		18115、18124、11221、18215、18114 工作面老空水探放工程	2020～2022 年	分析周边采空区空间位置关系、积水范围、积水标高,确定积水线、探水线、警戒线位置,超前编制探放水设计及措施	
		F1、F10 断层水水害防治工程	2020～2022 年	巷道通过两断层前时,采取物探和钻探前探,如断层带有出水并可能威胁施工安全时,则立即停掘,应采取注浆加固改造措施	
		11123、12123、11313、11023 工作面顶板砂岩水探查、探放工程	2020～2022 年	采取先物探、后钻探的方法,对工作面顶板砂岩裂隙含水层进行探查、探放	

续表

矿区	煤矿	主要防治水工程名称	实施时间	防治水措施	防治水评价建议
淮南矿区	谢桥煤矿	西翼 1 煤层采区灰岩水文地质条件补勘工程	2020～2022 年	进行地面区域探查治理，井下巷道掘进前采取先物探后钻探方法，超前对巷道前方及底板方向进行循环探查，对物探异常区进行钻探验证，施工过程中严格执行灰岩水疏水降压等措施	评价：措施能够有效消除水害对安全生产的影响。 建议：煤层采区开拓前应进行地面区域探查治理，井下灰岩巷道施工应进行物探和钻探，在查明采掘区域水文地质条件，并采取针对性的措施，消除灰岩水水害隐患后，方可进行采掘
		西翼 1 煤层采区地面区域探查治理工程、地面注浆站建设工程和井下灰岩巷道施工探查工程			
		煤层顶板砂岩裂隙水水害防治工程	2020～2022 年	增加排水设施，加强排放	
		2222(1)、11618、12428、21316 上顺槽老空探放工程	2020 年	查清老空区积水位置、范围、积水量，掘进前编制老空水探放设计及措施，合理布置探放水钻孔，掘进期间严格按照探放水设计及措施进行探放水	
		2222(1)、21316、12428、13518、22126、2121(3)上顺槽老空探放工程	2021 年		
		2131(3)上顺槽老空探放工程	2022 年		

续表

矿区	煤矿	主要防治水工程名称	实施时间	防治水措施	防治水评价建议
淮南矿区	张集煤矿	11129、1610A、1613A、1414A工作面顶板砂岩裂隙水水害防治工程	2020～2022年	建立以临时排水系统为主要的防水方法，辅以钻孔超前疏干；防治厚层砂岩直覆工作面顶板砂岩裂隙含水层(组)水害则以施工顶板瞬变电磁探测低阻异常区结合砂岩放水孔疏干为主	评价：所述水害治理技术方法能满足防治水工作要求。 建议：① C_3Ⅱ组薄层灰岩在正常地段是隔水层(组)，可作为防治C_3Ⅲ组和奥灰水害的相对隔水层(组)加以利用； ② 要加大灰岩水水害防治工作，设置完全满足排水要求的排水系统，坚持实行奥灰水与太灰水防治并重、区域超前探查治理与井下C3Ⅰ组灰岩疏水降压相结合的防治水技术路线； ③ 完善排水系统，以保证采掘工作面排水畅通；分析采空区水影响范围及积水深度，采取探放手段以有效探放采空区积水
		西二1煤层采区井下补勘工程	2019年5月～2021年12月	在地面区域探查治理、井下长钻孔探查治理和C_3Ⅰ灰岩含水层疏水降压基础上，辅以顶、底板综合物探、巷道超前物探、工作面槽波地震勘探及无线电波坑道透视探测等综合物探手段	
		西三1煤层采区井下补勘工程	2019年3月～2024年8月		
		北一1煤层采区井下补勘工程	2019年10月～2025年12月		
		东一1煤层采区井下补勘工程	2020年9月～2025年12月		
		西三1煤层下采区A组煤开采底板灰岩水水害治理工程	2018年5月～2020年5月		
		北一1煤层采区A组煤开采底板灰岩水水害治理工程	2019年6月～2021年6月		
		东一1煤层采区A组煤开采底板灰岩水水害治理工程	2020年1月～2024年12月		
		东一1煤层采区地面灰岩水文地质补勘工程	2022年6月～2024年5月		

续表

矿区	煤矿	主要防治水工程名称	实施时间	防治水措施	防治水评价建议
淮南矿区	潘四东煤矿	工作面顶板砂岩裂隙水水害防治工程	2020～2022 年	采掘工程受水害影响较小，以自然疏干为主	评价：所述水害治理技术方法能满足防治水工作要求。 建议：① 根据采掘计划，超前探放老空水，做到“预测预报、有疑必探、先探后掘、先治后采”，消除老空积水对采掘的危害； ② 开采－580 m 以下 A 组煤层前，需按要求对底板灰岩水进行勘查、治理
		－650 m 水平东一 A 组煤开采底板灰岩水文地质条件补充勘探及水害防治工程	2018 年 1 月～2022 年 6 月	建立采区灰岩水位(压)观测、放水系统，以采用井下放水试验、连通试验或其他技术手段为主，辅以物探超前循环探查掩护，并对低阻异常区进行钻探验证	
		－650～－530 m 胶带机斜巷与－650 m 东翼轨道大巷过 F1 断层探查工程	2019 年 10 月～2021 年 12 月		
		11411 工作面底板综合物探	2021 年		
		二水平一、二阶段 A 组煤开采地面区域探查治理工程	2020 年 4 月～2021 年 12 月		
		二水平一、二阶段 A 组煤开采底板灰岩水水害防治工程(井下)	2021 年 9 月～2025 年 10 月		
		11613 上风巷、11411 上顺槽和 1151(3)上顺槽掘进工作面及回采工作面老空水探放工程	2020～2022 年	超前对上阶段及上覆煤层老空积水情况进行分析、预报和探放	

续表

矿区	煤矿	主要防治水工程名称	实施时间	防治水措施	防治水评价建议
淮南矿区	顾北煤矿	1532(1)、13221 上、13121 底工作面老空水探放工程	2020～2022 年	圈定积水线、探水线和警戒线,详细分析周边老空区位置及积水情况,并反映在所提交的资料及图纸上。编制老空水探放设计和钻孔施工安全技术措施,经矿总工程师组织审批后实施,放净积水	评价:所述水害治理技术方法能满足矿井安全开采要求。 建议:① 未来当采掘工程接近 2＃陷落柱时,应进行验证和治理,达到采掘条件后,方可进行采掘活动; ② 矿井内有 10 个封闭不良钻孔,在掘进工作接近其时,根据相关规定应采取必要措施,以确保矿井安全生产
		13126、13326、13321、13521、14121 工作面顶板砂岩裂隙水水害防治工程	2020～2022 年	以排放水为主,采用瞬变电磁等综合物探方法对工作面顶板砂岩富水区进行物探探测,根据物探结果,对物探异常区进行钻探验证及探放水	
		北一与中央 1 煤层采区开采底板灰岩水水害地面区域探查治理工程	2019 年 3 月～2021 年 6 月	利用三维地震勘探全面排查 A 组煤隐伏构造;利用地面大深度瞬变电磁物探,进一步探查底板灰岩富水异常区;实施地面区域探查治理工程,地面施工定向近水平顺层分支钻孔群,最大限度地揭露治理区域内可能存在地导水构造,注浆拦截下部奥灰水对上部太灰含水层的补给通道,消除奥灰水对 1 煤层开采的水害威胁	
		南一 1 煤层采区地面区域探查治理工程	2018 年 7 月～2020 年 12 月		
		1 煤层采区底板灰岩水文地质条件补充勘探井下钻探工程	2019～2022 年		
		1 煤层及底板巷道超前物探探查工程	2019～2022 年		
		1 煤层工作面槽波地震勘探及无线电波坑道透视探测工程	2019～2022 年		
		1 煤层工作面顶、底板综合物探工程	2019～2022 年		
		1 煤层工作面微震监测系统工程	2019～2022 年		
		地面区域探查治理分支孔轨迹校核工程	2019～2020 年		
		1 煤层采区预隔离工程	2020～2021 年		

续表

矿区	煤矿	主要防治水工程名称	实施时间	防治水措施	防治水评价建议
淮南矿区	顾北煤矿	2#陷落柱水害防治工程	2020～2022年	地面钻探查明陷落柱的性质、空间发育范围及形态特征；根据导水断层防(隔)水煤(岩)柱经验公式，留设陷落柱影响区安全煤(岩)柱；采用地面钻孔注浆加固区域治理；“先物探后钻探”超前对巷道前方、底板及陷落柱一侧进行循环探查	
	新集二煤矿	1煤层组顶板砂岩水探放工程	2020年1月～2022年11月	以瞬变电磁物探手段对顶板砂岩富水性进行探查，圈定顶板砂岩富水区，并对物探低阻区进行钻探验证	评价：采取措施有效，效果明显，杜绝了涉险及以上水害事故。 建议：① 采掘巷道接近采空区时超前疏放并进行效果验证，超前探放、验证，严格落实查全、探清、放净、验准的要求； ② 工作面回采前，利用瞬变电磁物探手段对顶板砂岩富水性进行探查，圈定顶板砂岩富水区，并对物探低阻区进行钻探验证
		210913、210918工作面及220111风机巷、210613底板巷老空水超前疏放工程	2020年6月～2022年8月	在对受到有动态补给的老空水水害威胁的工作面进行采掘前，应超前进行探放、验证	
		2301东翼、2401采区底板灰岩水水害区域探查治理工程	2020～2022年	超前利用地面定向分支顺层钻孔对底板灰岩水进行超前探查，并进行注浆封堵、加固。巷道掘进期间采用瞬变电磁、电法、地震MSP物探方法进行超前循环探查，并施工井下钻孔对物探异常区及地面定向分支钻孔吸浆异常段进行效果验证	
		220106、220102、230106、230108、230110、240102工作面、2401采区系统巷道区域治理效果验证工程	2020年1月～2022年12月		
		推覆体断层水探查治理工程	2020～2022年	工作面掘进至留设的防(隔)水煤(岩)柱时施工钻孔对水文地质条件及煤(岩)柱尺寸进行校核，以确保其可靠性	

续表

矿区	煤矿	主要防治水工程名称	实施时间	防治水措施	防治水评价建议
淮南矿区	刘庄煤矿	13-1煤层、11-2煤层、8煤层工作面顶板砂岩裂隙水探查工程	2020～2022年	利用瞬变电磁物探手段对顶板砂岩富水性进行探查,圈定顶板砂岩富水区,并对物探低阻区进行钻探验证,每个低阻区验证钻孔不少于2个	评价:采取措施有效,效果明显,杜绝了涉险及以上水害事故。 建议:① 严格落实"一矿一策、一面一策",对各类水害采取分源分策防治措施; ② 针对砂岩裂隙水害要坚持"综合分析、超前探放、效果评价、以排为主"; ③ 当断层与强含水层沟通时,按导水断层留设防(隔)水煤(岩)柱或者进行注浆改造隔断与强含水层间的水力联系
		131101、131302、131304、151104、150802工作面老空水探放工程	2020～2022年	在采掘受采空区水害威胁的工作面前,应核准采空区积水范围、积水标高、积水量,在采掘工程平面图和充水性图上标明积水线、探水线、警戒线;制定采空区水防治方案,巷道掘进期间落实采空区水超前探放、效果验证与安全评价措施,以确保采掘安全	
		F23、F24、F19、SF19断层水水害探查治理工程	2020～2022年	根据井上、下物探、钻探成果及井巷揭露资料分析研究断层位置、产状、含(导)水性及断层两盘地层的对接关系,采取物探、钻探进一步探查断层含(导)水性,并对断层带进行注浆加固	
		F1断层组(西段)地面水文地质补勘工程			
		1201采区地面区域探查治理工程	2020～2022年	利用地面定向分支顺层钻孔对底板灰岩进行超前探查,重点探查底板灰岩富水异常区域及垂向隐伏导(含)水通道,并进行注浆封堵、加固。巷道掘进期间采用瞬变电磁、电法、地震MSP物探方法进行超前循环探查,并施工井下钻孔对物探异常区及地面定向分支钻孔吸浆异常段进行效果验证	
		灰岩地面水文地质补勘工程			
		NXL8三维地震反射波异常区探查工程	2020～2022年	自反射波异常区安全煤(岩)柱外80 m位置起,采用物探、钻探超前探查掩护巷道掘进;巷道掘进至异常区安全煤(岩)柱前,进一步探明异常区地质、水文地质特征,并采取针对性措施	

续表

矿区	煤矿	主要防治水工程名称	实施时间	防治水措施	防治水评价建议
淮南矿区	口孜东煤矿	140502、111306、140506、111309、140503 工作面顶板砂岩水探放工程	2020～2022 年	巷道掘进期间，采用物探探查并对物探异常区钻探验证；超前探放，出水钻孔保持疏放并连续观测；工作面回采前，对导水裂缝带及底板破坏波及范围内存在富水性较强的含水层(体)选择合适位置超前探放；对水压高于 1 MPa，出水量大于 60 m^3/h 的砂岩裂隙含水层需进行井下放水试验	评价：采取措施有效，矿井可安全开采。 建议：① F5 断层以西四含砂层增多，建议适当补勘对煤层浅部四含及红层富水性特征作进一步研究，同时完善该区域的水动态观测系统。 ② 应根据生产接替计划，提前对井田内三维地震反射波异常区开展探查与验证。另外，排查或排除的异常区仍应本着有疑必探的原则，适当增加探查工程量进行验证。 ③ 在可能积水的采空区附近布置采掘工程时，要提前分析、排查采空区积水情况，编制专门的探放水措施并对放水效果进行安全评估，确认采空区积水已经放尽再恢复施工。 ④ 加强各观测孔水动态观测、分析，定期或不定期对观测仪器进行校验，以确保水动态观测准确、客观。 ⑤ 加强对断层、隐伏构造及三维地震反射波异常区的探查、研究，掘进通过断层期间编制专门的探查措施并认真组织实施。必要时对防治水重点及技术难题开展专家专题会诊
		老空水探放工程	2020～2022 年	留设防(隔)水煤(岩)柱，必要时超前疏放采空区积水	
		2♯、3♯、9♯三维地震反射波异常区地面探查治理工程	2020～2022 年	分支钻孔治理层位奥灰水，通过地面定向分支钻孔一次性从根部对 3 个三维地震反射波异常区进行治理	
		西四采区浅部可控源音频大地电磁测深探查工程	2020～2022 年	对西四采区浅部松散层底界面、煤系砂岩含水层及煤层底板灰岩富水性、断层含(导)水及其与松散层底部、煤层底板灰岩水力联系、其他隐伏含(导)水通道等进行探查	
		DF31、DF23-2、F1、DF3-1 断层水文地质补勘工程	2020～2022 年	井下超前物探、钻探探查，查清后合理确定留设安全煤(岩)柱或提前疏水降压或注浆加固	

续表

矿区	煤矿	主要防治水工程名称	实施时间	防治水措施	防治水评价建议
淮南矿区	板集煤矿	9煤层顶板砂岩水探放工程	2020～2022年	采用电法物探手段对顶板砂岩富水异常区进行圈定,并在掘进期间和物探探查后施工顶板砂岩水探放钻孔	评价:采取措施有效,效果明显。 建议:① 首采工作面开采前要适时施工裂高探测工程,查明煤层开采导水裂隙带发育高度及特征,查明首采面"三带"发育规律,合理确定新生界防水煤岩柱高度; ② 在采掘工作接近F104-1等断层时,应对F104-1等断层的含(导)水性进行探查,并按相关规范和要求进行防治; ③ 在采掘生产中,尤其对小的断层裂隙不可忽视,应及时治理
		F104-1断层探查治理工程	2020～2022年	采取物探、钻探探查断层含(导)水性,并对断层带进行注浆加固,采取物探留设断层防(隔)水煤(岩)柱	
		F104-1、F104-2、F104-3断层安全煤(岩)柱校核			
		工作面内断层含(导)水性及发育情况探查工程			
		110801、110802采空区水疏放			
		次生水害(封闭不良钻孔)防治	2020～2022年	对水1、B2-3水文长观孔进行注浆封孔	
		灰岩水文地质补勘工程	2020～2022年	施工钻孔,开展相关水文地质试验	
		南翼大巷掘进期间水害治理工程	2020～2022年	施工超前探查,采用物探与钻探相结合的综合探查方式,以疏排为主	

续表

矿区	煤矿	主要防治水工程名称	实施时间	防治水措施	防治水评价建议
淮北矿区	朱庄煤矿	Ⅲ6219 工作面超前区域治理	2020～2022 年	采取地面定向钻探超前区域治理 6 煤层底板高承压强富水薄层灰岩技术和井下钻探验证的井上、下结合治理方式	评价：能满足防治水工作要求。 建议：① 以井下探查为主，地面探查为辅。将底板注浆加固与含水层改造作为今后防治水工作的主要手段。 ② 坚持老空水的超前探措施，对老空积水情况进行动态监测等。 ③ 坚持“物探超前、递进掩护；有掘必探、有疑必钻”的陷落柱水害防治应原则，严格落实“三级水害隐患筛查”防范措施，提高地质预报的时效性和准确性
		Ⅱ6110 工作面超前区域治理			
		Ⅲ5419 工作面风巷、岩巷钻场远距离集中探放Ⅲ4421工作面老空水	2020～2022 年	查明老空积水范围、空间位置、积水量和水压在采掘工程图上标出，并外推 30 m 圈出老空积水区的警戒线。掘进工作面进入警戒线后，必须超前探放水。当老空有大量积水或者有稳定补给源时，应优先选择留设防(隔)水矿(岩)柱；当老空积水量较小或者没有稳定补给源时，应当优先选择超前疏干(放)方法；对于有潜在补给源的未充水老空，应采取切断可能补给水源或者修建防水闸墙等隔离措施	
		Ⅲ5419 工作面风巷、岩巷钻场远距离集中探放Ⅲ528工作面老空水			
		Ⅲ5427 工作面掘进超前物探	2019 年 11 月～2020 年 2 月		
		Ⅱ3222 工作面老空水探放	2020～2022 年		
		Ⅲ325 工作面老空水探放			
		Ⅱ4222 工作面老空水探放			

续表

矿区	煤矿	主要防治水工程名称	实施时间	防治水措施	防治水评价建议
淮北矿区	朱仙庄煤矿	883 工作面顶板放水巷五含下掘进探查	2020～2022 年	通过施工五含帷幕截流疏干综合治理工程,有效拦截了五含水的补给,在工作面回采前通过施工物探、钻探探查验证,并与有关院校开展合作进行安全开采可行性评价工作,优化了工作面回采布局	评价:采取的防治水措施可满足煤层的安全开采要求。 建议:① 五含水要坚持“拦截五含”,留设合理、有效的防(隔)水安全煤(岩)柱。 ② 坚持顶板砂岩水的超前探查措施,及时探放水。 ③ 对于积水边界清楚的积水区,应及时调查积水范围、积水量及水压,以远距离集中探放措施消除老空水患,必须做到先探放后采掘。 ④ 充分利用已有的灰岩水观测孔,加强动态观测,同时进行分析研究,再进行区域放水试验,边查边治,查治结合。 另外,还要及时开展三维地震数据精细化解释工作
		866 工作面五含下开采探查			
		五含残余水疏降			
		Ⅱ 833、Ⅱ 836、883、8104(外)工作面顶板砂岩富水性探查		对工作面顶、底板进行物探勘探,查明顶、底板的相对富水区;坚持工作面回采前施工探放水钻孔措施。对物探确定的导水裂隙带范围内的砂岩含水层富水异常区,工作面回采前应施工探放水钻孔,进行钻探验证和超前疏放	
		Ⅱ 853、887、8106 工作面顶板砂岩富水性探查			
		Ⅱ 1055 风巷、Ⅱ 836 风巷沿上区段老空水探放	2020～2022 年	沿空巷道掘进期间施工远距离岩巷集中探放措施,有效地消除了老空水水害威胁,满足了沿空巷道的施工和工作面的安全回采要求。优化工作面设计,施工放水巷或泄水钻孔可避免形成大面积老空积水,可有效消除老空水水害威胁	
		Ⅱ 833 风巷沿上区段采老空水探放			
		Ⅱ 1057 风巷、Ⅱ 853 风巷、8106 风巷沿上区段老空水探放			
		Ⅱ 1055 工作面底板灰岩水害治理	2020～2022 年	施工物探查明底板灰岩富水异常,施工验证钻孔探查富水性较弱区域灰岩水,消除灰岩水对工作面开采的安全威胁;对于富水性较强的区域施工注浆加固或区域疏降措施,解除灰岩水水害的威胁	
		三水平泵房、水仓、Ⅲ 103 运输上山、Ⅲ 103 轨道上山底板灰岩水水害治理			
		Ⅲ 103 运输上山、Ⅲ 103 轨道上山底板灰岩水水害治理			

续表

矿区	煤矿	主要防治水工程名称	实施时间	防治水措施	防治水评价建议
淮北矿区	桃园煤矿	Ⅱ8223 工作面防治水	2020 年 8～9 月	机械排水、自然疏干	评价:所采取的防治水措施能满足防治水工作要求。 建议:① 坚持顶板砂岩水的超前探查措施,及时探放水。 ② 坚持老空水的超前探查措施,对老空积水情况进行动态监测等。 ③ 结合采用疏水降压、底板注浆加固与含水层改造、超前物探、封堵充水水源及改变采煤方法等多种方式防治灰岩水水害
		Ⅱ1012 工作面老空水探放	2020 年 12 月～2021 年 7 月	远距离岩巷超前探放、沿空无压验证	
		Ⅱ1 皮带大巷近灰岩掩护	2020 年 1～10 月	地面定向钻孔区域治理措施,变三灰含水层为隔水层,同时通过高压劈裂注浆,封堵裂隙和通道,隔绝三灰和三灰以下含水层水	
		Ⅱ1 采区地面钻孔区域治理	2020 年 1～3 月		
		Ⅱ1011 机巷、风巷、石门防治水验证	2020 年 6～12 月		
		Ⅱ1012 机巷、石门防治水验证	2020 年 1～12 月		
		Ⅱ1015 瓦斯测定巷防治水验证	2020 年 1～6 月		
		Ⅱ1044 机巷外段、石门防治水验证	2020 年 1～6 月		
		Ⅱ1044 工作面坑透	2020 年 3 月		
		Ⅱ1044 机巷外段进风联巷地质探查	2020 年 1～6 月		

续表

矿区	煤矿	主要防治水工程名称	实施时间	防治水措施	防治水评价建议
淮北矿区	桃园煤矿	Ⅱ1011 工作面效果验证	2021 年 10～12 月	地面定向钻区域治理措施,变三灰含水层为隔水层,同时通过高压劈裂注浆,封堵裂隙和通道,隔绝三灰和三灰以下含水层水	评价:所采取的防治水措施能满足防治水工作要求。 建议:① 坚持顶板砂岩水的超前探措施,及时探放水。 ② 坚持老空水的超前探放措施,对老空积水情况进行动态监测等。 ③ 结合采用疏水降压、底板注浆加固与含水层改造、超前物探、封堵充水水源及改变采煤方法等多种方式防治灰岩水水害
		Ⅱ1012 工作面效果验证	2022 年 3～6 月		
		Ⅱ1014 工作面地质探查	2022 年 2～12 月		
		Ⅱ1013 工作面地质探查	2022 年 7～12 月		
		三水平水文地质条件探查	2020 年 1～3 月		
	祁南煤矿	6127、7243、7228、6144 工作面电法勘探	2020～2022 年	机械排水、自然疏干	评价:防治措施能够满足矿井安全开采的要求。 建议:① 坚持顶板砂岩水的超前探放措施,及时探放水。 ② 坚持老空水的超前探放措施,对老空积水情况进行动态监测等。 ③ 坚持"疏放四含",留设合理、有效的防(隔)水煤(岩)柱
		312、7227、6142 工作面电法勘探			
		311、7231、6227、6146 工作面电法勘探			
		727 底板巷探放 7225 工作面老空水	2020～2022 年	远距离岩巷超前探放、透孔验证	
		西大巷探放 6126 工作面机、风巷积水(巷道积水)			
		744 下底板巷探放 6144 工作面老空水工程			
		744 上底板巷探放 7242 工作面老空水工程			

续表

矿区	煤矿	主要防治水工程名称	实施时间	防治水措施	防治水评价建议
淮北矿区	祁南煤矿	312工作面切眼四含探查与疏放	2020～2022年	远距离岩巷超前探放、透孔验证	评价：防治措施能够满足矿井安全开采的要求。 建议：① 坚持顶板砂岩水的超前探放措施，及时探放水。 ② 坚持老空水的超前探放措施，对老空积水情况进行动态监测等。 ③ 坚持“疏放四含”，留设合理、有效的防(隔)水煤(岩)柱
		6142工作面风巷四含探查与疏放			
		7231工作面风巷四含探查与疏放			
		311工作面切眼四含探查与疏放			
	恒源煤矿	480、4810、Ⅲ412工作面顶板砂岩裂隙水水害防治	2020～2022年	实施工作面顶板富水性物探探查，对物探圈定的富水异常区进行钻探探查及砂岩水疏放	评价：防治措施能够满足矿井安全开采的要求。 建议：① 坚持顶板砂岩水的超前探放措施，及时探放水。 ② 采取疏水降压、底板注浆加固与含水层改造、超前物探等多种方式综合防治灰岩水水害。 ③ 查明老空区位置、积水范围、积水量等条件，及时探放老空水； ④ 提前进行钻探探查，及时封闭钻孔
		Ⅱ618、Ⅱ6120、Ⅱ635、Ⅱ636工作面、二水平南翼煤柱底板灰岩水水害防治	2020～2022年	实施井上、下底板灰岩含水层注浆改造，并进行物探、钻探验证	
		480、Ⅱ618工作面老空水探放	2020～2022年	对老空内积水进行超前钻探探查，实施无压放水	
		Ⅱ618工作面次生水害(封闭不良钻孔)防治	2020～2022年	加强预测、预报及超前探查	

续表

矿区	煤矿	主要防治水工程名称	实施时间	防治水措施	防治水评价建议
淮北矿区	祁东煤矿	961与8237工作面机巷、风巷、切眼物探、钻探超前循环探查	2020～2022年	砂岩裂隙水防治采用机械排水、自然疏干法；圈定老空水区域、范围、位置，结合“查全、探清、放净、验准”四步工作法，防治老空水；受顶板四含水威胁的近限工作面采取大阻力综采支架、顶板超前预裂爆破、采动矿压与水位在线监测预测预警、自流排水等关键技术措施；隐伏导水构造水防治采用物探、钻探方法进行超前循环探查，互相验证，以查清前方水文地质条件	评价：所采取的水害治理技术能够满足防治水工作要求，可保证矿井安全生产。 建议：加强对导水裂缝带发育高度的探查、研究及超前探查工作，对局部富含砂岩裂隙水地段，在掘进中和工作面回采前进行疏干，及时探放老空水
		921工作面风巷、切眼物探、钻探超前循环探查			
		Ⅱ三采区下部绕道、内仓、外仓、7134工作面风巷、8233工作面风巷及切眼、8238工作面风巷、Ⅱ7131机巷及切眼、Ⅱ三采区东翼1#瓦斯抽采巷、(8～9煤层)四采区轨道、回风、运输上山、Ⅱ三采区东翼1#瓦斯抽采巷等物探、钻探超前循环探查			
		921工作面顶板预裂爆破钻孔			
		Ⅱ三采区71煤层底板运输上山物探超前探查			
		Ⅱ三采区进风斜井6#钻场超前探查Ⅱ三采区其他巷道			

续表

矿区	煤矿	主要防治水工程名称	实施时间	防治水措施	防治水评价建议
淮北矿区	祁东煤矿	Ⅱ三采区71煤层底板回风上山、轨道上山、运输上山物探超前探查	2020～2022年	砂岩裂隙水防治采用机械排水、自然疏干法;圈定老空水区域、范围、位置,结合“查全、探清、放净、验准”四步工作法,防治老空水;受顶板四含水威胁的近限工作面采取大阻力综采支架、顶板超前预裂爆破、采动矿压与水位在线监测预测预警、自流排水等关键技术措施;隐伏导水构造水防治,采用物探、钻探方法进行超前循环探查,互相验证,以查清前方水文地质条件	评价:所采取的水害治理技术能够满足防治水工作要求,可保证矿井安全生产。 建议:加强导水裂缝带发育高度的探查、研究及超前探查工作,对局部富含砂岩裂隙水地段,在掘进中和工作面回采前进行疏放,及时探放老空水
		921、961、8237、7134、8235、8238、Ⅱ7131工作面富水性探查、坑透探查及物探异常区钻探探查			
		Ⅱ三采区东翼1#瓦斯抽采巷探查6137工作面老空水			
	任楼煤矿	7355工作面“四含”水害防治	2020～2022年	老空水采用限压放水,超前30 m集中探放等措施防治;四含水水害防治通过留设防治水煤(岩)柱;灰岩水水害采用群防群治策略,对出现淋、渗水的区域立即取样化验,判别水源后再进尺;工作面回采前进行综合物探及钻探探查验证,编制安全回采评价后再进行回采;砂岩水水害防治采用物探探查、钻探超前探放等措施	评价:能够满足矿井安全开采的要求。 建议:① 加强对岩溶陷落柱的存在、位置、范围及其水文地质条件方面的探查和研究工作。 ② 加强对区域断层、隐伏构造及三维地震反射波异常区的探查研究;合理留设安全煤(岩)柱;加强对井田内封闭不良钻孔的排查;及时探放老空水
		7355、8258N、Ⅱ8224S等工作面老空水探放			
		中六采区灰岩放水试验			
		中六采区地面高精度三维地震勘探			
		中六运输大巷、轨道大巷岩巷新区、7264风机巷、72513机巷、7263风巷新区掘进将物探、钻探循环超前探查工程			

续表

矿区	煤矿	主要防治水工程名称	实施时间	防治水措施	防治水评价建议
淮北矿区	界沟煤矿	8210工作面、8210上工作面四含水探查和疏放	2020～2022年	掘进时物探先行、循环探查,回采前对四含水进行探查、疏放,物探和钻探	评价:能够满足矿井安全开采的要求。 建议:① 进一步查明矿井主要含水层及断层的水文地质特征。 ② 在注浆加固底板的同时进行疏水降压,对界沟断层带进行帷幕注浆,阻断其对太灰的补给,使太灰疏水降压获得较好的效果,以实现安全开采
		1025工作面底板灰岩水区域治理效果验证	2020～2022年	掘进时采取超前物探、异常区钻探验证、循环探查,回采前施工验证孔、编制效果评价报告	
		8211工作面、1024风巷、1025风巷、1026风巷和8212工作面等探放老空水	2020～2022年	超前集中疏放和"限压"放水	

4.7.2　顶板水、底板水、老空水及次生水害等治理工程

4.7.2.1　底板灰岩水

1. 淮南矿区

(1) 潘二煤矿

2020～2022年，主要针对矿井A组煤开采及准备工作，实施地面区域探查治理工程，同时开展奥灰水试疏工程及工作面底板灰岩水害防治治理工程，主要有11023、11313、11213及18413工作面开采底板灰岩水害防治工程，西四、东一东A组煤采区底板灰岩水害区域探查治理工程，针对奥灰水害，采用疏、堵结合的措施，即同时实施奥灰水试疏工程和地面区域探查、治理工程。

(2) 张集煤矿

重点防治水工程主要有西三1煤层下采区、北一1煤层采区地面探查、治理工程，井下灰岩勘探及疏放水工程，其他灰岩水害防治辅助工程等，并且将在A组煤工作面回采前，实施完成综合物探工程和物探异常区钻探验证工作，同时安装微震监测系统，以及时发布微震预警信息，确保工作面安全达标开采。

(3) 潘四东煤矿

A组煤工作面开采底板灰岩水的治理坚持奥灰水与太灰水防治并重、区域超前探查治理的原则。东一－490 m和－580 m A组煤采区灰岩水采用“疏水降压、限压开采”的方法；东一－650 m A组煤采区采取井下定向长钻孔探查与注浆加固的技术方法，同时疏放太灰C_3Ⅰ组灰岩水，对底板灰岩水害进行治理。

(4) 顾北煤矿

将针对1煤采区开展北一、中央、南一1煤层采区开采底板灰岩水害地面区域探查治理工程、底板灰岩水文地质条件补充勘探井下钻探工程、1煤层及底板巷道超前物探探查工程、工作面槽波地震勘探及无线电波坑道透视探测、工作面顶/底板综合物探、工作面微震监测系统、地面区域探查治理分支孔轨迹校核及1煤层采区预隔离。

(5) 新集二煤矿

2020～2022年220106、220102、230106、230108、230110及2401采区系统巷道等采掘期间受底板灰岩水害威胁，将超前利用地面定向分支顺层钻孔对底板灰岩进行超前探查，重点探查底板灰岩富水异常区域及垂向隐伏导(含)水通道，并进行注浆封堵、加固。巷道掘进期间采用瞬变电磁、电法、地震MSP物探方法进行超前循环探查，并施工井下钻孔对物探异常区及地面定向分支钻孔吸浆异常段进行效果验证，并在2020～2022年完成2201、2301及2401采区地面区域治理工程。

(6) 刘庄煤矿

将采用瞬变电磁超前探查中央胶带机巷、矸石胶带机巷、回风二石门、矸石胶带机巷与回风二石门尾部联巷灰岩水害,并进行1煤层底板灰岩地面区域探查治理工程。

2. 淮北矿区

(1) 界沟煤矿

2020~2022年,10煤层接替面均在东一(10)下采区,地面已进行区域灰岩水治理,井下施工验证孔,验证防治水效果。

(2) 朱庄煤矿

2020~2022年,主要有Ⅱ6110与Ⅲ6219工作面地面定向钻超前区域治理工程,分别设计4个与2个孔组,钻探工程量分别为9 600 m及4 160 m。

(3) 朱仙庄煤矿

Ⅱ1055工作面回采受底板灰岩水影响,计划施工底板电法1次,钻探工程量1 600 m/10孔;三水平泵房、水仓、Ⅲ103运输上山、Ⅲ103轨道上山施工亦受底板灰岩水威胁,计划分别施工物探5次、4次、9次,钻探工程量1 600 m/20孔、1 280 m/16孔、2 880 m/36孔;Ⅲ103运输上山、Ⅲ103轨道上山施工受底板灰岩水威胁,计划分别施工物探10次、12次,钻探工程量3 600 m/40孔、4 320 m/48孔。

(4) 桃园煤矿

主要有Ⅱ1皮带大巷近底板灰岩掘进,计划施工物探23次,计划钻探工程量7 000 m/70孔;Ⅱ1011机巷、风巷、石门近底板灰岩掘进,计划施工物探17次,计划钻探工程量800 m/8孔;Ⅱ1012机巷、石门近底板灰岩掘进,计划施工物探20次,计划钻探工程量1 000 m/10孔;Ⅱ1015瓦斯测定巷近底板灰岩掘进,计划施工物探7次,计划钻探工程量300 m/3孔;Ⅱ1044机巷外段、石门近底板灰岩掘进,计划施工物探7次,计划钻探工程量300 m/3孔;Ⅱ1011工作面受底板灰岩水威胁,计划施工物探2次,钻探工程量1 500 m/15孔;Ⅱ1012工作面受底板灰岩水威胁,计划施工音频电透视、坑透各一次,计划验证钻孔工程量3 000 m/30孔。

(5) 恒源煤矿

存在底板灰岩水害的工作面为Ⅱ618、Ⅱ6120、二水平南翼煤柱、Ⅱ635、Ⅱ636等,其中Ⅱ618、Ⅱ6120、二水平南翼煤柱工作面拟采用井下底板注浆改造太灰含水层的方式进行水害治理工程,预计钻探工程量26 000 m/260孔,底板注浆改造工程结束后,实施底板网络并行电法物探验证治理效果;Ⅱ635、Ⅱ636、Ⅱ637、Ⅱ638工作面,拟继续实施地面顺层孔区域治理工程,预计6~7个主孔、65个分支孔,钻探工程量85 000 m。

4.7.2.2 顶板水害

1. 淮南矿区

区内主要可采煤层顶板砂岩裂隙含水层以静储量为主,对煤层开采威胁不大。

但在局部地段，可能存在相对富水区，加之工作面顺槽跟随煤层顶板施工，巷道有低洼处，若顶板砂岩出水，可能造成顺槽低洼处积水，会影响顺槽的生产安全，但不会威胁矿井的生产安全。煤系砂岩水害防治工作难度较小，较容易进行，一般通过增加排水设施即可。对于厚层砂岩直覆工作面顶板砂岩裂隙含水层(组)水害防治，则以施工顶板瞬变电磁探测低阻异常区结合砂岩放水孔疏干为主。

2. 淮北矿区

本区煤系砂岩裂隙水一般以静储量为主，对煤层开采威胁不大。对于存在顶板砂岩裂隙水水害威胁的采区，采用瞬变电磁法物探查清顶板岩层富水性，再实施钻探探放水工程即可。

(1) 界沟煤矿

缩小防(隔)水煤(岩)柱开采工作面，四含水探查和疏放工程，如8210工作面和8210上工作面。

(2) 朱仙庄煤矿

2020年顶板水害防治工程如下：883顶板放水巷五含下掘进采取物探＋钻探探查措施掩护掘进，物探3次，钻探1 080 m/12孔；866工作面五含下开采，施工五含探查验证钻孔，工作面贯通后需施工顶板电法，查明富水异常情况；物探1次，五含探查验证钻孔8 800 m/42孔；为继续疏降五含残余水，在五含边界放水巷施工五含常规及定向拦截钻孔，钻探工程量为26 136 m/101孔。

2021年顶板水害防治工程如下：Ⅱ833工作面、Ⅱ836工作面、883工作面、8104(外)工作面回采前为查明顶板砂岩水富水情况，分别计划施工1次顶板物探，计划验证钻孔工程量分别为240 m/3孔、480 m/6孔、7 200 m/60孔、2 000 m/20孔。883顶板放水巷五含下掘进，为确保施工安全，计划物探6次，钻探2 160 m/24孔。为继续疏降五含帷幕墙附近残余水，计划施工定向拦截钻孔，钻探工程量10 590 m/16孔。

2022年顶板水害防治工程如下：Ⅱ853工作面、887工作面、8106工作面回采前为查明顶板砂岩水富水情况，分别计划施工1次顶板物探，计划验证钻孔工程量分别为：480 m/6孔、7 200 m/60孔、7 200 m/60孔。

(3) 桃园煤矿

Ⅱ8223工作面受顶板砂岩水威胁，需施工砂岩水探查疏放钻孔，工作面贯通后需施工顶板电法，查明富水异常情况。计划物探1次，探查疏放钻孔1 500 m/30孔。

(4) 祁南煤矿

探查与疏放31、82、83和84采区四含水。

(5) 任楼煤矿

主要任务为防治四含水。由于井田第四含水层直接覆盖于煤层露头之上，四含水对于矿浅部工作面的安全开采有很大的威胁。未来近上限7355工作面受四含水威胁，采取留设防(隔)水煤(岩)柱、严格控制上限标高等防治水措施。

4.7.2.3 老空水水害

老空水在各矿井皆存在,虽然采空区、老硐、老巷的积水量有限,但若存在积水,则在井巷工程揭露时,因其出水具有历时短、速度快的特点,对现场作业人员的安全有较大威胁。对老空水水害的防治应坚持“预测预报,探放措施,效果评价,安全防范”四位一体的措施,超前对上阶段及上覆煤层老空积水情况进行分析、预报和探放。

4.7.2.4 其他水害等

其他水害有钻孔水、推覆体断层水等水害。

矿井勘查阶段及后期补勘所施工的钻孔,沟通了上、下含水层,成为人为的导水通道。钻孔施工完毕后,会进行封孔处理,但部分钻孔可能封闭质量不佳。井巷工程揭露钻孔时,钻孔可能成为导水通道。两淮矿区大部分矿井在规划期内,无封闭不良钻孔,没有钻孔水害问题,不需要采取针对性的防治水工程。

其中刘庄煤矿将对东一 8(5)煤层轨道石门的 F19 断层,1108(5)采区胶带大巷的 FS19 断层,150803、150801 工作面的 F23、F24 断层导水情况进行探查。

板集煤矿将对 F104-1 断层进行探查治理,对 F104-3 断层安全煤柱、F104-1 断层防(隔)水煤(岩)柱进行校核。

恒源煤矿存在次生水害的为Ⅱ618 工作面,主要是面内留有封闭不良的 U51 钻孔,计划提前进行钻探探查,预计工程量 120 m/3 孔。

另外,上述部分工作面存在新区掘进问题,计划开展“双探”循环探查工程,预计物探工程量 40 次/年、钻探工程量 8 000 m/年。

任楼煤矿在新区进行采掘活动时,采用物探和钻探两种探放水手段,查清掘进工作面周围的水害隐患。巷道出现淋、渗水时,及时取样化验,判定水源,保证掘进巷道的施工安全。中六运输大巷、轨道大巷岩巷新区、7264 风机巷、72513 机巷、7263 风巷新区掘进将施工物探、钻探循环超前探查工程。

新集二煤矿计划进行推覆体断层水探查治理工程,2020～2022 年仅 2201、2301 采区工作面采掘接近阜凤下夹片断层,工作面采掘接近时需超前施工钻孔对留设的防(隔)水煤(岩)柱尺寸进行校核。

管控措施为在 220106、220102、230106、230108 工作面掘进至留设的防(隔)水煤(岩)柱时施工钻孔对水文地质条件及煤(岩)柱尺寸进行校核,以确保其可靠,钻探实施计划见表 4-21。

表 4-21　钻探实施计划表

钻孔性质	施工地点	施工目的	工程量		施工时间
			组/个	总长度(m)	
验证防(隔)水煤(岩)柱钻孔	220106 工作面	验证防(隔)水煤(岩)柱尺寸	1/3	300	2020 年 1～10 月
	220102 工作面	验证防(隔)水煤(岩)柱尺寸	2/6	600	2021 年 1～12 月
	230106 工作面	验证防(隔)水煤(岩)柱尺寸	1/3	300	2022 年 8 月～2023 年 10 月
	230108 工作面	验证防(隔)水煤(岩)柱尺寸	1/3	300	2021 年 9～12 月
小计			5/15	1 500	

4.7.3　物探、钻探装备计划

1. 淮南矿区

(1) 潘二煤矿

2020 年购置一套井下定向钻机。

(2) 张集煤矿

2020～2022 年的物探装备由勘探处物探队统筹安排；为应对 2020～2022 年张集煤矿 A 组煤采掘面全面打开，超前钻探掩护 A 组煤层巷道、底板灰岩巷道及 A 组煤工作面底板 C_3 Ⅰ 灰岩含水层异常地质体探查、疏水降压需要，计划购置 4 台大扭矩定向长钻机。

(3) 新集二煤矿

为保证矿井物探工程顺利实施，新集二煤矿自备部分物探装备，并计划于 2021 年购置一台并行电法探测仪。地勘公司于 2020 年购置 6 台履带式钻机。另外，地勘公司拟再购置 1 台长距离定向钻机，以便满足矿井正常采掘需要。

(4) 刘庄煤矿

2020～2022 年计划采购槽波地震仪、瞬变电磁仪各一套。

(5) 口孜东煤矿

计划在 2021 年购置一台无线电波透视仪。

2. 淮北矿区

(1) 朱庄煤矿

根据防治水需要，需新增 ZDY3200S 液压钻机 4 台。

（2）恒源煤矿

由于2020～2023年井下钻探工程量巨大，计划采购ZDY6000LD(B)型定向钻机1台、ZDY3500L型液压钻机2台；同时，计划采购YZG9.6型矿井随钻测斜轨迹仪2台。

（3）祁东煤矿

结合近年来采掘接替及钻探工程需要，钻探装备投入如表4-22所示。

表4-22　2020～2022年祁东煤矿钻探装备投入

工程或设备名称	工程简要内容或设备规格型号	单位	2020年		2021年计划		2022年计划		备注
			数量	金额（万元）	数量	金额（万元）	数量	金额（万元）	
全液压履带式坑道钻机	ZDY6000LP(A)型	台	1	80.00	0	0	1	80.00	
全液压履带式坑道钻机	ZDY6000LD(C)型	台	1	660.00	0	0	1	80.00	小型定向钻机
全液压履带式定向钻机	ZDY4000LD(C)型	台	1	550.00	1	550	1	550.00	小型定向钻机
全液压履带式坑道钻机	ZDY4000L型	台	2	90.00	1	45	2	90.00	大功率钻机
矿用高压注浆泵	2ZBQ10/16型	台	2	6.00	1	3.00	2	6.00	探放水注浆设备
	2TGZ-60/210	台			1	5.00	1	5.00	探放水注浆设备
	ZBQ-32/3	台	4	12.00	4	12.00	4	12.00	囊袋封孔专用设备
防喷反压装置	KZ41-64C	个	0	0.00	1	1	1	1.00	探放水用
测井分析仪	YCJ90/360-A	台	1	45.00	0	0	1	45.00	窥孔分析
矿用随钻轨迹测量仪	YSZ100	台	1	20.00			1	20.00	随钻测斜

（4）任楼煤矿

计划引进ZDY6000LD、ZDY4000LD千米定向钻机，ZDY4000L、ZDY4300LK全液压坑道钻机，ZDY6500LQ履带式全断面钻机，ZDY4000LD(C)定向钻机，YZG9.6矿用随钻测震轨迹仪等装备。

其余各矿暂无装备计划或采取外委方式，委托资质单位配备物探装备，煤矿本身不作计划安排。

4.7.4　水害风险预警与防控系统建设计划

两淮矿区绝大部分煤矿建立了一整套的水害风险预警与防控系统。

1. 淮南矿区

（1）地面水文观测预警系统

淮南矿区各复杂、极复杂水文地质类型煤矿已建立地面水文观测系统，系统运行可靠。2020～2022年主要是根据矿井采掘生产活动逐步向深部延伸及向两翼扩展，井下作业环境日益复杂，矿井水害威胁程度逐渐加大的生产实际，不断更新、升级与完善各系统的硬件设施及软件功能，以满足矿井安全生产监测预警需要。

（2）井下涌水量、水压等在线监测预警系统

潘二煤矿与潘四东煤矿安装的KJ402型矿井水文监测系统，同时实现了井下涌水量、水压等在线监测预警功能。2020～2022年，两矿根据矿井生产的需要，将逐年增补设备，皆计划每年增补地面水文长观孔监测设备3套，井下压力、温度监测设备分别设置5套与10套(11613工作面)。谢桥煤矿、张集煤矿、顾北煤矿及潘四东煤矿将对现有系统进行改造、升级与维护。新集二煤矿2020～2022年根据矿井生产接替计划在相应位置安设监测分站。刘庄煤矿2020年新增2套井下涌水量在线监测传感器。口孜东煤矿计划在1113采区和1108(5)采区再增加2台超声波管道流量计，实现分区监测。板集煤矿已建成水仓及井筒涌水量水动态观测系统，2020～2022年内计划在东一采区安设矿井涌水量自动监测分站一处。

（3）排水系统监测预警

淮南矿区大部分矿井的主排水系统已安装有高低水位预警装置，可以监测水仓水位变化情况，实现自动排水。且在主电机装设有电机温度报警装置，可以实时监测电机运转情况是否正常。而板集煤矿目前正在基建，永久排水系统刚投入运行，潜水泵系统正按计划建立，暂未实现对排水系统的监测预警。

（4）底板微震监测系统

潘二煤矿在2020年初完成微震监测系统平台的建立，2020～2022年，根据矿井接替计划，逐步建立11023、11313、11213、18413工作面的底板微震监测。张集煤矿将规划建设微震监测预警系统，规划设计内容包括：微震监测监控数据云服务中心及相关软件、3个采区6个工作面的网络通信基础设备设施、各工作面监测设

备设施建设等。潘四东煤矿将根据矿井接替计划,按照批复要求逐步完成微震监测系统平台的建立。顾北煤矿计划建设A组煤回采工作面底板微震监测系统。

新集二煤矿微震监测预警系统正在进行招标工作,于2020年完成对2201采区及2301采区的部分区域实现监测预警,建立突水监测预警系统,探测水体及导水通道,评估注浆等工程治理效果,监测导水通道受采动影响变化情况。

刘庄煤矿、口孜东煤矿及板集煤矿等煤矿近期不受底板灰岩水威胁,暂不考虑安装微震监测预警系统。

2. 淮北矿区

(1) 地面水文观测预警系统

淮北矿区煤矿皆已建立地面水文观测预警系统,后期需加强维护与更新。其中恒源煤矿计划对现有的KJ402水文观测预警系统进行升级改造,实现手机实时在线监测功能,并和在用的地测信息平台整合,实现信息一体化管理。祁东煤矿未来3年根据采掘接替及现有长观孔运维状况,逐步更换部分长观孔,并确保主要含水层长观孔不少于3个。

(2) 井下涌水量、水压等在线监测预警系统

各煤矿监测系统均已建立,未来主要是系统软件升级、传感器更换等或无此类计划。朱庄煤矿计划新增井下水文观测孔分站4套,井下涌水量观测分站2套。

(3) 排水系统监测预警

大部分矿井主排水泵房已实现地面远程监控,在线监测水泵运转情况,未来以更新升级为主。朱庄煤矿计划新增老空区封闭墙的监测分站5套。恒源煤矿计划建立矿井主排水预警监控系统,系统可根据水仓水位高低自动控制水泵启停和水泵"轮换工作",同时监测水泵的工作状态,系统具有各种故障保护功能,完成矿井主排水无人值守全自动和对排水机组关键设备离心泵的故障诊断工作,实现矿井主排水系统的自动化及智能化。

(4) 底板微震监测系统

界沟煤矿、祁南煤矿尚未安装。桃园煤矿、任楼煤矿、祁东煤矿、朱庄煤矿及朱仙庄煤矿等暂无计划。恒源煤矿计划建立Ⅱ634、Ⅱ635、Ⅱ636工作面底板微震监测系统,通过监测微震事件,对潜在的导水通道进行预警监测。

4.7.5 存在的问题与建议

灰岩水水害的防治是两淮矿区煤矿水害治理工作的重点和难点,需进行的防治水工程量大,技术要求高、管理难度大,目前部分矿井配备的防治水专业技术力量及设备不足,为下一步做好灰岩水害防治工作,保证煤矿的安全开采,建议充实防治水专业技术力量,加大防治水科研投入及防治水专业技术人员业务培训,针对底板灰岩水害,采取以地面区域治理为主,井下探查疏放为辅,将底板注浆加固与

含水层改造作为今后防治水工作的主要手段等。

部分煤矿存在的个性问题及防控措施如下：

1. 新集二煤矿

① 矿井1煤层开采底板灰岩水防治地面区域治理工程施工周期长，前期投入大，需加强地面区域治理施工现场管理，确保工程质量和进度，合理制定采掘接替计划。

② 矿井计划建立微震监测预警系统，需加快项目招标和实施进度。

③ 矿井目前生产采区为多煤层联合开采，不具备分区隔离开采条件。对受灰岩水害威胁的1煤层组开采区域，拟在2401采区开拓接替区构建防水闸门，实现分区隔离开采。

2. 刘庄煤矿

根据矿井生产接替中长期规划，2025年矿井将开采1煤层，存在底板灰岩水突水风险。建议矿井在前期水文地质补勘成果的基础上，开展1煤层底板灰岩水区域超前探查治理可行性论证，制定区域超前探查治理方案并组织实施，超前消除1煤层开采时底板灰岩水威胁。

3. 口孜东煤矿

矿井地面补勘工程受地矿关系影响进展缓慢，中煤集团年度重点管控项目“口孜东矿地面补勘工程”无法按期完成，地质资料不清严重影响了采掘设计。

将加强地矿关系协调，保障地面补勘工程正常施工。同时，加强地面补勘工程施工期间质量监管和工期考核，保障施工进度和施工质量。必要时，请政府及监管部门给予协调解决。

4. 板集煤矿

矿井地面工程施工受地矿关系协调影响较大，部分补勘工程进点难度大，影响了工程进度。将加大协调力度，必要时请政府及监管部门给予协调解决。

5. 祁东煤矿

六采区煤层顶板纵向裂隙发育，以往六采区6煤层6163首采工作面四含防(隔)水煤(岩)柱141 m，回采过程中最大涌水量150 m^3/h，有四含水成分。六采区松散层四含水害是防治水的重点，9煤层首采961工作面回采前需进一步开展水文地质研究，制定针对性的安全开采对策。

6. 任楼煤矿

① 新区超前探查钻探工程量大，现有钻探设备、探查方法制约了巷道的快速掘进，钻探设备、探查方法有待进一步升级优化。

② 中六采区地质条件较复杂，为进一步查清条件，将对中六采区进行灰岩放水实验及水文地质条件评价。

第5章 水害防治工作评价

5.1 水文地质条件探查评价

5.1.1 近年水文地质勘探工作总结

两淮矿区复杂、极复杂水文地质类型煤矿，针对各种水害问题皆进行了大量的三维地震勘探、抽放水试验以及井上、下物探探查等水文地质补勘工作。淮北矿区内各矿井生产建设期间的补充勘探，多为三维地震补勘结合精细解释全区覆盖。通过已开展的地面勘探、主要防治水工作和矿井生产建设过程中开展的井上、下地质及水文地质补勘，查明了井田范围内的含(隔)水层赋存特征和新生界松散层、煤系砂岩的水文地质条件，为确定水体下采动等级和合理留设防(隔)水安全煤(岩)柱提供了依据。同时查明了各主采煤层开采条件下的充水因素和特征，查明程度多为查明及较高，详见表5-1。

表5-1 淮北矿区水文地质勘查程度

矿区	煤矿	水文地质补勘方法	查明内容	查明程度
淮北矿区	朱庄煤矿	水文地质补勘、三维地震、地面定向钻及井下钻探	砂岩裂隙含水层是矿井充水的直接充水含水层，灰岩岩溶裂隙含水层，富水性弱～强	查明
	朱仙庄煤矿	三维地震、地质及水文地质补充勘探	四含水充水强度中等；五含水充水强度极强；煤系顶、底板砂岩裂隙水充水强度弱～中等；太灰水充水强度弱～中等；断层水充水强度弱～中等；老空水充水强度弱～中等	较高

续表

矿区	煤矿	水文地质补勘方法	查明内容	查明程度
淮北矿区	桃园煤矿	三维地震全覆盖、精细解释全覆盖，采掘区域均已开展放水试验	查清了太灰、奥灰间水力联系，太灰水补给边界、强度；排除了3个三维地震发现的疑似陷落柱，均位于三水平区域；消除了底板灰岩突水威胁；查清了矿井和周边矿井老空积水情况；主采煤层顶、底板砂岩含水有限，砂岩水主要以淋渗方式进入巷道，对采掘影响小	高
	祁南煤矿	查清水文地质条件、留设防砂（水）煤（岩）柱以及探查验证疏放等手段	四含大部分地区不发育，水平径流及区域补给微弱，一般富水性弱，仅在矿井西北部砾岩区较发育	高
	恒源煤矿	瞬变电磁和三维地震勘探、抽放水试验和长观孔连续水位监测	砂岩裂隙水（七含、八含）是直接充水水源，富水性弱，补给量不足。太原组灰岩水、奥陶系灰岩水以及采空区老空水为间接充水水源，水压高，富水性、补给性强	查明
	祁东煤矿	各阶段勘查和水文地质补充勘探以及后续的防治水工作	新生界松散层第四含水层，富水性弱～中等，是浅部煤层开采时矿井充水的主要补给水源；太原组石灰岩岩溶裂隙含水层，富水性弱～中等；奥陶系石灰岩岩溶裂隙含水层富水性弱，对矿坑无直接充水影响；断层富水性弱，导水性差；查清了老空区积水位置、范围及水量	查明
	任楼煤矿	地面三维地震及地面电法、瞬变电磁勘探、建井前及建井生产期间的勘探、补勘	四含富水性弱、渗透性差；煤层顶、底板砂岩裂隙水是各开采煤层的直接充水水源；太原组、奥陶系灰岩含水层富水性弱～强	查明
	界沟煤矿	矿井生产揭露资料	矿井主要充水水源为四含水、太灰水和煤层顶、底板砂岩水。四含水富水性弱，主要威胁上提工作面；太灰层富水性不均一，主要威胁10煤层工作面；顶、底板砂岩层富水性弱，以静储量为主，主要表现为滴、淋水，不威胁安全	较高

淮南矿区主要通过三维地震勘探、主要防治水工作和矿井生产建设期间开展的地质及水文地质补勘工作，查明了井田范围内的含(隔)水层赋存特征和新生界松散层、煤系砂岩含水层的水文地质条件，为确定水体下采动等级和合理留设防(隔)水安全煤(岩)柱提供了依据，同时查明了各主采煤层开采条件下的充水因素和特征，详见表5-2。

表5-2 淮南矿区水文地质勘查结果

矿区	煤矿	水文地质勘查	查明内容	查明程度
淮南矿区	潘二煤矿	资源勘探以来的资料、水文地质补勘	查清了与煤矿开采相关含(隔)水层岩性及其组合特征、厚度及其变化、含水层富水性、隔水层隔水性能以及各含水层间的水力联系关系，查清了地下水补径排特征以及含水层水位、水质、水温特征等，井田区水文地质条件清楚	高
	谢桥煤矿	水文地质勘探	查清了太原组下段灰岩和奥陶系灰岩含水层(组)的补给，补给充沛，其充水强度较强；查清了老空区积水位置、范围、积水量；4煤层底板以下砂岩层位具有充水性	查明
	张集煤矿	水文地质工作基础上开展三维地震勘探与综合探查，补充勘探，钻孔探放水	查清了区内新生界水文地质条件；查清了煤系地层的岩性、厚度、分布规律及其水文地质条件；大、中型断层得到较好控制，查明了含(导)水性；查清了北区灰岩水文地质条件；综合探测确定采区的小型陷落柱，并查清对上覆地层无充水影响；查清了区内各主要含水层(组)间的水力联系关系	查明
	潘四东煤矿	水文地质补勘三维地震勘探及电法勘探，井上、下水文地质工作地面	煤系砂岩含水层(组)分布于煤层之间，裂隙发育不均匀、连通性差、储存量小；太灰水是矿井的重要充水水源；采空区积水以静储量为主	查明
	顾北煤矿	在地质普查、精查基础上，综合物探、钻探以及三维地震补充勘探	查清了新生界松散层孔隙含水层(组)、二叠系砂岩裂隙含水层(组)、石炭系太原群灰岩裂隙岩溶含水层(组)、奥陶系灰岩裂隙岩溶含水层(组)等的组成；查清了各含水层(组)的含(导)水性、补径排条件和水力联系	查明

续表

矿区	煤矿	水文地质勘查	查明内容	查明程度
淮南矿区	新集二煤矿	水文地质补勘和井上、下水文地质工作	断层无水，导水性差；砂岩裂隙含水层的主要工作面；老空水、钻孔水；查清了富水异常区及垂向导水构造	高
	刘庄煤矿	在资源勘探钻孔的基础上，开展地面三维地震补充勘探、水文地质补充勘探	查清了含(隔)水层的分布及富水性、补径排特征，煤层浅部松散层底部地层的水文地质特征、控制的底界面形态	高
	口孜东煤矿	详查、勘探及生产补勘，三维地震勘探和精细解释全覆盖	松散层底普遍发育红层，富水性弱，与三隔共同组成复合隔水层；查清了断层位置、落差及断层含(导)水性；太灰及奥灰为弱富水	高
	板集煤矿	地面勘探，井上、下水文地质工作，三维地震勘探数据精细解释	查清了井田范围内的含(隔)水层赋存特征和新生界松散层、煤系砂岩的水文地质条件，各主采煤层(不含1煤层)开采条件下的充水因素和特征	查明

5.1.2　2020～2022年水文地质补勘工作

根据2020～2022年水害防治工程计划，两淮矿区复杂、极复杂水文地质类型煤矿在2020～2022年均计划进行一定的水文地质补勘工程。两淮矿区绝大部分煤矿因开采1煤层及10煤层等，而受到底板灰岩水害的影响，因此两个矿区复杂、极复杂水文地质类型煤矿仍以实施1煤层及10煤层采区灰岩水文地质条件补勘工程为主。旨在探明1煤层及10煤层等底板C_3Ⅰ、C_3Ⅱ、C_3Ⅲ组灰岩及奥陶系灰岩含水层富水性、连通性、岩性组合、各含水层间水力联系、隔水边界及含水层涌水量、单位涌水量、影响半径及渗透系数等相关水文地质参数，为煤层开采提供依据。2020～2022年，两淮矿区复杂、极复杂水文地质类型煤矿计划实施水文地质补勘工作如表4-20所示。

根据两淮矿区各矿井2020～2022年的水文地质补勘工作计划内容，各矿井对各种水害类型均计划实施对应的补勘方式，部分矿井仍沿用以往的补勘方式对灰岩及奥陶系灰岩含水层富水性、连通性、岩性组合、各含水层间水力联系、隔水边界及含水层涌水量、单位涌水量、影响半径及渗透系数等进行探查，探查手段仍以地面区域探查、三维地震勘探为主，局部辅以瞬变电磁、电法、地震、可控源音频大地电磁测深等物探、抽放水试验、超前钻探等手段。在以往对各类水害探查的基础上,保留了地面区域探查、三维地震勘探、抽放水试验等主要手段,辅以局部物探。在开采施工过程中针对不同的水害类型采取针对性手段,能有效探查具有威胁的含水层富水性,老空水水量、范围,导水构造、含(导)水性等。同时,各矿井均对开采工作面、掘进巷道以及运输大巷采取了超前物探、钻探验证。

综上所述,2020～2022年的水文地质补勘工作可以进一步提升对各类水害类型的查明程度,可为煤矿水害的防治提供有力保障。

5.2　水文地质类型划分合理性总结评价

按照《煤矿防治水细则》对淮南、淮北两矿区煤矿进行水文地质类型划分,根据以往井田勘探、井巷工程实际揭露的地质及水文地质条件,分析矿井充水因素、主要水害隐患并提出防治对策,从采掘破坏或影响的含水层及水体、矿井及周边老空水分布状况、矿井涌水量、突水量、开采受水害威胁程度、防治水工作难易程度等方面进行了综合分析、评价,分类依据详见表5-3。

表5-3　煤矿水文地质类型

<table>
<tr><th colspan="2" rowspan="2">分类依据</th><th colspan="4">类　别</th></tr>
<tr><th>简　单</th><th>中　等</th><th>复　杂</th><th>极复杂</th></tr>
<tr><td rowspan="2">受采掘破坏或影响的含水层及水体</td><td>含水层(水体)性质及补给条件</td><td>为孔隙、裂隙、岩溶含水层,补给条件差,补给来源少或极少</td><td>为孔隙、裂隙、岩溶含水层,补给条件一般,有一定的补给水源</td><td>为岩溶含水层水、厚层砂砾石含水层水、老空水、地表水,其补给条件好,补给水源充沛</td><td>为岩溶含水层水、老空水、地表水,其补给条件很好,补给来源极其充沛,地表泄水条件差</td></tr>
<tr><td>单位涌水量 q(L/(s·m))</td><td>$q \leqslant 0.1$</td><td>$0.1 < q \leqslant 1.0$</td><td>$1.0 < q \leqslant 5.0$</td><td>$q > 5.0$</td></tr>
<tr><td colspan="2">矿井及周边老空水分布状况</td><td>无老空积水</td><td>位置、范围、积水量清楚</td><td>位置、范围或者积水量不清楚</td><td>位置、范围、积水量皆不清楚</td></tr>
<tr><td rowspan="2">矿井涌水量(m^3/h)</td><td>正常 Q_1</td><td>$Q_1 \leqslant 180$</td><td>$180 < Q_1 \leqslant 600$</td><td>$600 < Q_1 \leqslant 2\,100$</td><td>$Q_1 > 2\,100$</td></tr>
<tr><td>最大 Q_2</td><td>$Q_2 \leqslant 300$</td><td>$300 < Q_2 \leqslant 1\,200$</td><td>$1\,200 < Q_2 \leqslant 3\,000$</td><td>$Q_2 > 3\,000$</td></tr>
<tr><td colspan="2">突水量 Q_3(m^3/h)</td><td>$Q_3 \leqslant 60$</td><td>$60 < Q_3 \leqslant 600$</td><td>$600 < Q_3 \leqslant 1\,800$</td><td>$Q_3 > 1\,800$</td></tr>
</table>

续表

分类依据	类别			
	简　单	中　等	复　杂	极复杂
开采受水害影响程度	采掘工程不受水害影响	矿井偶有突水,采掘工程受水害影响,但不威胁矿井安全	矿井时有突水,采掘工程、矿井安全受水害威胁	矿井突水频繁,采掘工程、矿井安全受水害严重威胁
防治水工作难易程度	防治水工作简单	防治水工作简单或易进行	防治水工程量较大,难度较高	防治水工程量大,难度高

注:1. 单位涌水量 q 以井田主要充水含水层中有代表性的最大值为分类依据;

2. 矿井涌水量 Q_1、Q_2 和突水量 Q_3,以近3年最大值并结合地质报告中预测涌水量为分类依据,含水层富水性及突水点等级划分标准见附录;

3. 同一井田煤层较多,且水文地质条件变化较大时,应当分煤层进行矿井水文地质类型划分;

4. 按就高不就低的原则,根据分类原则确定矿井水文地质类型。

根据受采掘破坏或影响的含水层或水体、矿井及周边老空水分布状况、矿井涌水量、突水量、开采受水害影响程度以及防治水工作的难易程度,对照表5-3,按照分类依据就高不就低的原则,综合评价得出淮南、淮北各矿井水文地质类型,详见表5-4。

表5-4　矿井水文地质类型划分表

矿区	煤　矿	评价指标(简单、中等、复杂、极复杂)						综合评价水文地质类型
		含水层及水体	老空水分布状况	涌水量	突水量	受水害威胁程度	防治水工作难易程度	
淮北矿区	朱庄煤矿	复杂	复杂	中等	极复杂	极复杂	极复杂	极复杂
	朱仙庄煤矿	复杂	中等	中等	简单	中等	极复杂	极复杂
	桃园煤矿	复杂	中等	中等	极复杂	极复杂	极复杂	极复杂
	祁南煤矿	中等	中等	中等	复杂	中等	中等	复杂
	恒源煤矿	中等	中等	中等	中等	复杂	复杂	复杂
	祁东煤矿	中等	中等	中等	简单	复杂	中等	复杂
	任楼煤矿	复杂	中等	复杂	简单	复杂	极复杂	极复杂
	界沟煤矿	复杂	中等	中等	中等	复杂	复杂	复杂

续表

矿区	煤矿	评价指标(简单、中等、复杂、极复杂)						综合评价水文地质类型
		含水层及水体	老空水分布状况	涌水量	突水量	受水害威胁程度	防治水工作难易程度	
淮南矿区	潘二煤矿	中等	中等	简单	极复杂	复杂	复杂	极复杂
	谢桥煤矿	复杂	中等	中等	中等	复杂	极复杂	极复杂
	张集煤矿	复杂	中等	中等	简单	复杂	复杂	复杂
	潘四东煤矿	简单	中等	中等	中等	复杂	复杂	复杂
	顾北煤矿	复杂	中等	中等	中等	中等	复杂	复杂
	新集二煤矿	中等	中等	中等	中等	复杂	复杂	复杂
	刘庄煤矿	复杂	中等	复杂	中等	复杂	复杂	复杂
	口孜东煤矿	中等	中等	中等	中等	复杂	复杂	复杂
	板集煤矿	中等	简单	简单	简单	中等	复杂	复杂

为对淮南、淮北两矿区的水文地质类型进行合理性划分,将矿井水文地质类型按复杂程度量化分为1、2、3、4共4个等级,分别代表简单、中等、复杂、极复杂这4种程度,量化评价结果如下。

表5-5 水文地质类型综合评价表

矿区	煤矿	评价指标(简单、中等、复杂、极复杂)						综合评价水文地质类型
		含水层及水体	老空水分布状况	涌水量	突水量	受水害威胁程度	防治水工作难易程度	
淮北矿区	朱庄煤矿	1	3	2	4	4	4	4
	朱仙庄煤矿	3	3	2	1	2	4	4
	桃园煤矿	3	2	2	4	4	4	4
	祁南煤矿	2	2	2	3	2	2	3
	恒源煤矿	2	2	2	2	3	3	3
	祁东煤矿	2	2	2	1	3	2	3

续表

矿区	煤　矿	评价指标(简单、中等、复杂、极复杂)						综合评价水文地质类型
		含水层及水体	老空水分布状况	涌水量	突水量	受水害威胁程度	防治水工作难易程度	
淮北矿区	任楼煤矿	3	2	3	1	3	4	4
	界沟煤矿	3	2	2	2	3	3	3
	均值	2.38	2.25	2.13	2.25	3.00	3.25	3.50
淮南矿区	潘二煤矿	2	2	1	4	3	3	4
	谢桥煤矿	3	2	2	2	3	4	4
	张集煤矿	3	2	2	1	3	3	3
	潘四东煤矿	1	2	2	2	3	3	3
	顾北煤矿	3	2	2	2	2	3	3
	新集二煤矿	2	2	2	2	3	3	3
	刘庄煤矿	3	2	3	2	3	3	3
	口孜东煤矿	2	2	2	2	3	3	3
	板集煤矿	2	1	1	1	2	3	3
	均值	2.33	1.89	1.89	2.00	2.78	3.11	3.22
	注:“1”简单;“2”中等;“3”复杂;“4”极复杂							

为直观分析两矿水文地质类型,将表5-5所示的水文地质类型评价指标与最终划分类型数据绘成图,如图5-1所示。

由图5-1所示,可以看出淮北矿区含水层及水体、老空水分布状况、涌水量、突水量、受水害威胁程度、防治水工作难易程度等指标的复杂程度评分均在淮南矿区之上。从最终综合评价结果来看,淮北矿区的水文地质条件评价量化评分值为3.50(介于复杂与极复杂之间)高于淮南矿区的3.22(偏向于复杂),可知淮南矿区的水文地质复杂程度较淮北矿区要低。

综上所述,两淮各复杂、极复杂水文地质类型煤矿的划分收集了以往井田勘探、井巷工程实际揭露的水文地质资料,分析了矿井充水因素、主要水害隐患并提出防治对策,从采掘破坏或影响的含水层及水体、矿井及周边老空水分布状况、矿井涌水量、突水量、开采受水害威胁程度、防治水工作难易程度等方面着手进行了综合分析、评价,综合评定了矿井水文地质类型,符合矿井实际,依据可靠,划分合理,各煤矿应严格按所确定的类型开展防治水工作。

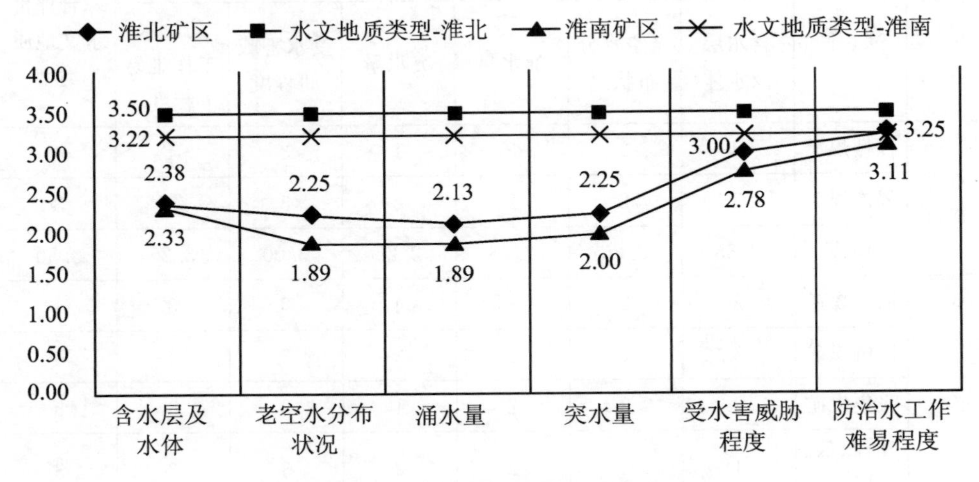

图 5-1 水文地质类型综合评价图

5.3 水害防治保障体系评价

5.3.1 机构、队伍制度评价

为加强矿井防治水工作,确保矿井安全生产,两淮矿区的煤矿企业均设立了专门的水害防治机构,构建了以总经理和矿长为核心的水害防治行政管理体系和以总工程师为核心的工作、技术管理体系,明确了各成员、各部门在矿井水害防治工作中的任务和责任,把防治水责任落实到岗位、落实到人、落实到现场。

为保证矿井防治水工作的正常有序开展,领导小组下设防治水办公室,办公室设立在地质测量科,并配备有专职防治水副总、科长、专业技术人员等。

各个矿井均根据《煤矿防治水细则》《安徽省煤矿防治水和水资源化利用管理办法》及安全生产标准化要求,制定完善了各级防治水安全生产责任制、防治水技术管理制度、预测预报、隐患排查等各类制度,使得防治水工程在组织上、经费上、技术上、装备上、人员上和制度上得到了保障。

5.3.2　防治水设备评价

在物探方面，淮北矿区的各个煤矿均配备了测斜仪、RDK、全站仪、水准仪、瞬变电磁仪等物探设备进行施工；其中淮北矿业集团公司目前无专门物探队伍、设备，物探工程主要由与公司建立长期合作关系的外委专业物探队伍进行施工；而淮南矿区的煤矿均由集团公司物探队承担井下物探工作，以确保所有采掘头面物探全覆盖。

在钻探方面，各矿井成立防突队，负责井下探放水工程，在册人员中有多名持证探放水工，并配备各类钻机和注浆泵，可满足矿井探放水及钻探工程需要。

此外，新集二煤矿公司在化探方面设有水化学实验室，配备离子色谱仪等先进装备，负责井下出水点水样分析，新集二煤矿根据井下出水情况及时采集水样送检，根据水质分析结果结合出水地点及水压、水温资料初步判定水源。

同时为满足 2020～2022 年异常地质体探查、疏水降压、防治水及采掘接替及井下钻探工程等需要，保证矿井物探工程顺利实施，两矿区部分矿井还计划引进一批防治水设备，保障矿井水害防治工作。

从以上分析可以看出，目前两淮复杂、极复杂水文地质类型煤矿的防治水装备以及计划引进设备的添加，能满足矿井探放水及钻探工程需要。

5.3.3　防排水系统评价

5.3.3.1　主排水系统

1. 主排水系统现状

两淮矿区复杂、极复杂水文地质类型煤矿共计 36 个主排水泵房，主排水泵 180 台。淮南矿区有 19 个排水泵房，共设置主排水泵 85 台，大部分矿井排水去向为水平水仓。淮北矿区有 17 个排水泵房，共设置主排水泵 95 台，排水去向多数为水平水仓。所置设备实测效率较高的泵房有：朱庄煤矿三水平泵房（平均 71.4%）、朱仙庄煤矿二水平泵房（平均 69.1%）、恒源煤矿一水平泵房（平均 71.0%）等。

2. 主排水系统装备水平评价

① 两淮矿区复杂、极复杂水文地质类型煤矿的主排水设备、管路设置均符合相关规定，皆安装防爆电机，所有“主排水系统安全检验报告”均为合格。根据各煤矿进行的排水系统联合试运转测试，对比矿井正常及最大涌水量的观测值、预测值，目前各矿井的排水能力皆可满足安全排水要求。

② 两淮矿区复杂、极复杂水文地质类型煤矿绝大多数泵房可以实现无人值守，装备总体处于比较先进的水平，智能化较高。

5.3.3.2 应急排水系统

1. 应急排水系统现状

安徽省全省水文地质类型复杂、极复杂煤矿的生产矿井共17处，除张集煤矿与板集煤矿应急排水系统正在建设中，其余矿井都已建立完善的应急排水系统。目前已建立的15个应急排水泵房有应急潜水泵27台。

淮南矿区复杂、极复杂水文地质类型煤矿9个，现已有7个应急排水泵房，应急潜水泵17台。

淮北矿区复杂、极复杂水文地质类型煤矿8个，现已有8个应急排水泵房，应急潜水泵10台。

2. 应急排水系统装备水平评价

① 安徽省全省复杂、极复杂水文地质类型煤矿均按《煤矿安全规程》规定设置应急排水系统，各应急排水系统按规定进行定期检修、维护，每月安排进行试运转一次，可保证应急排水系统的正常使用。

② 全省复杂、极复杂水文地质类型煤矿的应急排水系统大部分采用直排地面方式，如潘四东、顾北、祁东等煤矿；部分采用接力排水方式，排至水平水仓，如朱仙庄、桃园、恒源等煤矿。各矿应急排水系统设计合理，所配置的潜水电泵效率较高，在应急排水时，可满足矿井排水需求。

5.3.4 预警系统评价

两淮矿区的煤矿除界沟煤矿和潘四东煤矿以外，其余矿井均建立了地理信息系统、地测防治水信息化平台或者生产技术信息管理系统等进行信息化管理。界沟煤矿采用的是龙软绘图软件，故尚未建立数据库。潘四东煤矿尚未建立地理信息系统。此外两淮矿区的煤矿均建立了KJ402水动态观测系统，实现了各矿井水害威胁的动态监测，可24 h在线实时监测且具有自动声光报警功能，可满足现阶段矿井安全需要。对于各矿井还针对不同的监测内容采取了不同的监测系统，具体如表5-6所示。

表 5-6　监测系统与监测目的

矿区	煤　矿	监测系统	监测目的
淮北矿区	朱庄煤矿	KJ402 矿井水文监测系统、水害预警系统	水位、水压和涌水量在线监测
	朱仙庄煤矿	KJ402 矿井水文监测系统	可及时掌握含水层水位变化情况
	桃园煤矿	KJ402 矿井水文监测系统	突水后才能发出预警，不能做到实时监测
	祁南煤矿	KJ402 矿井水文监测系统	可监测水位、水压、涌水量，对水质不能实时监测
	恒源煤矿	KJ402 水文监测预警系统	可对地面长观孔水位、水压、水温和井下明渠涌水流量、水温进行在线监测
	祁东煤矿	KJ402 矿井水文监测系统	能满足矿井防治水工作需要
	任楼煤矿	KJ402 矿井水文监测系统、井下矿井涌水量观测系统	可结合地面水文动态观测系统实现井上、下动态监测预警
	界沟煤矿	KJ402 矿井水文监测系统、水文遥测仪 17 台	可对三含、四含、太灰和奥灰水位埋深、水位变化情况，井下流量变化情况，10 煤底板压力、应力、温度实时监测预警
淮南矿区	潘二煤矿	A 组煤工作面建立微震监测系统；主排水系统现有高、低水位预警装置、KJ402 矿井水文监测系统	可及时预防事故的发生
	谢桥煤矿	KJ402 矿井水文监测系统、地测数据信息化建设	预报预警、数据集成、数据共享，自动化、智能化
	张集煤矿	KJ402 矿井水文监测系统、煤矿水害风险预警及防控系统	解决了水文信息采集量少、实时性差的难题；对信息的处理处于散乱和不完善状态，不能科学分析水害信息
	潘四东煤矿	KJ402 矿井水文监测系统、井下涌水量、水压等在线监测预警系统	可对井下涌水量、水压等进行在线监测
	顾北煤矿	KJ402 矿井水文监测系统、A 组煤工作面建立微震监测系统	可及时预防事故的发生

续表

矿区	煤　矿	监测系统	监测目的
淮南矿区	新集二煤矿	KJ402矿井水文监测系统矿井水害微震监测预警系统	监测导水通道受采动影响变化情况,并可对矿井突水提前预警,保障矿井安全生产
	刘庄煤矿	KJ402矿井水文监测系统、井下涌水量自动监测站	可实时监测,对井筒受力变形状态进行实时监测,实现井筒和主要大巷涌水量的动态监测
	口孜东煤矿	KJ402矿井水文监测系统、矿井地面松散层四含观测孔3个、太灰观测孔6个、奥灰观测孔4个、F1断层上盘观测孔1个,井下监测分站5个	对矿井涌水量、三井筒淋水量、水温等实现实时动态监测和声光预警,对区域水动态进行监测分析
	板集煤矿	KJ402矿井水文监测系统、井筒变形监测系统	实现对井筒受力变形状态进行实时监测

5.4　防治水措施总结评价

根据两淮矿区各煤矿的水文地质类型划分报告、防治水“一矿一策、一面一策”以及防治水评价报告,对2020～2022年的两淮矿区各复杂、极复杂类型煤矿的主要水害类型及水害治理措施进行了统计。

两淮煤矿在针对砂岩裂隙水害、灰岩水害、老空水害、封闭不良钻孔水害、陷落柱水害、四含水害、五含水害、隐伏导水构造水害、钻孔突水、断层突水等10类水害采用的防治水措施在具体施工时均取得良好效果,各种水害防治措施总结如下:

1. 针对砂岩裂隙水害

朱庄煤矿、桃园煤矿、祁南煤矿、恒源煤矿等淮北矿区的4个煤矿采取物探探查、钻孔机械排水、自然疏干等一系列防治水措施。相较于淮北矿区,谢桥煤矿、张集煤矿、顾北煤矿、新集二煤矿等淮南矿区的4个煤矿采用的防治水措施更多样化,一般依据“预测预报,有疑必探,先探后掘,先治后采”原则,建立排水系统,钻孔超前疏干;工作面排水系统与设计、施工、投产同步使用;采掘期间超前施工探放水钻孔进行疏放;对地质构造、物探低阻区施工砂岩水探放钻孔等防治水措施。

2. 针对灰岩水害

朱庄煤矿、朱仙庄煤矿、桃园煤矿、恒源煤矿、界沟煤矿等5个淮北矿区煤矿采用的防治水措施多为区域疏降疏水降压，辅以高压劈裂注浆加固、超前物探、异常区钻探验证等。潘二煤矿、谢桥煤矿、潘四东煤矿、顾北煤矿、新集二煤矿等5个淮南矿区煤矿多采用区域探查治理，先物探后钻探的方式进行超前循环探查，局部辅以疏水降压。

3. 针对老空水害

朱庄煤矿、朱仙庄煤矿、桃园煤矿、祁南煤矿、恒源煤矿、祁东煤矿、任楼煤矿、界沟煤矿等8个淮北矿区的复杂、极复杂水文地质类型煤矿留设防(隔)水煤(岩)柱；水文地质类型为中等的超前疏干(放)方法；水文地质类型为简单的切断可能补给水源或者修建防水闸墙；验证方式多为沿空无压验证、透孔验证、物探、化探探查分析、钻探探放验证或无压放水。淮南潘二、谢桥、张集、潘四东、顾北、新集等矿井多采用“查全、探清、放净、验准”四步工作法，探查手段方式多为超前探查、探放以及超前施工钻孔等。

4. 针对封闭不良钻孔水害

一般对钻孔封闭不良或无封孔资料应重新启封孔，留设防(隔)水煤(岩)柱；废弃不用或在受采动影响破坏前，进行注浆封闭。

5. 针对陷落柱水害

需要落实“三级水害隐患筛查”防范措施；坚持井上、下水文观测孔水位观测并分析；留设陷落柱影响区安全煤(岩)柱，综合探查，综合治理。

6. 针对四含水害

采取措施一般为留设防(隔)水煤(岩)柱，对四含水进行疏降减压或者直接疏干。

7. 针对五含水害

建立“五含”帷幕截流疏干综合治理工程。

8. 针对隐伏导水构造水害与砂岩含水层连通的断层水

因水源补给量小，威胁较小；与灰岩含水层连通的断层威胁较大，在采取灰岩区域治理措施后，威胁能够消除。

9. 针对钻孔突水

加强预测预报并针对性解决，超前封闭影响范围内封闭不良、未封闭的钻孔。

10. 针对断层突水

发生断层突水时，应及时停止采掘，测量水量、水温，取水样化验，确定来水水源，采取封堵或注浆封闭措施。

两矿区针对以上10种治理措施对水害的位置、水量、范围进行了详细探查，针对可能发生水害的含水层区域加强了预测预报，针对性地进行了超前物探、钻探、井上下水文观测孔水位观测探查，对水害威胁区域采取了钻孔疏降水、注浆封闭、留设防(隔)水煤(岩)柱等措施进行水害治理，严格按照“查全、探清、放净、验准”四步工作法的流程对水害进行处理，达到防治水的目的。中煤新集公司的刘庄煤矿、口孜东煤矿、板集煤矿等3个煤矿采取分源分策治理，加强地测防治水技术管理措施,做到"综合探查、分源防治、定量评价、达标开采"的要求,强化地质复杂区域掘进超前探查,将动态解释成果应用于采掘工程设计、地质预报、地质说明书及现场地质条件变化等地质分析、矿井隐蔽致灾地质因素普查;落实矿井风险和隐患周排查制度,排查结果和整改治理措施报送公司相关部门,确保风险隐患管控等综合治理措施有效落实,能对水害进行有效探查与防治,达到了防治水的要求。

5.5　下一步水害治理科研课题及攻关建议

5.5.1　水害治理科研课题及攻关方向

淮南、淮北各矿井下一步水害治理科研课题及攻关方向主要为灰岩水疏放可行性、开采安全性、定向钻孔疏放技术、预警系统建设及注浆工艺等方面的研究,具体如表5-7所示。

表5-7　各矿井水害治理科研课题及攻关方向

矿区	煤　矿	下一步水害治理科研课题与攻关方向
淮北矿区	朱庄煤矿	围绕灰岩水开展相关水文地质研究
	朱仙庄煤矿	围绕四含下缩小防(隔)水煤(岩)柱开采及五含下回采工作面进行可行性研究评价工作;计划实施灰岩放水试验,确定灰岩水流场,为深部10煤层安全开采提供治理方案依据
	桃园煤矿	矿井进入深部开采,灰岩水水压高,富水性不均一,故开展深部煤层开采底板突水评价技术方法研究;开发地面定向顺层钻孔水文地质参数计算模型
	祁南煤矿	围绕祁南煤矿86采区西北部四含砾岩分布区水文地质条件分析与可疏性评价开展研究
	恒源煤矿	太原组灰岩水压力大、富水性较强,与科研单位合作,开展太原组深部岩溶陷落柱发育规律研究;提高注浆治理效果,开展地面顺层孔注浆治理效果研究课题攻关工作;建立完善底板微震与电法耦合的水害监测系统,根据监测成果,开展矿井深部采区采动底板破坏深度研究工作;开展深部井Ⅲ411首采工作面顶板砂岩层富水性研究及评价,提出安全开采方案
	祁东煤矿	开展地压观测及顶、底板破坏深度分析,对采动条件下可能产生的工程地质问题进行研究;开展六采区地质及水文地质条件研究

续表

矿区	煤　矿	下一步水害治理科研课题与攻关方向
淮北矿区	任楼煤矿	开展中六采区灰岩放水实验及水文地质条件评价；深部岩溶陷落柱发育规律研究与探查方法；底板破坏深度的探查与研究
	界沟煤矿	与科研院校合作，合理留设防砂煤（岩）柱，回收煤炭资源；完善西一开拓采区地面水文动态观测系统，合理布置水文长观孔；开展调研，尽快建立10煤层底板微震监测系统
淮南矿区	潘二煤矿	开展12123工作面微震监测预警系统的应用研究；潘二井田奥灰水试疏的分析研究
	谢桥煤矿	围绕A组煤开采开展相关灰岩水文地质特征研究
	张集煤矿	开展井下定向长钻孔快速过破碎地层钻进工艺及井下长距离钻孔高质量封孔工艺的研究与应用；高承压条件下灰岩水害探放水钻孔固孔工艺研究；超千米灰岩长钻孔定向高效钻进工艺研究
	潘四东煤矿	围绕A组煤开采灰岩水文地质特征研究
	顾北煤矿	对13121回采工作面FS466断层是否活化进行监测研究；对2＃陷落柱进行监测研究
	新集二煤矿	研究适用于新集二煤矿1煤组开采底板灰岩水害的地球微震与电法耦合监测预警技术；建立完善的地面区域治理评价体系
	刘庄煤矿	进行刘庄煤矿（东区）1煤层安全开采可行性研究及首采面（120101工作面）防治水方案；F1断层组（西段）推覆构造水文地质特征研究；松散层防砂煤（岩）柱下开采抗渗透破坏和煤柱安全性评价
	口孜东煤矿	进行口孜东煤矿西四采区5煤层覆岩“两带”高度探测；松散层防砂煤（岩）柱下开采抗渗透性破坏和煤柱安全性评价；西四采区底板灰岩水地面超前区域探查治理可行性研究
	板集煤矿	进行巨厚松散层深井单翼开采岩土移动规律及对工广建（构）筑物影响研究；开展四含对矿井开采影响的研究；开展5、8煤层覆岩破坏规律研究；研究板集煤矿F104-1断层含（导）水性评价及防（隔）水煤（岩）柱的合理留设；研究基于三维地震数据体的高精度三维地质建模平台

5.5.2　水害治理攻关建议

为有效地对水害进行防治，针对两淮矿区各矿井的各种水害类型，应采取针对性措施进行防治，具体的建议如下：

针对砂岩裂隙水害,对水文地质类型为极复杂的区域应采取物探探查、钻孔机械排水、自然疏干等一系列防治水措施。对水文地质类型为复杂的区域应根据“预测预报,有疑必探,先探后掘,先治后采”的原则,可采用建立排水系统,工作面排水系统与设计、施工、投产同步使用,采掘期间超前施工探放水钻孔进行疏放,对地质构造、物探低阻区施工砂岩水探放钻孔等防治水措施。

针对灰岩水害,在水文地质类型为极复杂的区域建议采用的防治水措施多为区域疏降疏水降压,辅以高压劈裂注浆加固、超前物探、异常区钻探验证等。在水文地质类型为复杂的区域建议采用区域探查治理,先物探后钻探的方式进行超前循环探查,局部辅以疏水降压。

针对老空水害,在水文地质类型为极复杂的地区留设防(隔)水矿(岩)柱;在水文地质类型为中等时采用超前疏干(放)方法;在水文地质类型为简单时切断可能补给水源或者修建防水闸墙。验证方式可采取沿空无压验证、透孔验证、物探、化探探查分析,钻探探放验证或无压放水。严格按照采用“查全、探清、放净、验准”四步工作法的步骤,超前探查、探放以及超前施工钻孔等措施对老空水进行探查治理。

针对封闭不良钻孔水害,建议对封闭不良或无封孔资料的重新启封钻孔,应留设防(隔)水煤(岩)柱,废弃或受采动影响破坏前,必须进行注浆封闭。

针对陷落柱水害需要落实“三级水害隐患筛查”防范措施,坚持井上、下水文观测孔水位观测、分析,必要时留设陷落柱影响区安全煤(岩)柱,综合探查,综合治理。

针对四含水害,建议留设防(隔)水煤(岩)柱,对四含水进行疏降减压或者直接疏干。

针对五含水害,建议开展五含帷幕截流疏干综合治理工程。

对于隐伏导水构造水害:与砂岩含水层连通的断层水,因水源补给量小,威胁较小,可采取超前循环探查,局部辅以疏水降压的防治水措施;与灰岩含水层连通的断层水威胁较大,可采用区域疏水降压,局部辅以探查探放的防治水措施进行区域治理,以确保消除水害威胁。

针对钻孔突水,应超前封闭影响范围内封闭不良、未封闭的钻孔,加强预测预报,针对性解决水害威胁。

针对断层突水,当发生断层突水时,应及时停止采掘,测量水量、水温,取水样化验,及时确定来水水源,采取封堵或注浆封闭措施。

综上所述,针对不同的水害类型采取针对性的防治水措施,可有效地防治水害。所以,两淮矿区复杂、极复杂水文地质类型煤矿 2020~2022 年的开采工作针对水害治理均采取了针对性的相关研究,具体可以总结为灰岩含水层富水性及突水危险性研究以及与其相关的各类探测预警技术和疏放灰岩水技术等的研究。故而针对复杂、极复杂水文地质类型煤矿的矿井水害,下一步要从监测预警技术、防治技术、疏放水工艺、注浆工艺等方面开展针对性的科研攻关,为提高两淮复杂、极复杂水文地质类型煤矿水害防治提供理论与技术支撑。

5.6　总体评价结论和建议

5.6.1　评价结论

近年来,安徽省煤炭工业发展较快,安全生产形势基本稳定,但零星事故仍时有发生。矿井水害防治问题是影响与制约安徽省煤矿安全生产的主要因素。加强煤矿防治水工作,查明煤矿水文地质条件,认清矿井防治水现状和存在的问题,针对不同水害类型采取有效的防治措施,对减少安徽省煤矿水害事故发生具有重要意义。全省复杂、极复杂水文地质类型煤矿在矿井水害防治方面的总体评价结论如下:

1. 矿井水文地质探查手段丰富且有效

两淮矿区的煤矿开采块段均进行了地面区域探查、三维地震勘探,局部辅以瞬变电磁、电法、地震 MSP、可控源音频大地电磁测深等物探、抽放水试验、超前钻探等探查手段,能有效探查并确定有威胁的灰岩、砂岩及松散含水层富水性、老空水位置范围水量、构造含(导)水性以及其他次生水害,给矿井建设、采区布置及安全生产提供可靠的地质依据。

2. 矿井防治水管理机构及防治水制度完善

两淮矿区的煤矿企业和煤矿均设立了专门的水害防治机构,构建了以总经理和矿长为核心的水害防治行政管理体系和以总工程师为核心的工作、技术管理体系,明确了各成员、各部门在矿井水害防治工作中的任务和责任,把防治水责任落实到岗位、落实到人、落实到现场,配备有专职地测防治水副总、科长以及防治水专业技术人员等。各个矿井均根据《煤矿防治水细则》《安徽省煤矿防治水和水资源化利用管理办法》及安全生产标准化要求,制定完善了各级防治水安全生产责任制、防治水技术管理制度、预测预报、隐患排查等各类制度,使得防治水工程在组织上、经费上、技术上、装备上、人员上和制度上得到了保障。

3. 矿井水害防治技术先进

两淮矿区各矿井均针对水害可能发生的位置、水量、范围进行了详细探查,均针对水害水源相关含水层区域加强了预测预报,采取超前物探,钻探,井上、下水文观测孔对水位进行观测探查,对水害威胁区域采取了钻孔疏降水、注浆封闭、留设防(隔)水煤(岩)柱等措施进行治理,严格按照了“查全、探清、放净、验准”四步工作法的流程对水害进行处理。部分矿井采用分源分策治理方法,加强地测防治水技术管理措施,“综合探查、分源防治、定量评价、达标开采”的要求,强化地质复杂区域掘进超前探查,将动态解释成果应用于采掘工程设计、地质预报、地质说明书及现场地质条件变化等地质分析、矿井隐蔽致灾地质因素普查。落实矿井风险和隐患排查制度,排查结果和整改治理措施报公司相关部门,确保落实风险隐患管控等综合治理措施,能对水害进行有效探查与防治,达到了防治水的要求。

4. 矿井防治水设备较先进

淮北矿区各矿均配置配备测斜仪、RDK、全站仪、水准仪、瞬变电磁仪等物探设备进行施工;淮南矿区各矿均由集团公司物探队承担井下物探工作,以确保所有采掘头面物探全覆盖。在钻探方面,各矿井成立防突区,负责井下探放水工程,在册人员中有多名持证探放水工,配备各类钻机和注浆泵,可满足矿井探放水及钻探工程需要,部分矿井在化探方面设有水化学实验室,配备离子色谱仪等先进装备,可满足矿井探放水及钻探工程需要。

5. 矿井排水系统较先进

两淮矿区各矿井的主排水设备、管路设置均符合相关规定,安装电机皆防爆,所有“主排水系统安全检验报告”均为合格。根据各煤矿进行的排水系统联合试运转测试,对比矿井正常及最大涌水量的观测值、预测值,目前各矿井的排水能力皆可满足安全排水要求。两淮矿区水文地质类型为复杂、极复杂的煤矿绝大多数泵房可以实现无人值守,装备总体比较先进,智能化水平较高。各煤矿均按《煤矿安全规程》规定设置了应急排水系统,各应急排水系统按规定定期检修、维护,每月安排试运转一次,可保证应急排水系统的正常使用,应急排水系统设计合理,配置的潜水电泵效率较高,在应急排水时,可满足矿井排水需求。

6. 预警系统建设较完善

各矿井均建立了 KJ402 水动态观测系统,实现了各矿井水害危险的动态监测、24 h 在线实时监测且具有自动声光报警功能,多数建立了地理信息系统、地测防治水信息化平台或者生产技术信息管理系统等进行信息化管理,可满足现阶段矿井安全需要。

5.6.2 建议

必须指出的是,安徽省复杂、极复杂水文地质类型炼矿防治水工程面临水害威胁种类多、防治水工程量大、技术要求高等难题,故为了更好地适应现代化矿井高效、安全生产的发展需求,充分发挥安徽省在防治水技术体系方面的优势,补齐短板,提出以下建议:

① 充实防治水专业技术力量,加大防治水科研投入及防治水专业技术人员业务培训,针对底板灰岩水水害,以地面区域治理为主,井下探查疏放为辅,将底板注浆加固与含水层改造作为今后防治工作的主要手段等。

② 加强地面区域治理施工现场管理，确保工程质量和进度，合理制定采掘接替计划。加强地矿关系协调，保障地面补勘工程正常施工。同时，加强地面补勘工程施工期间质量监管和工期考核，保障施工进度和施工质量。必要时，需向当地政府及监管部门申请协调解决。

③ 针对现有钻探设备、探查方法制约巷道快速掘进的现状，应进一步升级优化钻探设备、探查方法。建议从监测预警技术、防治技术、疏放水工艺、注浆工艺等方面开展针对性的研究，为提高两淮煤矿水害防治水平提供理论与技术支撑。

④ 加大监管力度，建议政府与监管部门加大对信息系统建设的监管力度以及进一步完善矿井专门物探队伍、设备。

⑤ 建议加强对地质复杂区域的掘进超前探查，将动态解释成果应用于采掘工程设计、地质预报、地质说明书及现场地质条件变化等地质分析、矿井隐蔽致灾地质因素普查。落实矿井风险和隐患周排查制度，明确排查结果和整改治理措施，确保风险隐患管控等。

⑥ 建立各类水害治理的针对性策略，对于不同水害类型及水害诱发因素应采取针对性的治理措施。

附录1　两淮矿区(极)复杂水文地质类型煤矿疑似陷落柱及物探异常体

编号	位置	描　述	影响层位	解释单位	影响采掘情况	探查治理情况	备注
谢桥煤矿1#陷落柱	东二采区	2002年东翼采区三维地震解释,陷落柱平面形态近似椭圆形,在8煤层平面上长轴195 m、短轴125 m,立体形态呈上小下大的锥体	11-2煤层～寒灰	中国矿业大学(北京)和安徽省煤田地质局物测队	影响区内的13218、13216工作面已回采,近5年无采掘活动	2010年开展了东翼采区陷落带探查工程,主要有地面物探、钻探、孔中物探、井下超前探和三维地震资料的重新处理解释	确认为陷落柱,2011年划定了4、1煤层禁采、禁掘区
谢桥煤矿2#陷落柱	东一采区	2002年东翼采区三维地震解释,陷落柱平面上由3个近椭圆形小陷落柱呈串珠状组成,总体呈带状分布,故称为“陷落带”,延展方向为西北至东南。在8煤层平面上长轴575 m、短轴51 m;剖面呈上小下大。 2004年13118工作面运输顺槽西段掘进揭露2#陷落柱及影响带长约230 m	11-2煤层～寒灰	中国矿业大学(北京)和安徽省煤田地质局物测队	影响区内的13118和13218W工作面已回采,近5年无采掘活动	2010年开展了东翼采区陷落带探查工程,主要有地面物探、钻探、孔中物探、井下超前探和三维地震资料的重新处理解释	确认为陷落柱,2011年划定了4、1煤层禁采、禁掘区
谢桥煤矿3#疑似陷落柱	东二采区浅部	2014年东二采区三维地震资料二次解释,3#疑似陷落柱,平面上近似椭圆,剖面为上小下大	基岩面下10 m～寒灰	中国煤田地质总局地球物理勘探研究院		2017年施工地面探查钻孔	

续表

编号	位置	描　述	影响层位	解释单位	影响采掘情况	探查治理情况	备注
谢桥煤矿4#疑似陷落柱	东一采区浅部	2014年东一采区三维地震资料二次解释,4#疑似陷落柱,平面上近似椭圆,三维近似上小下大的锥体	基岩面下12 m～寒灰	中国煤田地质总局地球物理勘探研究院	无	暂不探查	
谢桥煤矿5#疑似陷落柱	东二采区浅部	2014年东二采区三维地震资料二次解释,5#疑似陷落柱,平面上近似椭圆,三维近似为柱体	基岩面下10 m～寒灰	中国煤田地质总局地球物理勘探研究院		2017年正在施工地面探查钻孔	
潘二煤矿1#陷落柱	12123工作面	2017年5月23日,12123工作面底板联络巷底板出水,初始水量15 m^3/h,至25日突增到3 024 m^3/h,瞬时最大突水量约为14 500 m^3/h,突水水源奥灰水,为隐伏陷落柱导水,其顶界发育到11灰附近,上部为贯通型核心裂隙区和影响区,裂隙带顶部发育至12123工作面联络巷下方约25 m。裂隙带南北水平投影长度62.5 m,东西走向宽度不超过33 m	11灰～奥灰	生产揭露			
张集煤矿1#陷落柱	西三采区	2004年三维地震勘探解释,西三采区西北角存在一疑似岩溶陷落柱,该陷落柱在8煤层的形态近似椭圆形,其长轴近东西向、长约170 m,短轴近南北向、宽约160 m	太原组$C_3$11灰～寒灰	中国煤田地质总局地球物理勘探研究院	近5年无采掘活动	2008～2009年完成地面钻探工程量4孔4 177.37 m及相关的钻孔测井和水文试验;完成地面微动探测、地面SYT法探测、地面电磁测深以及拟流场测漏	确认为陷落柱,顶界发育到太原组底部灰岩

续表

编号	位置	描　述	影响层位	解释单位	影响采掘情况	探查治理情况	备注
张集煤矿2#疑似陷落柱	东一下采区	2009年11月三维地震解释，东一下采区五东2～9孔之间存在疑似陷落柱，在平面呈椭圆，在1煤层平面上长轴420 m、短轴130 m，三维呈上小下大的锥体	1煤层顶板50 m，底界不明	中国矿业大学(北京)	近10年无采掘活动	暂不探查	
潘四东煤矿1#陷落柱	西翼采区以南、潘集背斜轴部	2011～2012年西翼采区高精度三维地震勘探和电法勘探，探查出A、B、C、D 4个地质异常区域，其中A、D两个地质异常区域解释为疑似陷落柱，A异常体经探查确认为1#陷落柱。该陷落柱在平面上呈长条形，剖面局部弯曲下沉	第四系～寒灰	中国石油集团东方地球物理勘探有限责任公司	无	2012～2013年由安徽省水文队施工地面探查钻孔8个，进行了抽水试验、压水试验及相关水文试验、测井和采样测试工作	确认为陷落柱，矿井西部采区已停采
顾北煤矿2#陷落柱	北一上部采区	2013年5月北一(6-2)采区三维地震二次精细解释，确定解释范围内发育有2个疑似陷落柱，其中2#陷落柱位于北一(6-2)及北一(1)采区，与12126工作面最小平距仅163 m，陷落柱中心点长轴125 m，短轴100 m；陷落1～6煤层，邻近基岩面	第四系～奥灰	中国石油集团东方地球物理勘探有限责任公司	与12126工作面最小平距163 m；未来影响北一A组煤开采	2014年3月～2015年11月开展了地面钻探探查及有关测试工程，顶界发育在太原组十一灰层位	确认为陷落柱，2013年已划定了禁采区
顾北煤矿1#疑似陷落柱	北一6煤采区	2013年5月北一(6-2)采区三维地震二次精细解释，确定解释范围内发育有2个疑似陷落柱，其中1#陷落柱平面近似椭圆，三维呈上小下大的锥体	顶界第四系，底界不明	中国石油集团东方地球物理勘探有限责任公司	近10年无采掘活动	暂不探查	

续表

编号	位置	描　述	影响层位	解释单位	影响采掘情况	探查治理情况	备注
朱庄 Y1	Ⅲ63采区	2013年三维地震二次解释，异常区位于Ⅲ63采区中北部S2向斜轴部，面积约0.03 km^2。资料显示6煤层异常面积较小，太灰、奥灰面积逐渐变大，在时间剖面上T6波缺失，T1h、Toh反射波波形紊乱。该异常区有一个钻孔64-12，钻孔揭露6煤层厚2.0 m，煤层内部裂隙特别发育	6煤层～奥灰	安徽省煤田地质局物测队	无	Ⅲ63采区地面区域治理覆盖，证实未发育到三灰	
桃园1	1041工作面	2000年10月，1041轨道巷掘进揭露，不规则圆形陷落柱，直径约57 m。柱体内充填物岩性差别大，棱角明显，多数充填物物为10煤层以上地层岩石，顶界在－381.20 m，层位为8煤层下	8煤层下～奥灰	生产揭露	无		
桃园2	1035切眼	2013年2月3日，南三采区1035切眼掘进工作面发生隐伏陷落柱导水造成底板突水，瞬时最大突水量2.9×10^4 m^3/h，依据陷落柱治理工程判断陷落柱长轴为南北方向，约70 m，短轴为东西方向，约30 m，面积约2 100 m^2。陷落柱发育至10煤层底板以下约20 m处	10煤层下～奥灰	生产揭露	突水淹井	地面钻孔探查治理，留设防水煤柱	

续表

编号	位置	描　述	影响层位	解释单位	影响采掘情况	探查治理情况	备注
桃园 D1	Ⅱ6 采区	三维地震精细解释，发育高度距新生界底界 35～40 m，10 煤层控制异常区长轴轴向东北，长轴 314 m，短轴 194 m，面积 0.044 km^2	新生界底～奥灰	中国煤田地质总局物理勘探研究院	无	施工定向造斜孔探查，地层正常	
桃园 3	Ⅱ2 采区	04-4 孔与 5-6-11 孔附近，利用地震剖面和切片发现一地质异常体，地质异常体切面呈椭圆形，三维为上小下大的锥体，锥体内地震同相轴基本连续，说明锥体内的煤系地层保存较为完好	8 煤层～奥灰	中国矿业大学(北京)	无	地面定向钻孔区域治理确定为陷落柱，顶界发育至三灰，编号桃园 3＃陷落柱，留设防水煤柱	确认为陷落柱，Ⅱ1026 工作面已安全回采
桃园 D3	Ⅲ水平	位于三水平补勘北区，煤田地质孔 2015-水 22 孔以南，08-4 孔以西，补3-2 孔以东，陷落柱平面外形为一椭圆形，其东西方向直径约 218 m，南北方向直径约 299 m，发育至奥灰内部，并在边界与 BF81 断层相接，该断层切断主采煤层，有可能影响到 7_2、8_2、10 煤层，陷落柱三维形态为向地层上倾方向倾斜的柱体，奥灰受影响面积为 0.04 km^2，为疑似陷落柱	7_2 煤层～奥灰	中国石油集团东方地球物理公司研究院	无	Ⅱ2 采区地面区域治理覆盖，证实未发育到三灰	

续表

编号	位置	描　述	影响层位	解释单位	影响采掘情况	探查治理情况	备注
桃园D4	Ⅱ2采区	位于Ⅱ2采区上山下端,附近补4-6和补4-5孔之间,该陷落柱仅发育在奥灰内部,并在边界与断层BF39相接,该断层断穿主采煤层,有可能影响到5_2、7_2、8_2、10煤层,三维为上小下大的锥状,平面外形为一椭圆形,异常区长轴南北向,约365 m,短轴约97 m,奥灰面积0.02 km^2,为疑似陷落柱	5_2煤层~奥灰	中国石油集团东方地球物理公司研究院	无	Ⅱ2采区地面区域治理覆盖,证实未发育到三灰	
桃园D5	Ⅲ水平	位于Ⅱ1采区北部边界,补6-8和补6-1孔之间,该陷落柱仅发育在奥灰内部,三维为一向地层上倾方向倾斜的柱体,平面外形为一椭圆,南北方向直径约191 m,东西方向直径约182 m,奥灰面积0.02 km^2,为疑似陷落柱	奥灰	中国石油集团东方地球物理公司研究院	影响Ⅱ1016工作面	2017年采用地面定向钻孔四灰顺层超前探查治理,探1#孔组1个主孔,3个分支孔,工程量2 700 m/4孔	
桃园D6	Ⅲ水平	位于煤层气孔SN4和水06孔之间,煤田地质孔7-2孔以南,该陷落柱仅发育在奥灰内部,没有直接影响到上面的煤层。从主测线剖面上看该陷落柱为一向地层上方向倾斜的柱体,联络测线上的倾斜不明显;其平面外形为一椭圆,南北方向直径约218 m,东西方向直径约153 m,奥灰面积0.03 km^2,为疑似陷落柱	奥灰	中国石油集团东方地球物理公司研究院	影响Ⅱ1016工作面	2017年采用地面定向钻孔四灰顺层超前探查治理,探2#孔组1个主孔,3个分支孔,工程量2 700 m/4孔	

续表

编号	位置	描述	影响层位	解释单位	影响采掘情况	探查治理情况	备注
桃园D7	Ⅲ水平	位于8-9-12和2015-3孔之间，04-1孔以南，是两条断层BFS79和BFS80相夹而成的一个断陷，太灰、奥灰内部均有发育，在太灰内部的平面为一椭圆形，东西方向直径约131 m，南北方向直径约430 m，三维为上小下大的锥状，断层BF83局部沟通煤层和太灰，有可能会影响3_2、7_1、10煤层，太灰和奥灰受影响面积分别为0.04 km^2、0.38 km^2，为疑似陷落柱	3_2煤层～奥灰	中国石油集团东方地球物理公司研究院	影响Ⅲ1采区	2017年地面布置立孔探3和探4探查，终孔层为八灰，工程量2 100 m/2孔	
桃园D8	Ⅲ水平	位于三水平补勘北区，周围为4-5-5、2015-26、2015-25、04-6 4个煤田地质孔，三维为上小下大的锥体，平面外形为一不规则圆形，10煤层底板南北方向直径约190 m，东西方向直径约77 m；太灰顶板南北方向直径约290 m；奥灰顶板南北方向直径约350 m，东西方向直径约240 m，发育在10煤层、太灰、奥灰内部，10煤层、太灰、奥灰受影响面积分别为0.02 km^2、0.04 km^2、0.07 km^2，为疑似陷落柱	10煤层～奥灰	中国石油集团东方地球物理公司研究院	“十三五”期间无采掘活动		

续表

编号	位置	描　述	影响层位	解释单位	影响采掘情况	探查治理情况	备注
祁南D1	101扩大采区浅部	2013年三维地震二次解释,位于勘探区西部,钻孔补22-2的东部,形状近似圆形,直径约65 m,面积3 220 m^2,异常体影响10煤层下至太灰,为疑似陷落柱	10煤层下～奥灰	安徽省煤田地质局物测队	“十三五”期间无采掘活动		
祁南D2	103采区	位于勘探区中部,形状近似圆形,直径在50 m左右,面积2 260 m^2;TC3反射波第一、第二相位扭曲、错断明显,异常体反射波相位增多,可见明显塌落,为疑似陷落柱	10煤层下～奥灰	安徽省煤田地质局物测队	“十三五”期间无采掘活动		
祁南D3	103采区	位于勘探区中部偏南,形状近似椭圆形,长轴140 m,短轴60 m,面积7 000 m^2,空间影响层位10煤层下、太灰,疑似陷落柱	10煤层下～奥灰	安徽省煤田地质局物测队	“十三五”期间无采掘活动		
祁南D4	103采区	位于勘探区南部,形状近似椭圆形,长轴140 m,短轴45 m,面积5 800 m^2,空间影响层位10煤层下、太灰,TC3反射波第一、第二相位错断、塌落明显,疑似陷落柱	10煤层下～奥灰	安徽省煤田地质局物测队	“十三五”期间无采掘活动		

续表

编号	位置	描　述	影响层位	解释单位	影响采掘情况	探查治理情况	备注
祁南 Y1	101 扩大采区浅部	位于采区西部，钻孔补 22-2 南，该 TC3 反射波上下扭曲错断明显，形状近似圆形，直径在 75 m 左右，面积 4 175 m^2；附近还发育断层，平面位置在 10 煤层露头以外，为异常区	太灰～奥灰	安徽省煤田地质局物测队	“十三五”期间无采掘活动		
祁南 Y2	101 扩大采区	位于勘探区中部，在钻孔 17-18-1 东，形状近似椭圆，长轴 95 m，短轴55 m，面积 4 030 m^2；该异常区位于测区边部，叠加次数偏低，可靠性受影响	新生界底界～太灰	安徽省煤田地质局物测队	“十三五”期间无采掘活动		
祁南 Y3	101 扩大采区	位于勘探区中部，钻孔 17-18-1 的东部，TC3 反射波第一相位变弱至近似空白，第二相位强且向下弯曲明显，形状近似椭圆，长轴 150 m，短轴85 m，面积 11 350 m^2；本次对该异常同时作了断层解释	太灰	安徽省煤田地质局物测队	影响 10116、10117 工作面	地面钻探探查未证实，10116 工作面、10117 工作面机、风巷掘进期间开展井下钻探＋物探验证工作	排除
祁南 Y4	103 采区	位于勘探区中部偏北，形状近似椭圆形，长轴 485 m，短轴 130 m，面积 64 440 m^2；T10 反射波弱、断，TC3 反射波连续性全区最差且范围较大；位置近向斜轴部，构造复杂或收敛不好都有可能。异常体位于 S2 向斜轴部，是一个面积较大的异常体，对该异常同时作了断层解释	10 煤层～太灰	安徽省煤田地质局物测队			

续表

编号	位置	描　述	影响层位	解释单位	影响采掘情况	探查治理情况	备注
祁南 Y5	103 采区	位于勘探区中部，形状近似椭圆形，长轴 215 m，短轴 115 m，面积 21 600 m^2；T10 反射波和 TC3 反射波同步下沉；解释为异常区同时作断层解释	10 煤层～奥灰	安徽省煤田地质局物测队	位于火成岩侵蚀区，无采掘活动		
祁南 Y6	82 采区	位于 82 采区中部，B18-4 孔西南约 100 m，长轴直径约 95 m，短轴直径约 85 m；在 10 煤层中的发育范围约为 6 500 m^2，可能与奥灰连通。异常区南部的岩巷位于 7_2 煤层下约 50 m，在 7_2 煤层与 10 煤层之间	10 煤层～奥灰	中国煤田地质总局物理勘探研究院	无	经 728 底板抽采巷物探、钻探验证，异常体不存在	否定
祁南 Y7	82 采区	位于 82 采区中部，15-5 孔西约170 m，15-14 孔东北约 100 m，异常区直径约为 66 m；在 10 煤层中的发育范围约为 3 200 m^2，可能与奥灰连通。异常区的位置与 82 采区上山大巷的位置重合，可能是由于巷道引起的异常	10 煤层～奥灰	中国煤田地质总局物理勘探研究院	10 煤层无采掘活动		
祁南 Y8	34 下采区	反射波波形、振幅、相位较正常，反射波且凹陷幅度小，无明显的掉块。因此该异常亦可能为构造特征显示	3_2 煤层～奥灰	安徽物测队	“十三五”期间无采掘活动		

续表

编号	位置	描 述	影响层位	解释单位	影响采掘情况	探查治理情况	备注
恒源 1	新庄煤矿矿界上	74 m×62 m				2018 年布置的Ⅱ630 工作面掘进已超前物探、钻探探查验证	
恒源 2	深部井DF62断层南端	145 m×76 m			近 5 年其附近无采掘活动	物探、钻探探查验证	
恒源 3	Ⅱ63采区	84 m×60 m			近 5 年其附近无采掘活动	物探、钻探探查验证	
恒源 4	Ⅱ63采区	68 m×52 m			近 5 年其附近无采掘活动	物探、钻探探查验证	
恒源 5	Ⅱ63采区	134 m×72 m			近 5 年其附近无采掘活动	地面 S14-2 孔在深−386.01～−223.18 m 段全漏，孔底破碎坍塌 45 m 以上，具陷落柱明显特征，后对该孔进行了全孔封闭	确认为陷落柱
任楼 1	中六采区	100 m×50 m			近 5 年其附近无采掘活动	地面施工 36-372 孔对 X1 物性陷落柱进行探查，显示所有标志层层间距基本正常，分析为小构造影响	否定

续表

编号	位置	描　述	影响层位	解释单位	影响采掘情况	探查治理情况	备注
任楼 2	中六采区	呈椭圆形,115 m×40 m			近 5 年其附近无采掘活动	通过地面 33-341 孔对 X2 物性陷落柱进行探查,显示无明显水文异常,疑存在一逆断层,落差约为14 m	否定
任楼 3	中六采区	呈椭圆形,200 m×150 m			近 5 年其附近无采掘活动	施工地面 34-352 孔探查,终孔层位于太四灰,该孔钻进过程中未见明显构造破碎带,结合附近钻孔及煤层等高线图综合判断,异常区应为褶皱构造	否定
祁东 1	三采区异常体	44 m×34 m			影响 7133 工作面,2019 年 1 月回采	物探、钻探探查	
刘庄 Xl2	东二采区	位于东二采区东北部,其平面展布形态为近椭圆形的地震反射波异常区,长轴 141 m,短轴 88 m。Xl2 异常区影响到 5 煤层,可靠程度高。该异常区已证实为不含(导)水陷落柱	6 煤～奥灰	安徽物测队中石油东方公司	影响 120502 工作面,2018 年回采	已探查控制,不含(导)水	
刘庄 Xl3	东二采区	位于东二采区东部,其平面展布形态为近椭圆形的地震反射波异常区,长轴 264 m,短轴 126 m。Xl3 异常区顶面影响到 5 煤层,该地震反射波异常区较可靠	5 煤层～奥灰	安徽物测队中石油东方公司	暂无	未探查	

续表

编号	位置	描　述	影响层位	解释单位	影响采掘情况	探查治理情况	备注
刘庄 Xl5	东二采区	位于东二采区东南部，其平面展布形态为近椭圆形地震反射波异常区，长轴 308 m，短轴 196 m，Xl5 异常区顶面影响到 5 煤层	5 煤层～奥灰	安徽物测队 中石油东方公司	暂无	未探查	
刘庄 NXl1	东三采区	位于东三采区东南部，F46 断层东部、SF23 断层西部之间。平面展布形态近圆形的异常区，长轴 220 m，短轴 110 m，顶面影响到 5 煤层，采区内 FS23 断层横穿该地震反射异常区	5 煤层～奥灰	中石油东方公司	暂无	未探查	
刘庄 NXl5	东二采区	位于东二采区西部，在 F48 断层的东部，平面展布形态近圆形的异常区，长轴 240 m，短轴 151 m，顶面影响到 5 煤层	5 煤层～奥灰	中石油东方公司	暂无	未探查	
刘庄 NXl8	西三采区	位于西三采区东北部，在 F8 和 NF48 断层的交汇处，平面展布形态近圆形的异常区，长轴 148 m，短轴 103 m，顶面影响到 5 煤层	1 煤层～奥灰	中石油东方公司	暂无	2017 年施工 地面钻孔(验 2 孔)	
刘庄 NXl9	西三采区	位于西三采区西北部，在 NF59 断层的东部，紧邻 F21 断层，平面展布近圆形的波异常区，长轴 162 m，短轴 147 m，其顶面影响到 1 煤层	1 煤层～奥灰	中石油东方公司	暂无	未探查	

续表

编号	位置	描　述	影响层位	解释单位	影响采掘情况	探查治理情况	备注
口孜东1#反射波异常区	1113采区	疑似程度较高,由两条逆断层DF1、DF1-1围合而成,剖面显示上窄下宽,切割了区内煤层,向上延伸至新生界下界,水平方向呈近似椭圆形,长轴方向东北。在11-2煤层以上比较完整,在11-2煤层以下存在大量参差状断口,局部炭化,滑面发育,节理裂隙极发育,见方解石脉充填,岩芯不完整,岩性混杂。在1 362 m以下,节理裂隙极发育,岩芯不完整,破碎成角砾状、棱状、裂隙断面,见水蚀现象	13-1煤层～奥灰	安徽物测队中石油东方公司	影响111302工作面(2017年)	地面验1钻孔,终孔层位于奥灰,钻孔无水文地质异常现象,确认不含(导)水;井下物探、钻探探查验证控制到13-1煤层底板48 m,钻孔无出水现象	
口孜东2#反射波异常区	1113采区	该反射异常可靠,位于采区的东北部。剖面上窄下宽,切割了区内煤层,向上延伸至13-1煤层以上,水平近似椭圆形,长轴方向为北北东。该三维地震反射异常在13煤层到8煤层位置上裂缝发育,岩芯破碎,见煤质,顺层面见炭屑分布,裂隙及滑面构造发育,局部有破碎现象,并见夹有较多煤屑	13-1煤层～奥灰	安徽物测队中石油东方公司	影响111305工作面(2017年)	地面验2钻孔,终孔层位于奥灰,钻孔无水文地质异常现象,确认不含(导)水	

续表

编号	位置	描述	影响层位	解释单位	影响采掘情况	探查治理情况	备注
口孜东3#陷落柱	1113采区	该反射异常区可靠,位于采区东部,剖面上窄下宽,切割了区内煤层,向上延伸至第四系底部,水平方向呈近似椭圆形,长轴方向为北北东。该三维地震反射异常在11-2煤层以上煤系地层发育正常,自1 051 m以下,钻孔主要表现为角砾岩且岩性杂乱,以细砂岩为主,见灰白色中砂岩,浅类色粉砂岩及灰色泥岩,分布杂乱,岩心破碎为棱角砂状及短柱状	13-1煤层～奥灰	安徽省煤田地质局物测队、中石油东方公司		地面验3钻孔,终孔层位于奥灰,钻孔无水文地质异常现象,确认不含(导)水;井下物探、钻探探查验证控制到8煤层,钻孔无出水现象	
口孜东9#反射波异常区	1113采区	该异常区可靠程度低,位于采区的东北部,其平面展布形态为近椭圆形。三维地震二次解释,发现1煤层、太灰地震反射下凹现象不明显,连续性较好,认为该三维地震反射波异常区可靠程度低。剖面上窄下宽,切割了区内煤层,向上延伸至第四系底部,水平方向呈近似椭圆形,长轴向北,二次处理解释剖面上有明显的下凹现象	13-1煤层下～奥灰	中石油东方公司	影响111305工作面(2017年)	尚未开展探查验证工作	

续表

编号	位置	描述	影响层位	解释单位	影响采掘情况	探查治理情况	备注
口孜东13#	1113采区	该反射异常区位于采区的中部，其平面展布形态为近椭圆形，剖面上窄下宽，切割了区内煤层，向上延伸至8煤层以下，水平方向呈近似椭圆形，长轴方向为南北走向。顶面影响到8煤层以下，二次解释发现1煤层、太灰地震反射杂乱，同相轴下凹，认为可靠	8煤层下～奥灰	中石油东方公司	暂无	井下物探、钻探控制到8煤层底板18 m，钻孔无出水，8煤层位正常	
口孜东14#	1113采区	该反射异常区可靠程度低，位于采区的中部。二次解释发现8煤层、5煤层反应明显，8、5煤系地层有严重的下凹破碎现象。1煤层、太灰地震反射杂乱，但是连续性较好，认为该三维地震反射波异常区可靠程度低。剖面方向上窄下宽，切割了区内煤层，向上延伸至第四系底部，水平方向呈近似椭圆形，长轴方向为北北东	8煤层下～奥灰	中石油东方公司	暂无	井下物探、钻探控制到8煤层，钻孔无出水，8煤层位正常	
界沟h-15	东一采区	2014年二次解释，在1020、1021、1022工作面收作线、10煤层−425 m以上准备巷道和40-1勘探钻孔附近，多条巷道已穿过异常带，1020、1021工作面回采也已揭露，表现为断层构造带，无出水等异常	10煤层～太灰	安徽省煤田地质局物测队	无	井下工作面底板注浆加固改造区域全覆盖治理，未发现异常现象	1020、1021工作面已安全回采

续表

编号	位置	描　述	影响层位	解释单位	影响采掘情况	探查治理情况	备注
界沟h-11	东一采区	2014年二次解释,位于10煤层－425 m以下准备巷道(待掘)和12-5、12-12-2勘探钻孔附近,已有一条石门穿过异常带,无出水等异常	10煤层～太灰	安徽省煤田地质局物测队	无	施工井下太灰G1观测孔探查,地层正常,未发现异常现象	
界沟h-14	东一采区	2014年二次解释,位于12-13-2孔附近,在1023准备工作面内部,该面暂未设计,待掘进机、风巷期间考虑	10煤层～太灰	安徽省煤田地质局物测队		在1023准备工作面内部,暂无采掘巷道进行探查	
界沟h-16	东一采区	2014年二次解释,位于14-4孔处,在1023准备工作面切眼处及界沟煤层附近,并与边界派生FS32断层相接,主要表现为断层断裂构造形态。该面暂未设计,待掘进期间考虑	10煤层～太灰	安徽省煤田地质局物测队		在1023准备工作面切眼处,暂无采掘巷道进行探查	

附录 2　两淮矿区(极)复杂水文地质类型煤矿突水点

		时　间	突水点位置	突水层位	突水水源	突水通道	突水量(m^3/h)
淮北矿区	界沟煤矿	2007 年 5 月 21 日	1013 工作面距切眼 74 m 处	10 煤层底板	太灰水	垂直裂隙	210
		2008 年 12 月 16 日	1015 工作面下顺 7 钻场距切眼 100 m 处	10 煤层底板	太灰水	7-3 钻孔套管断裂	56
	朱庄煤矿	2001 年 12 月 20 日	Ⅲ547 工作面	5 煤层顶板	太灰水	钻孔	30
		2002 年 1 月 1 日	Ⅲ54 下部皮带机	5 煤层顶板	砂岩水	裂隙	30
		2005 年 1 月 25 日	Ⅲ622 工作面	6 煤层底板	灰岩水	断层导水	1 420(与断层有关)
		2005 年	Ⅲ424 工作面	6 煤层巷道	太灰水	钻孔	200
		2006 年 2 月 28 日	Ⅲ6217 机巷	6 煤层底板	砂灰混	断层导水	40(与断层有关)
		2007 年 11 月 6 日	Ⅲ628 工作面	6 煤层顶板	砂岩水	采动裂隙	35
		2008 年 9 月 14 日	Ⅲ63 轨道下山	6 煤层顶板	砂岩水	裂隙	40
		2009 年 3 月 3 日	Ⅲ628 工作面	6 煤层底板	砂、灰岩水	断层导水	600(与断层有关)

续表

		时间	突水点位置	突水层位	突水水源	突水通道	突水量(m³/h)
淮北矿区	朱庄煤矿	2012年1月29日	3631工作面	6煤层底板	混合水	断层裂隙	40(与断层有关)
		2013年11月7日	3631工作面	6煤层底板	砂、灰岩水	断层导水	100
		2013年11月7日	3631工作面	6煤层底板	灰岩水	断层导水	80
		2014年4月4日	36213工作面	6煤层底板	灰岩水	断层导水	200
		2015年4月25日	363回风下山	6煤层底板	灰岩水	断层导水	50
		2018年7月6日	Ⅲ633机巷	6煤层	老空水	煤壁	240(探放老空水)
	朱仙庄煤矿	1977年7月12日	西风井井筒	四含	四含水		112.88
		1983年1月19日	721工作面		四含水	采动裂隙	76
		1983年4月29日	741工作面		四含水	采动裂隙	130
		1983年11月14日	822-1工作面		四含水	采动裂隙	130
		1984年1月13日	822-1工作面		四含水	断层	162
		1984年2月22日	821-1工作面		四含水	采动裂隙	60
		1984年6月	842-1工作面		砂岩裂隙水	8煤层顶板裂隙	74
		1984年12月	821-1工作面		砂岩裂隙水	9煤层顶板裂隙	60
		1990年10月7日	846-1工作面		断层水	断层	62
		1996年6月10日	862-1工作面		砂岩裂隙水	8煤层顶板裂隙	50

续表

		时　间	突水点位置	突水层位	突水水源	突水通道	突水量(m^3/h)
淮北矿区	朱仙庄煤矿	1997 年 10 月 18 日	862-1 工作面		砂岩裂隙水	8 煤层顶板裂隙	35
		1999 年 7 月 13 日	862-2 工作面		砂岩裂隙水	采动裂隙	48
		2000 年 6 月 25 日	861-1 工作面		砂岩裂隙水	周期来压	40
		2000 年 8 月 27 日	8413-1 工作面		老塘水	采动裂隙	40
		2000 年 10 月 30 日	861-1 工作面		砂岩裂隙水	周期来压	30
		2001 年 1 月 5 日	861-1 工作面		砂岩裂隙水	周期来压	90
		2001 年 3 月 20 日	861-1 轻放面		砂岩裂隙水	周期来压	35
		2001 年 11 月 20 日	8415 轻放面		四含水	断层	30
		2001 年 12 月 6 日	8415 轻放面		四含水	断层	84
		2002 年 2 月 18 日	861-1 机巷(3＃)		老塘水	采动裂隙	32
		2002 年 5 月 22 日	861-1 工作面		老塘水	采动裂隙	40
		2002 年 7 月 2 日	861-2 工作面		砂岩裂隙水	采动裂隙	50
		2002 年 10 月 17 日	861-2 工作面		砂岩裂隙水	周期来压	70
		2003 年 5 月 28 日	861-2 机巷(3＃)		老塘水	采动裂隙	30
		2008 年 7 月 4 日	865-1 新 1＃石门		老塘水	断层	80
		2009 年 4 月 7 日	Ⅱ863 工作面		四含水	采动裂隙	60
		2009 年 6 月 2 日	871 工作面		四含水	采动裂隙	90
		2015 年 1 月 30 日	866-1 工作面	五含	五含水	采动裂隙	7 200(治水期间工作面下隅角突水,7 人遇难)

续表

		时　间	突水点位置	突水层位	突水水源	突水通道	突水量(m^3/h)
淮北矿区	桃园煤矿	1996年4月18日	1018工作面	底板	砂岩水	断层带	45
		1997年3月15日	1022工作面	底板	灰岩水	采动影响	410
		1998年2月19日	1022工作面	底板	灰岩水	周期来压	550
		1998年5月6日	1022工作面	底板	灰岩水	断层导水	280
		1998年5月13日	1022工作面	底板	灰岩水	周期来压	300
			北四轨道上山	顶板	砂岩水	裂隙	38
		1999年5月31日	1023工作面	底板	灰岩水	采动影响	81
		1999年8月6日	1024工作面	底板	灰岩水	采动影响	76
		2000年5月2日	1024工作面	底板	灰岩水	断层导水	75
		2000年7月18日	1026工作面	底板	灰岩水	采动影响	80
		2002年6月20日	1022风巷	顶板	四含水	冒顶	35
		2005年10月18日	1031工作面	底板	灰岩水	采动影响	33
		2007年2月28日	1062工作面	顶板	砂岩水	采动裂隙	53
		2009年12月11日	1066工作面	底板	灰岩水	采动裂隙	38
		2010年1月25日	1066工作面	底板	灰岩水	采动裂隙	40
		2010年2月7日	1066工作面	底板	灰岩水	断层带	35
		2012年10月15日	Ⅱ6轨道大巷	底板	灰岩水	裂隙	46
		2013年2月3日	1035切眼	底板	奥灰水	陷落柱	29 000
		2013年12月13日	Ⅱ1025工作面	底板	太灰水	采动裂隙	65
		2014年1月13日	8281工作面	顶板	砂岩水	采动裂隙	50
		2016年9月8日	Ⅱ1028工作面	底板	灰岩水	断层	40

续表

		时　间	突水点位置	突水层位	突水水源	突水通道	突水量(m^3/h)
淮北矿区	祁南煤矿	1997 年 5 月 20 日	主井		三含水		38
		1998 年 10 月 3 日	副井		三含水	井壁裂隙	80
		1999 年 3 月 21 日	中央风井		三含水	井壁裂隙	45
		1999 年 10 月 5 日	1021 轨道巷		太灰水	封闭不良钻孔	60
		2000 年 9 月	副井		三含水		80
		2001 年 3 月	102 采区轨道上山		太灰水	钻孔及周围裂隙	35
		2004 年 8 月 12 日	1028 切眼		太灰水	F8 断层	100
		2004 年 11 月 25 日	1011 工作面		砂岩裂隙水	采动裂隙	60
		2007 年 2 月 14 日	10211 回风道（102 放 4 孔）		太灰水	钻孔及周围裂隙	200
		2013 年 9 月 28 日	北风井		三含水	井壁裂隙	40
		2014 年 8 月 30 日	368 工作面		采空区积水		30
	恒源煤矿	2001 年 1 月 28 日	4413 工作面	4 煤层顶板			137.5
		2001 年 10 月 7 日	4413 工作面 老塘	4 煤层顶板			310
		2001 年 12 月 27 日	4414 工作面 3 号疏放水孔	4 煤层顶板水			74
		2002 年 1 月 13 日	4414 工作面距风巷 73 m 处	4 煤层顶板			313

续表

		时　间	突水点位置	突水层位	突水水源	突水通道	突水量(m³/h)
淮北矿区	祁南煤矿	2002 年 7 月 8 日	4414 工作面老塘	4 煤层顶板			112
		2002 年 2 月 18 日	4413 工作面风巷端	4 煤层顶板			25～30
		2002 年 4 月 3 日	4413 工作面风巷端老塘	4 煤层顶板			163
		2003 年 8 月 10 日	六五变电所供水孔附近 13 m	太灰	太灰水		121
		2011 年 5 月 28 日	Ⅱ628 工作面老塘	6 煤层顶板、底板			53
		2012 年 2 月 2 日	Ⅱ6117 工作面风巷 5＃钻场	太灰	太灰水		40
		2013 年 6 月 12 日	459 老塘	4 煤层顶、底板			43
	祁东煤矿	1999 年 5 月 22 日	中央轨道石门	3_2 煤层	3_2 煤层顶板砂岩裂隙水		35
		2001 年 11 月 24 日	3222 综采工作面	3_2 煤层	四含水		1 520
		2002 年 9 月 22 日	3221 工作面	3_2 煤层	3_2 煤层顶板砂岩及四含水		238.5
		2003 年 9 月 9 日	3225 工作面	3_2 煤层	3_2 煤层顶板砂岩裂隙水		32.4
		2003 年 10 月 14 日	6114 工作面	6_1 煤层	6_1 煤层顶板砂岩裂隙水		50

续表

		时　间	突水点位置	突水层位	突水水源	突水通道	突水量(m^3/h)
淮北矿区	祁东煤矿	2004 年 6 月 9 日	6114 工作面	6_1 煤层	6_1 煤层顶板砂岩裂隙水		78
		2004 年 7 月 29 日	7114 工作面	7_1 煤层	采空区顶板出水		169
		2004 年 10 月 14 日	6115 工作面	6_1 煤层	6_1 煤层顶板砂岩裂隙水		38
		2009 年 9 月 9～13 日	6130 工作面	6_1 煤层	6_1 煤层顶板砂岩水、四含水		43(77)
		2009 年 5 月 4 日	7130 工作面	7_1 煤层	7_1 煤层顶板砂岩水、四含水		91
		2009 年 11 月 24 日	7121 工作面	7_1 煤层	7_1 煤层顶板砂岩水、四含水		32
		2010 年 7 月 25 日	7121 工作面	7_1 煤层	7_1 煤层顶板砂岩水、四含水		31
		2011 年 3 月 11 日～2013 年 12 月 11 日	8～9 煤层胶带机上山(上段)	四含	四含水		40
		2014 年 9 月 30 日～2016 年 11 月 10 日	6163 工作面	6_1 煤层	6_1 煤层顶板砂岩裂隙水		150

续表

		时　间	突水点位置	突水层位	突水水源	突水通道	突水量(m³/h)
淮北矿区	任楼煤矿	1997年10月28日	7224工作面风巷	7煤层顶板			3.5～50
		2004年8月17日	7219工作面机巷j6点前42.5 m处老塘水	7_3煤层底板			10～30
		2004年9月14日	7345工作面放水巷	7_3煤层底板			2～30
		2007年5月12日	7310(N)工作面机巷老塘	7煤层老顶			1～60
		2007年11月19日夜班	7240(N)工作面机巷老塘	7煤层老顶			2～70
		2008年8月19日	Ⅱ7210工作面机巷老塘	7煤层老顶			10～110
		2009年12月22日	Ⅱ7214工作面机巷老塘	7煤层老顶			1～60
		2012年5月13日	7240(上)南工作面	7_2煤层顶板			5～37.5
		2012年6月6日	7240(上)南工作面				10～40
		2013年2月6日	北风井运输联巷N10点2013-3钻孔	8煤层底板			3～30
		2018年9月26日早班	Ⅱ5112N工作面	5_1煤层顶板			4～50

续表

		时　间	突水点位置	突水层位	突水水源	突水通道	突水量(m^3/h)
淮南矿区	通二煤矿	1984 年 4 月 27 日	南翼 −530 m B 组运输石门	F11 破碎带			10～30
		2015 年 12 月 28 日	12224 工作面	砂岩、下含			8～40
		2017 年 5 月 23 日	12123 工作面底抽巷联络巷	奥灰			15～14 500
	谢桥煤矿	1989 年 6 月 28 日	东一风井马头门上方		灰岩水		231
		1989 年 9 月 29 日	东二风井马头门下方		灰岩水		310
		1990 年 8 月 10 日	东二风井东马头门		灰岩水		30
		1991 年 6 月 17 日	东二风井东马头门北部		灰岩水		80
		1993 年 10 月 3 日	东风井井底车场		灰岩水		642
		1995 年 5 月 10 日	东二 B 回风上山		煤系水		60
		1997 年 8 月 18 日	1121(3)工作面	老顶	砂岩裂隙水		186
		1999 年 3 月 18 日	1141(3)工作面	13-1 顶板	砂岩水		132
		2004 年 3 月 3 日	1151(3)工作面		煤系水		167
		2004 年 4 月 9 日	13118 工作面上顺槽	8 煤层底板			37
		2007 年 7 月 11 日	13218 工作面下顺槽	8 煤层顶板	砂岩水		30

续表

		时 间	突水点位置	突水层位	突水水源	突水通道	突水量(m^3/h)
淮南矿区	谢桥煤矿	2011年5月18日	11226工作面底抽巷		灰岩水		45
		2017年3月4日	−610 m东二A组轨道石门TJ5#钻孔		灰岩水		60
		1998年6月20日	12328工作面下顺槽		煤系水		42.9
		2000年4月12日	12328工作面		煤系水		68
		2012年7月1日	12226工作面	6煤层顶、底板	砂岩裂隙水		32
	张集煤矿	2004年3月7～9日	1222(3)工作面	13-1煤层顶板	砂岩及老塘水		30
		2003年9月30日～2003年10月1日	1115(3)工作面轨道顺槽	13-1煤层顶板	砂岩水		2.8～40.5
		2006年2月9～12日	17228工作面	8煤层老顶板	砂岩水		26.8～51
		2005年7月26日	11418(W)工作面	8煤层顶板	石英砂岩层水		35
	顾北煤矿	2007年10月30日	副井井筒		新地层水		185
		2007年11月12日	风井井筒		新地层水		100
		2008年4月30日	−648 m南翼轨道大巷	11-2煤层顶板	砂岩水		60
		2008年11月28日	风井井筒		新地层水		70

续表

		时　间	突水点位置	突水层位	突水水源	突水通道	突水量(m^3/h)
淮南矿区	新集二煤矿	2001 年 11 月	111304 工作面泄排巷				70
		2003 年 1 月 3 日	111307 综采工作面				60～156
		2008 年 3 月 1 日	111304 工作面				10～140
		2007 年 1 月 1～24 日	131106 工作面				10～145
		2008 年 12 月 28 日～2009 年 1 月 15 日	111305 工作面风巷 4＃钻场 4-3＃孔				60～100
		2010 年 4 月 11 日	111305 工作面				10～42
	刘庄煤矿	2007 年 2 月 18 日	121105 工作面轨道				280
	板集煤矿	2008 年 3 月 5 日	主井(－633.65 m)	9 煤层顶板	砂岩水		39
		2009 年 4 月 18 日	副井(－513.2 m)	四含顶界面			>20 000

附录 3　2020～2022 年淮北矿区各煤矿水文地质类型划分标准

表 F3-1　恒源煤矿

分类依据		类别				水文地质条件	单项划分结果	矿井水文地质类型
		简　单	中　等	复　杂	极复杂			
受采掘破坏或影响的含水层及水体	含水层(水体)性质及补给条件	为孔隙水、裂隙水、岩溶含水层水,补给条件差,补给来源少或极少	为孔隙水、裂隙水、岩溶含水层水,补给条件一般,有一定的补给水源	为岩溶含水层水、厚层砂砾石含水层水、老空水、地表水,其补给条件好,补给水源充沛	为岩溶含水层水、老空水、地表水,其补给条件很好,补给来源极其充沛,地表泄水条件差	受 4 煤层采掘影响的含水层主要为其顶、底板砂岩裂隙含水层,富水性弱,且补给条件差,以静储量为主,易于疏干;受 6 煤层采掘影响的含水层主要为其顶、底板砂岩裂隙含水层,整体富水性弱,且补给条件一般,以静储量为主,易疏干	中等	复杂
	单位涌水量 q(L/(s·m))	$q \leqslant 0.1$	$0.1 < q \leqslant 1.0$	$1.0 < q \leqslant 5.0$	$q > 5.0$	4 煤层:$q=0.039\ 2 \sim 0.092\ 1 (\leqslant 0.1)$ 6 煤层:$q=0.045\ 9 \sim 0.792 (\leqslant 0.1)$		
矿井及周边老空水分布状况		无老空积水	位置、范围、积水量清楚	位置、范围或者积水量不清楚	位置、范围、积水量皆不清楚	存在少量老空积水,位置、范围、积水量清楚	中等	

续表

分类依据		类别				水文地质条件	单项划分结果	矿井水文地质类型
		简　单	中　等	复　杂	极复杂			
矿井涌水量(m^3/h)	正常 Q_1	$Q_1 \leqslant 180$	$180 < Q_1 \leqslant 600$	$600 < Q_1 \leqslant 2\ 100$	$Q_1 > 2\ 100$	4 煤层:30　6 煤层:180	中等	复杂
	最大 Q_2	$Q_2 \leqslant 300$	$300 < Q_2 \leqslant 1\ 200$	$1\ 200 < Q_2 \leqslant 3\ 000$	$Q_2 > 3\ 000$	4 煤层:50　6 煤层:440		
突水量 Q_3(m^3/h)		$Q_3 \leqslant 60$	$60 < Q_3 \leqslant 600$	$600 < Q_3 \leqslant 1\ 800$	$Q_3 > 1800$	4 煤层:350　6 煤层:123	中等	
开采受水害影响程度		采掘工程不受水害影响	矿井偶有突水，采掘工程受水害影响，但不威胁矿井安全	矿井时有突水，采掘工程、矿井安全受水害威胁	矿井突水频繁，采掘工程、矿井安全受水害威胁严重	4 煤层开采过程中，受大气降水及地表水影响程度为简单，受松散层水影响程度为简单，受 4 煤层顶、底板砂岩水水害影响程度为中等，受老空水影响程度为中等，受断层水影响程度为中等，受封闭不良的钻孔影响程度为中等。 受 6 煤层顶、底板砂岩裂隙含水层影响程度为中等，受底板太灰水水害影响程度为复杂，受奥灰水水害影响程度为中等，受老空水影响程度为中等，受陷落柱水影响程度为复杂，受封闭不良的钻孔影响程度为中等，受断层水影响程度为中等	复杂	
防治水工作难易程度		防治水工作简单	防治水工作简单或易进行	防治水工程量较大，难度较高	防治水工程量大，难度高	4 煤层开采过程中，受顶、底板砂岩水及断层威胁较大，但防治水工作易进行，工作量不大。6 煤层受陷落柱和底板太原组灰岩含水层的威胁较大，相应防治水工程量较大，并存在一定难度	复杂	

表 F3-2 祁东煤矿

分类依据		类别				水文地质条件	单项划分结果	矿井水文地质类型
		简单	中等	复杂	极复杂			
受采掘破坏或影响的含水层及水体	含水层(水体)性质及补给条件	为孔隙水、裂隙水、岩溶含水层水,补给条件差,补给来源少或极少	为孔隙水、裂隙水、岩溶含水层水,补给条件一般,有一定的补给水源	为岩溶含水层水、厚层砂砾石含水层水、老空水、地表水,其补给条件好,补给水源充沛	为岩溶含水层水、老空水、地表水,其补给条件很好,补给来源极其充沛,地表泄水条件差	受6_1、7_1、8_2、9煤层采掘破坏或影响的含水层及水体为松散层第四含水层(组)(孔隙承压含水层)、煤系砂岩裂隙水(孔隙承压含水层)和灰岩水(岩溶裂隙承压含水层),富水性弱~中等,补给条件差,有一定的补给水源	中等	复杂
	单位涌水量 q(L/(s·m))	$q \leqslant 0.1$	$0.1 < q \leqslant 1.0$	$1.0 < q \leqslant 5.0$	$q > 5.0$	$0.00093 < q < 0.6097$		
矿井及周边老空水分布状况		无老空积水	位置、范围、积水量清楚	位置、范围或者积水量不清楚	位置、范围、积水量不清楚	存在少量老空积水,位置、范围、积水量清楚	中等	
矿井涌水量(m³/h)	正常 Q_1	$Q_1 \leqslant 180$	$180 < Q_1 \leqslant 600$	$600 < Q_1 \leqslant 2100$	$Q_1 > 2100$	$Q_1 = 322$	中等	
	最大 Q_2	$Q_2 \leqslant 300$	$300 < Q_2 \leqslant 1200$	$1200 < Q_2 \leqslant 3000$	$Q_2 > 3000$	$Q_2 = 410$		
突水量 Q_3(m³/h)		$Q_3 \leqslant 60$	$60 < Q_3 \leqslant 600$	$600 < Q_3 \leqslant 1800$	$Q_3 > 1800$	近3年未发生矿井突水($Q_3 = 0$)	中等	

续表

分类依据	类别				水文地质条件	单项划分结果	矿井水文地质类型
	简单	中等	复杂	极复杂			
开采受水害影响程度	采掘工程不受水害影响	矿井偶有突水，采掘工程受水害影响，但不威胁矿井安全	矿井时有突水，采掘工程、矿井安全受水害威胁	矿井突水频繁，采掘工程、矿井安全受水害严重威胁	矿井时有突水，采掘工程受水害威胁，矿井安全受四含水威胁。6_1、7_1、8_2、9 煤层受四含水水害影响程度为复杂，受煤系砂岩裂隙水水害的影响程度为中等，受灰岩岩溶裂隙水水害影响程度为中等，受断层水水害影响程度为中等，受陷落柱以及封闭不良钻孔水害影响程度为中等，受老空水影响程度为中等	复杂	复杂
防治水工作难易程度	防治水工作简单	防治水工作简单或易进行	防治水工程量较大，难度较高	防治水工程量大，难度高	煤矿开采过程中主要是探测断层、陷落柱、构造破碎带，防止四含水和灰岩突水，对砂岩裂隙水做好疏排工作和对灰岩水进行监测，需要做的防治水工作工程量一般，难度简单且易进行	中等	

表 F3-3　任楼煤矿

分类依据		类别：简　单	类别：中　等	类别：复　杂	类别：极复杂	水文地质条件	单项划分结果	矿井水文地质类型
受采掘破坏或影响的含水层及水体	含水层(水体)性质及补给条件	为孔隙水、裂隙水、岩溶含水层水,补给条件差,补给来源少或极少	为孔隙水、裂隙水、岩溶含水层水,补给条件一般,有一定的补给水源	为岩溶含水层水、厚层砂砾石含水层水、老空水、地表水,其补给条件好,补给水源充沛	为岩溶含水层水、老空水、地表水,其补给条件很好,补给来源极其充沛,地表泄水条件差	受采掘破坏或影响的主要是第四含水层、煤层顶(底)板砂岩含水层、太灰和奥灰含水层,前两者补给条件差,后两者有一定的补给水源	复杂	极复杂
	单位涌水量 q(L/(s·m))	$q\leqslant 0.1$	$0.1<q\leqslant 1.0$	$1.0<q\leqslant 5.0$	$q>5.0$	$0.0171\leqslant q\leqslant 3.503$		
矿井及周边老空水分布状况		无老空积水	位置、范围、积水量清楚	位置、范围或者积水量不清楚	位置、范围、积水量皆不清楚	存在少量老空积水,位置、范围、积水量清楚	中等	
矿井涌水量(m^3/h)	正常 Q_1	$Q_1\leqslant 180$	$180<Q_1\leqslant 600$	$600<Q_1\leqslant 2\,100$	$Q_1>2\,100$	$Q_1=174.24$	中等	
	最大 Q_2	$Q_2\leqslant 300$	$300<Q_2\leqslant 1\,200$	$1200<Q_2\leqslant 3\,000$	$Q_2>3\,000$	$Q_2=218.15$		
突水量 Q_3(m^3/h)		$Q_3\leqslant 60$	$60<Q_3\leqslant 600$	$600<Q_3\leqslant 1\,800$	$Q_3>1\,800$	近3年未发生矿井突水 $Q_3=0$	简单	

续表

分类依据	类别				水文地质条件	单项划分结果	矿井水文地质类型
	简　单	中　等	复　杂	极复杂			
开采受水害影响程度	采掘工程不受水害影响	矿井偶有突水，采掘工程受水害影响，但不威胁矿井安全	矿井时有突水，采掘工程、矿井安全受水害威胁	矿井突水频繁，采掘工程、矿井安全受水害严重威胁	矿井浅部煤层开采受四含水水害影响程度为中等，受煤层顶、底板砂岩含水层水害影响程度为简单，受老空水水害以及封闭不良钻孔水害等的影响程度为中等，矿井7煤层和8煤层通过陷落柱导水作用受太灰和奥灰含水层影响程度为复杂	复杂	极复杂
防治水工作难易程度	防治水工作简单	防治水工作简单或易进行	防治水工程量较大，难度较高	防治水工程量大，难度高	对隐伏导水陷落柱的探查与预防研究是任楼煤矿目前防治水工作的重点，防治水工程量大，技术成本高，难度大	极复杂	

表 F3-4 界沟煤矿

分类依据		类别				水文地质条件	单项划分结果	矿井水文地质类型
		简单	中等	复杂	极复杂			
受采掘破坏或影响的含水层及水体	含水层(水体)性质及补给条件	受采掘破坏或影响的孔隙水、裂隙水、岩溶含水层水,补给条件差,补给来源少或极少	受采掘破坏或影响的孔隙水、裂隙水、岩溶含水层水,补给条件一般,有一定的补给水源	受采掘破坏或影响的主要是岩溶含水层水、厚层砂砾石含水层水、老空水、地表水,其补给条件好,补给水源充沛	受采掘破坏或影响的是岩溶含水层水、老空水、地表水,其补给条件很好,补给来源极其充沛,地表泄水条件差	5 煤层:为孔隙水、裂隙水、岩溶含水层水,补给条件一般,有一定的补给水源; 10 煤层:为岩溶含水层水、厚层砂砾石含水层水、老空水、地表水,其补给条件好,补给水源充沛	复杂	复杂
	单位涌水量 q(L/(s·m))	$q \leqslant 0.1$	$0.1 < q \leqslant 1.0$	$1.0 < q \leqslant 5.0$	$q > 5.0$	5~8 煤层:顶、底板砂岩裂隙含水层 $q=0.001\sim0.0093$; 四含 $q=0.00015\sim0.3012$; 10 煤层: 四含 $q=0.00015\sim0.3012$; 底板太灰含水层 $q=0.1192\sim1.156$		
矿井及周边老空水分布状况		无老空积水	存在少量老空积水,位置、范围、积水量清楚	存在少量老空积水,位置、范围、积水量不清楚	存在大量老空积水,位置、范围、积水量皆不清楚	5~8 煤层:7222 采区存少量老空水; 10 煤层:1013、1014、1015 存在积水	中等	

续表

分类依据		类别				水文地质条件	单项划分结果	矿井水文地质类型
		简　单	中　等	复　杂	极复杂			
矿井涌水量(m^3/h)	正常 Q_1	$Q_1 \leqslant 180$	$180 < Q_1 \leqslant 600$	$600 < Q_1 \leqslant 2\,100$	$Q_1 > 2\,100$	10 煤：$Q_1 = 257$	中等	复杂
	最大 Q_2	$Q_2 \leqslant 300$	$300 < Q_2 \leqslant 1\,200$	$1\,200 < Q_2 \leqslant 3\,000$	$Q_2 > 3\,000$	10 煤：$Q_2 = 339$		
突水量 Q_3(m^3/h)		无	$Q_3 \leqslant 600$	$600 < Q_3 \leqslant 1\,800$	$Q_3 > 1\,800$	10 煤：$Q_3 = 210$	中等	
开采受水害影响程度		采掘工程不受水害影响	矿井偶有突水，采掘工程受水害影响，但不威胁矿井安全	矿井时有突水，采掘工程、矿井安全受水害威胁	矿井突水频繁，采掘工程、矿井安全受水害严重威胁	5～8 煤层：目前未突水，采掘受影响，但不威胁矿井安全； 10 煤层：矿井安全受水害威胁	复杂	
防治水工作难易程度		防治水工作简单	防治水工作简单或易进行	防治水工程量较大，难度较高	防治水工程量大，难度高	5～8 煤层：防治水工作简单或者易进行； 10 煤层：防治水工作难度较高，工程量较大	复杂	

表 F3-5 祁南煤矿

分类依据		类别				矿井水文地质条件	单项划分结果	矿井水文地质类型
		简单	中等	复杂	极复杂			
井田内受采掘破坏或者影响的含水层及水体	含水层(水体)性质及补给条件	为孔隙水、裂隙水、岩溶含水层水,补给条件差,补给来源少或者极少	为孔隙水、裂隙水、岩溶含水层水,补给条件一般,有一定的补给水源	为岩溶含水层水、厚层砂砾石含水层水、老空水、地表水,其补给条件好,补给水源充沛	为岩溶含水层水、老空水、地表水,其补给条件很好,补给来源极其充沛,地表泄水条件差	富水性弱,补给条件差,补给水源少	简单	复杂
	单位涌水量 q(L/(s·m))	$q \leqslant 0.1$	$0.1 < q \leqslant 1.0$	$1.0 < q \leqslant 5.0$	$q > 5.0$	$q = 2.028$	复杂	
井田及周边老空水分布状况		无老空积水	位置、范围、积水量清楚	位置、范围或者积水量不清楚	位置、范围、积水量皆不清楚	矿井周边无小煤矿分布,积水位置、范围、积水量清楚	中等	
矿井涌水量(m^3/h)	正常 Q_1	$Q_1 \leqslant 180$	$180 < Q_1 \leqslant 600$	$600 < Q_1 \leqslant 2\,100$	$Q_1 > 2\,100$	$Q_1 = 272.62$	中等	
	最大 Q_2	$Q_2 \leqslant 300$	$300 < Q_2 \leqslant 1\,200$	$1\,200 < Q_2 \leqslant 3\,000$	$Q_2 > 3\,000$	$Q_2 = 374.8$		
突水量 Q_3(m^3/h)		$Q_3 \leqslant 60$	$60 < Q_3 \leqslant 600$	$600 < Q_3 \leqslant 1\,800$	$Q_3 > 1\,800$	$Q_3 = 200$	中等	

续表

分类依据	类别				矿井水文地质条件	单项划分结果	矿井水文地质类型
	简单	中等	复杂	极复杂			
开采受水害影响程度	采掘工程不受水害影响	矿井偶有突水，采掘工程受水害影响，但不威胁矿井安全	矿井时有突水，采掘工程、矿井安全受水害威胁	矿井突水频繁，采掘工程、矿井安全受水害严重威胁	矿井自投产以来，在生产过程中偶有突水。采掘工程受到水害影响，但不威胁矿井生产安全	中等	复杂
防治水工作难易程度	防治水工作简单	防治水工作简单或者易进行	防治水工作难度较高，工程量较大	防治水工作难度高，工程量大	防治水工作有章可循，防治水工作比较容易进行	中等	

表 F3-6　桃园煤矿

分类依据		类别：简单	中等	复杂	极复杂	矿井水文地质条件	单项划分结果	矿井水文地质类型
井田内受采掘破坏或者影响的含水层及水体	含水层(水体)性质及补给条件	为孔隙水、裂隙水、岩溶含水层水,补给条件差,补给来源少或者极少	为孔隙水、裂隙水、岩溶含水层水,补给条件一般,有一定的补给水源	为岩溶含水层水、厚层砂砾石含水层水、老空水、地表水,其补给条件好,补给水源充沛	为岩溶含水层水、老空水、地表水,其补给条件很好,补给来源极其充沛,地表泄水条件差	四含水主要通过浅部裂隙以老空水的形式进入矿井;煤系砂岩裂隙水以静储量为主,富水性弱～中等;太原组灰岩含水层和奥灰含水层富水性弱～强,其中太原组灰岩含水层补给条件好,补给水源充沛	复杂	极复杂
	单位涌水量 q(L/(s·m))	$q\leqslant0.1$	$0.1<q\leqslant1.0$	$1.0<q\leqslant5.0$	$q>5.0$	$q=0.000\ 95\sim0.549$	中等	
井田及周边老空水分布状况		无老空积水	位置、范围、积水量清楚	位置、范围或者积水量不清楚	位置、范围、积水量皆不清楚	矿井周边无小煤矿分布,矿井南部与祁南矿矿相邻,两矿边界附近无采掘活动。矿井采空积水区位置、范围及积水量清楚	复杂	
矿井涌水量(m³/h)	正常 Q_1	$Q_1\leqslant180$	$180<Q_1\leqslant600$	$600<Q_1\leqslant2\ 100$	$Q_1>2\ 100$	$Q_1=706$	复杂	
	最大 Q_2	$Q_2\leqslant300$	$300<Q_2\leqslant1\ 200$	$1\ 200<Q_2\leqslant3\ 000$	$Q_2>3\ 000$	$Q_2=879$		
突水量 Q_3(m³/h)		$Q_3\leqslant60$	$60<Q_3\leqslant600$	$600<Q_3\leqslant1\ 800$	$Q_3>1\ 800$	$Q_3=29\ 000$	极复杂	

续表

分类依据	类别				矿井水文地质条件	单项划分结果	矿井水文地质类型
	简 单	中 等	复 杂	极复杂			
开采受水害影响程度	采掘工程不受水害影响	矿井偶有突水，采掘工程受水害影响，但不威胁矿井安全	矿井时有突水，采掘工程、矿井安全受水害威胁	矿井突水频繁，采掘工程、矿井安全受水害严重威胁	矿井突水频繁，采掘工程、矿井安全受水害严重威胁	极复杂	极复杂
防治水工作难易程度	防治水工作简单	防治水工作简单或者易进行	防治水工作难度较高，工程量较大	防治水工作难度高，工程量大	防治水工程量大，难度高	极复杂	

表 F3-7 朱仙庄煤矿

分类依据		类别				矿井水文地质条件	单项划分结果	矿井水文地质类型
		简单	中等	复杂	极复杂			
井田内受采掘破坏或者影响的含水层及水体	含水层(水体)性质及补给条件	为孔隙水、裂隙水、岩溶含水层水,补给条件差,补给来源少或者极少	为孔隙水、裂隙水、岩溶含水层水,补给条件一般,有一定的补给水源	为岩溶含水层水、厚层砂砾石含水层水、老空水、地表水,其补给条件好,补给水源充沛	为岩溶含水层、老空水、地表水,其补给条件很好,补给来源极其充沛,地表泄水条件差	七含:煤系砂岩富水性差异大,补给条件差; 四含:直接覆盖于煤系地层之上,富水性差异大,补给条件一般,与下覆的含水层有相互的补给关系; 五含:岩溶发育不均匀,补给条件好,与下覆的含水层有相互的补给关系; 太灰:以裂隙溶洞含水为特征,富水性差异大,水压大,补给条件较一般	复杂	极复杂
	单位涌水量 q(L/(s·m))	$q\leqslant0.1$	$0.1<q\leqslant1.0$	$1.0<q\leqslant5.0$	$q>5.0$	七含:$q=0.000\ 122\sim0.026(q\leqslant0.1)$; 四含:$q=0.000\ 017\ 7\sim0.190\ 7$; 五含:$q=0.003\ 3\sim4.377\ 7(1.0<q\leqslant5.0)$; 太灰:$-300$ m以下 $q=0.015\ 5\sim0.293(0.1<q\leqslant1.0)$	复杂	
井田及周边老空水分布状况		无老空积水	位置、范围、积水量清楚	位置、范围或者积水量不清楚	位置、范围、积水量皆不清楚	存在少量老空积水,位置、范围、积水量清楚	中等	

续表

分类依据		类别				矿井水文地质条件	单项划分结果	矿井水文地质类型
		简　单	中　等	复　杂	极复杂			
矿井涌水量(m^3/h)	正常 Q_1	$Q_1 \leqslant 180$	$180 < Q_1 \leqslant 600$	$600 < Q_1 \leqslant 2\ 100$	$Q_1 > 2\ 100$	$Q_1 = 272.9$	中等	极复杂
	最大 Q_2	$Q_2 \leqslant 300$	$300 < Q_2 \leqslant 1\ 200$	$1\ 200 < Q_2 \leqslant 3\ 000$	$Q_2 > 3\ 000$	$Q_2 = 476.2$		
突水量 Q_3(m^3/h)		$Q_3 \leqslant 60$	$60 < Q_3 \leqslant 600$	$600 < Q_3 \leqslant 1\ 800$	$Q_3 > 1\ 800$	无	简单	
开采受水害影响程度		采掘工程不受水害影响	矿井偶有突水，采掘工程受水害影响，但不威胁矿井安全	矿井时有突水，采掘工程、矿井安全受水害威胁	矿井突水频繁，采掘工程、矿井安全受水害严重威胁	矿井偶有突水，采掘工程受水害影响，但不威胁矿井安全	中等	
防治水工作难易程度		防治水工作简单	防治水工作简单或者易进行	防治水工作难度较高，工程量较大	防治水工作难度高，工程量大	防治水工程量大，难度高	极复杂	

表 F3-8 朱庄煤矿

分类依据		类别				矿井水文地质条件	单项划分结果	矿井水文地质类型
		简单	中等	复杂	极复杂			
井田内受采掘破坏或者影响的含水层及水体	含水层(水体)性质及补给条件	为孔隙水、裂隙水、岩溶含水层水,补给条件差,补给来源少或者极少	为孔隙水、裂隙水、岩溶含水层水,补给条件一般,有一定的补给水源	为岩溶含水层水、厚层砂砾石含水层水、老空水、地表水,其补给条件好,补给水源充沛	为岩溶含水层水、老空水、地表水,其补给条件很好,补给来源极其充沛,地表泄水条件差	煤系地层砂岩裂隙含水层以静储量为主,补给条件差,补给来源少;太灰含水层为岩溶裂隙含水层,以层间径流补给为主,在浅部露头接受裸露山地大气降水补给,补给条件好,水源充沛	复杂	极复杂
	单位涌水量 q(L/(s·m))	$q \leqslant 0.1$	$0.1 < q \leqslant 1.0$	$1.0 < q \leqslant 5.0$	$q > 5.0$	煤系地层砂岩裂隙含水层:$q_{91} = 0.592$,富水性中等;太灰含水层:$q_{91} = 2.338$,富水性强	复杂	
井田及周边老空水分布状况		无老空积水	位置、范围、积水量清楚	位置、范围或者积水量不清楚	位置、范围、积水量皆不清楚	矿井范围内老空区积水位置、范围、积水量清楚;矿井周边存在老空水分布,但部分老空区积水情况不清	中等	
矿井涌水量(m^3/h)	正常 Q_1	$Q_1 \leqslant 180$	$180 < Q_1 \leqslant 600$	$600 < Q_1 \leqslant 2\,100$	$Q_1 > 2\,100$	$Q_1 = 230$	中等	
	最大 Q_2	$Q_2 \leqslant 300$	$300 < Q_2 \leqslant 1\,200$	$1\,200 < Q_2 \leqslant 3\,000$	$Q_2 > 3\,000$	$Q_2 = 316$		
突水量 Q_3(m^3/h)		$Q_3 \leqslant 60$	$60 < Q_3 \leqslant 600$	$600 < Q_3 \leqslant 1\,800$	$Q_3 > 1\,800$	$Q_3 = 2262$	极复杂	

续表

分类依据	类别				矿井水文地质条件	单项划分结果	矿井水文地质类型
	简单	中等	复杂	极复杂			
开采受水害影响程度	采掘工程不受水害影响	矿井偶有突水，采掘工程受水害影响，但不威胁矿井安全	矿井时有突水，采掘工程、矿井安全受水害威胁	矿井突水频繁，采掘工程、矿井安全受水害严重威胁	采掘 3、4、5 煤层时，矿井偶有突水，采掘工程受到一定影响，但不威胁矿井安全；采掘 6 煤层时，底板灰岩含水层严重威胁矿井安全	极复杂	极复杂
防治水工作难易程度	防治水工作简单	防治水工作简单或者易进行	防治水工作难度较高，工程量较大	防治水工作难度高，工程量大	开采 3、4、5 煤层的防治水工作易进行；开采 6 煤层受底板灰岩水威胁，防治水工程量大，难度高	极复杂	

附录 4　2020～2022 年淮南矿区各煤矿水文地质类型划分标准

表 F4-1　潘二煤矿

分类依据		类别：简　单	类别：中　等	类别：复　杂	类别：极复杂	矿井水文地质条件	单项划分结果	矿井水文地质类型
受采掘破坏或影响的含水层及水体	含水层性质及补给条件	受采掘破坏或影响的孔隙水、裂隙水、岩溶含水层水，补给条件差，补给来源少或极少	受采掘破坏或影响的孔隙水、裂隙水、岩溶含水层水，补给条件一般，有一定的补给水源	受采掘破坏或影响的主要是岩溶含水层水、厚层砂砾石含水层水、老空水、地表水，其补给条件好，补给水源充沛	受采掘破坏或影响的是岩溶含水层水、老空水、地表水，其补给条件很好，补给来源极其充沛，地表泄水条件差	开采主要受新生界下部含水层水、煤系砂岩裂隙含水层水、太原群灰岩水及老空水影响，下部含水层、煤系砂岩含水层富水性弱，补给条件差；太灰含水层富水性弱、水压大，有一定补给水源	中等	极复杂
	单位涌水量 q(L/(s·m))	$q \leqslant 0.1$	$0.1 < q \leqslant 1.0$	$1.0 < q \leqslant 5.0$	$q > 5.0$	下含：$q=0.017\,6 \sim 0.432$； 煤系：$q=0.000\,632 \sim 0.049$； 太灰：$q=0.011\,9 \sim 0.021\,1$； C_3 Ⅰ：$q=0.000\,009 \sim 0.018\,7$	中等	
矿井及周边老空水分布状况		无老空积水	存在少量老空积水，位置、范围、积水量基本清楚	存在少量老空积水，位置、范围、积水量不清楚	存在大量老空积水，位置、范围、积水量皆不清楚	老空区位置、积水范围清楚，积水量基本清楚；开采前对老空积水进行探放	中等	

续表

分类依据		类别				矿井水文地质条件	单项划分结果	矿井水文地质类型
		简单	中等	复杂	极复杂			
矿井涌水量(m^3/h)	正常 Q_1	$Q_1 \leqslant 180$	$180 < Q_1 \leqslant 600$	$600 < Q_1 \leqslant 2\ 100$	$Q_1 > 2\ 100$	$Q_1 = 129.8$	简单	极复杂
	最大 Q_2	$Q_2 \leqslant 300$	$300 < Q_2 \leqslant 1\ 200$	$1\ 200 < Q_2 \leqslant 3\ 000$	$Q_2 > 3\ 000$	$Q_2 = 181.3$	简单	
突水量 Q_3(m^3/h)		无	$Q_3 \leqslant 600$	$600 < Q_3 \leqslant 1\ 800$	$Q_3 > 1\ 800$	$Q_3 = 14\ 500$	极复杂	
开采受水害影响程度		采掘工程不受水害影响	矿井偶有突水，采掘工程受水害影响，但不威胁矿井安全	矿井时有突水，采掘工程、矿井安全受水害威胁	矿井突水频繁，采掘工程、矿井安全受水害严重威胁	矿井偶有出(突)水，采掘工程受老空水、煤系水、太灰水、导水陷落柱水害影响，威胁矿井安全	复杂	
防治水工作难易程度		防治水工作简单	防治水工作简单或易进行	防治水工程量较大，难度较高	防治水工程量大，难度高	下含水、煤系水防治工作简单；开采A组煤层时对底板岩溶水采取疏水降压、限压开采手段，其防治工程量较大；导水陷落柱防治难度较大	复杂	

表 F4-2 口孜东煤矿

分类依据		类别				矿井水文地质条件	单项划分结果	矿井水文地质类型
		简单	中等	复杂	极复杂			
受采掘破坏或影响的含水层及水体	含水层性质及补给条件	受采掘破坏或影响的孔隙水、裂隙水、岩溶含水层水，补给条件差，补给来源少或极少	受采掘破坏或影响的孔隙水、裂隙水、岩溶含水层水，补给条件一般，有一定的补给水源	受采掘破坏或影响的主要是岩溶含水层水、厚层砂砾石含水层水、老空水、地表水，其补给条件好，补给水源充沛	受采掘破坏或影响的是岩溶含水层水、老空水、地表水，其补给条件很好，补给来源极其充沛，地表泄水条件差	新生界底部红层覆盖于基岩地层之上，为相对隔水层，根据水体下不同采动等级留设防水或防砂安全煤(岩)柱，新生界砂层水不造成充水影响。 煤系砂岩裂隙含水层为直接充水含水层，富水性弱，以静储量为主	中等	复杂
	单位涌水量 q(L/(s·m))	$q \leqslant 0.1$	$0.1 < q \leqslant 1.0$	$1.0 < q \leqslant 5.0$	$q > 5.0$	新生界四含底砾石层： $q=0.000\ 19 \sim 0.002\ 45$； 煤系地层： $q=0.000\ 14 \sim 0.003\ 07$	简单	
矿井及周边老空水分布状况		无老空积水	存在少量老空积水，位置、范围、积水量清楚	存在少量老空积水，位置、范围、积水量不清楚	存在大量老空积水，位置、范围、积水量皆不清楚	无小井开采历史；有少数老空区积水，其积水位置、范围、积水量清楚	中等	
矿井涌水量(m³/h)	正常 Q_1	$Q_1 \leqslant 180$	$180 < Q_1 \leqslant 600$	$600 < Q_1 \leqslant 2\ 100$	$Q_1 > 2\ 100$	$Q_1 = 92$	中等	
	最大 Q_2	$Q_2 \leqslant 300$	$300 < Q_2 \leqslant 1\ 200$	$1\ 200 < Q_2 \leqslant 3\ 000$	$Q_2 > 3\ 000$	$Q_2 = 119$	中等	
突水量 Q_3(m³/h)		无	$Q_3 \leqslant 600$	$600 < Q_3 \leqslant 1\ 800$	$Q_3 > 1\ 800$	$Q_3 = 280$(参照相邻刘庄矿)	中等	

续表

分类依据	类别				矿井水文地质条件	单项划分结果	矿井水文地质类型
	简单	中等	复杂	极复杂			
开采受水害影响程度	采掘工程不受水害影响	矿井偶有突水，采掘工程受水害影响，但不威胁矿井安全	矿井时有突水，采掘工程、矿井安全受水害威胁	矿井突水频繁，采掘工程、矿井安全受水害严重威胁	新生界松散层及煤系砂岩水不威胁矿井安全；2020～2022年采掘活动范围内，不受陷落柱或隐伏构造导水威胁；后期采掘活动接近三维地震反射波异常区时，仍可能受其影响，存在受水害威胁的风险	复杂（不受异常区影响时为中等）	复杂
防治水工作难易程度	防治水工作简单	防治水工作简单或易进行	防治水工程量较大，难度较高	防治水工程量大，难度高	2020～2022年主要开采上、下石盒子组煤层，水害以煤层顶、底板砂岩水和采空区水为主，防治水工作易进行；后期开拓延深仍需对三维地震反射波异常区进行探查验证，其工程量大、难度高	复杂（不受异常区影响时可划为中等）	

表 F4-3 板集煤矿水文地质类型划分标准对比表

分类依据		类别：简单	类别：中等	类别：复杂	类别：极复杂	水文地质条件	单项划分结果	矿井水文地质类型
受采掘破坏或影响的含水层及水体	含水层(水体)性质及补给条件	为孔隙水、裂隙水、岩溶含水层水，补给条件差，补给来源少或极少	为孔隙水、裂隙水、岩溶含水层水，补给条件一般，有一定的补给水源	为岩溶含水层水、厚层砂砾石含水层水、老空水、地表水，其补给条件好，补给水源充沛	为岩溶含水层水、老空水、地表水，其补给条件很好，补给来源极其充沛，地表泄水条件差	新生界底部砂层直接覆盖于煤层露头之上但留设了防(隔)水煤(岩)柱，同时2020～2022年规划开采范围不处于新生界四含底部黏土缺失区。煤系砂岩为直接充水含水层，弱富水性，补给有限，以储存量为主。太灰、奥灰高水压，富水性不均一，富水性及补给条件尚待进一步补勘查明，但2020～2022年不涉及	中等	复杂
	单位涌水量 q(L/(s·m))	$q \leqslant 0.1$	$0.1 < q \leqslant 1.0$	$1.0 < q \leqslant 5.0$	$q > 5.0$	新生界四含砂层：$q=0.6354$		
矿井及周边老空水分布状况		无老空积水	位置、范围、积水量清楚	位置、范围或者积水量不清楚	位置、范围、积水量皆不清楚	无小井开采历史，无老空区积水	简单	
矿井涌水量(m^3/h)	正常 Q_1	$Q_1 \leqslant 180$	$180 < Q_1 \leqslant 600$	$600 < Q_1 \leqslant 2\,100$	$Q_1 > 2\,100$	$Q_1=92$(预计)	简单	
	最大 Q_2	$Q_2 \leqslant 300$	$300 < Q_2 \leqslant 1\,200$	$1\,200 < Q_2 \leqslant 3\,000$	$Q_2 > 3\,000$	$Q_2=121$(预计)		
突水量 Q_3(m^3/h)		$Q_3 \leqslant 60$	$60 < Q_3 \leqslant 600$	$600 < Q_3 \leqslant 1\,800$	$Q_3 > 1\,800$	本矿近3年来未发生突水，邻近生产矿井最大出水量8 m^3/h	简单	

续表

分类依据	类别				水文地质条件	单项划分结果	矿井水文地质类型
	简单	中等	复杂	极复杂			
开采受水害影响程度	采掘工程不受水害影响	矿井偶有突水，采掘工程受水害影响，但不威胁矿井安全	矿井时有突水，采掘工程、矿井安全受水害威胁	矿井突水频繁，采掘工程、矿井安全受水害严重威胁	新生界砂层水对矿井生产有一定充水影响，但不威胁矿井安全，板集煤矿2020～2022年只涉及8煤层开采，不受底板灰岩水威胁	中等	复杂
防治水工作难易程度	防治水工作简单	防治水工作简单或易进行	防治水工程量较大，难度较高	防治水工程量大，难度高	板集煤矿缺乏实际开采揭露的地质及水文地质资料，防治水工作应根据现场揭露情况进一步调整，新水平新采区执行物探、钻探循环探查，防治水工作量大，难度高	复杂	

表 F4-4 刘庄煤矿

分类依据		类别				水文地质条件	单项划分结果	矿井水文地质类型
		简单	中等	复杂	极复杂			
受采掘破坏或影响的含水层及水体	含水层(水体)性质及补给条件	为孔隙水、裂隙水、岩溶含水层水,补给条件差,补给来源少或极少	为孔隙水、裂隙水、岩溶含水层水,补给条件一般,有一定的补给水源	为岩溶含水层水、厚层砂砾石含水层水、老空水、地表水,其补给条件好,补给水源充沛	为岩溶含水层水、老空水、地表水,其补给条件很好,补给来源极其充沛,地表泄水条件差	根据水体下不同采动等级留设防水或防砂安全煤(岩)柱,新生界砂层水不造成充水影响。 煤系砂岩裂隙含水层富水性弱,以静储量为主。局部受新生界三隔下段砂层和太原组 1～4 灰水弱补给。 太原组 1～4 层灰岩高水压,为 1 煤层底板直接充水含水层	中等	复杂
	单位涌水量 q(L/(s·m))	$q \leqslant 0.1$	$0.1 < q \leqslant 1.0$	$1.0 < q \leqslant 5.0$	$q > 5.0$	煤系砂岩裂隙含水层单位涌水量最大为 0.048 8 L/(s·m);太原组灰岩溶裂隙含水层单位涌水量最大为 0.239 L/(s·m)		
矿井及周边老空水分布状况		无老空积水	位置、范围、积水量清楚	位置、范围或者积水量不清楚	位置、范围、积水量皆不清楚	无小井开采历史;有少数老空区积水,其积水位置、范围、积水量清楚	中等	
矿井涌水量(m^3/h)	正常 Q_1	$Q_1 \leqslant 180$	$180 < Q_1 \leqslant 600$	$600 < Q_1 \leqslant 2\,100$	$Q_1 > 2\,100$	$Q_1 = 255$	中等	
	最大 Q_2	$Q_2 \leqslant 300$	$300 < Q_2 \leqslant 1\,200$	$1\,200 < Q_2 \leqslant 3\,000$	$Q_2 > 3\,000$	$Q_2 = 312$		
突水量 Q_3(m^3/h)		$Q_3 \leqslant 60$	$60 < Q_3 \leqslant 600$	$600 < Q_3 \leqslant 1\,800$	$Q_3 > 1\,800$	$Q_3 = 280$	中等	

续表

分类依据	类别				水文地质条件	单项划分结果	矿井水文地质类型
	简　单	中　等	复　杂	极复杂			
开采受水害影响程度	采掘工程不受水害影响	矿井偶有突水，采掘工程受水害影响，但不威胁矿井安全	矿井时有突水，采掘工程、矿井安全受水害威胁	矿井突水频繁，采掘工程、矿井安全受水害严重威胁	新生界松散层及煤系砂岩水不威胁矿井安全；山西组1煤层开采存在底板灰岩突水威协；井田内发现陷落柱，存在因陷落柱或隐伏构造导水威胁	复杂	复杂
防治水工作难易程度	防治水工作简单	防治水工作简单或易进行	防治水工程量较大，难度较高	防治水工程量大，难度高	石盒子组煤层开采防治水工作易进行。但山西组1煤层开采防治水工程量较大，难度较高。另外井田内发现陷落柱，尚存在6个三维地震反射波异常区需进一步探查	复杂	

表 F4-5 顾北煤矿

分类依据		类别				矿井水文地质条件	单项划分结果	矿井水文地质类型
		简单	中等	复杂	极复杂			
井田内受采掘破坏或者影响的含水层及水体	含水层(水体)性质及补给条件	为孔隙水、裂隙水、岩溶水,补给条件差,补给来源少或者极少	为孔隙水、裂隙水、岩溶水,补给条件一般,有一定的补给水源	为岩溶含水层水、厚层砂砾石含水层水、老空水、地表水,其补给条件好,补给水源充沛	为岩溶含水层水、厚层砂砾石含水层水、老空水、地表水,其补给条件很好,补给水源极其充沛,地表泄水条件差	煤系砂岩裂隙水受上覆松散层含水层(组)渗流补给,补给条件一般,有一定的补给源。1煤层底板岩溶含水层(组)为层间径流补给,补给源不充沛	复杂	复杂
	单位涌水量 q(L/(s·m))	$q \leqslant 0.1$	$0.1 < q \leqslant 1.0$	$1.0 < q \leqslant 5.0$	$q > 5.0$	新生界下部含水层:$q=0.000\ 093\ 4 \sim 1.223$; 红层:$q=0.001\ 61 \sim 0.028\ 8$; 煤系砂岩裂隙含水层(组): $q=0.000\ 05 \sim 0.003\ 5$; C_3 Ⅰ组灰岩:$q=0.000\ 21 \sim 0.261$		
矿井及周边老空水分布状况		无老空积水	位置、范围、积水量清楚	位置、范围或者积水量不清楚	位置、范围、积水量皆不清楚	存在采空积水,但位置、范围、积水量清楚	中等	
矿井涌水量(m^3/h)	正常 Q_1	$Q_1 \leqslant 180$	$180 < Q_1 \leqslant 600$	$600 < Q_1 \leqslant 2100$	$Q_1 > 2100$	$Q_1 = 220.71$	中等	
	最大 Q_2	$Q_2 \leqslant 300$	$300 < Q_2 \leqslant 1\ 200$	$1\ 200 < Q_2 \leqslant 3\ 000$	$Q_2 > 3\ 000$	$Q_2 = 320.80$		

续表

分类依据	类别				矿井水文地质条件	单项划分结果	矿井水文地质类型
	简单	中等	复杂	极复杂			
突水量 Q_3 (m³/h)	$Q_3 \leqslant 60$	$60 < Q_3 \leqslant 600$	$600 < Q_3 \leqslant 1\ 800$	$Q_3 > 1\ 800$	$Q_3 = 192.0$	中等	复杂
开采受水害影响程度	采掘工程不受水害影响	矿井偶有突水，采掘工程受水害影响，但不威胁矿井安全	矿井时有突水，采掘工程、矿井安全受水害威胁	矿井突水频繁，采掘工程、矿井安全受水害严重威胁	突水量大于 60 m³/h 的突水总计发生 4 次，矿井偶有突水，采掘工程受水害影响，但不威胁矿井安全	中等	
防治水工作难易程度	防治水工作简单	防治水工作简单或易进行	防治水难度较高，工程量较大	防治水工作难度高，工程量大	开采南一 A 组煤时，防治水工程量较大。顾北地堑式断层带水害防治工程量较大，井田内存在一个陷落柱和一个陷落柱影响区(对照有关规定，按照复杂类型管理)	中等	

表 F4-6 张集煤矿

分类依据		类别				矿井水文地质条件	单项划分结果	矿井水文地质类型
		简单	中等	复杂	极复杂			
井田内受采掘破坏或者影响的含水层及水体	含水层(水体)性质及补给条件	为孔隙水、裂隙水、岩溶含水层水,补给条件差,补给来源少或者极少	为孔隙水、裂隙水、岩溶含水层水,补给条件一般,有一定的补给水源	为岩溶含水层水、厚层砂砾石含水层水、老空水、地表水,其补给条件好,补给水源充沛	为岩溶含水层水、老空水、地表水,其补给条件很好,补给来源极其充沛,地表泄水条件差	煤系砂岩裂隙含水层(组):补给条件差,补给水源贫乏。 太灰岩溶裂隙含水层(组):补给条件一般,有一定的补给水源。局部地段受奥灰水影响	中等	复杂
	单位涌水量 q(L/(s·m))	$q \leqslant 0.1$	$0.1 < q \leqslant 1.0$	$1.0 < q \leqslant 5.0$	$q > 5.0$	煤系砂岩裂隙含水层(组): $q=0.000\ 95 \sim 0.039$; C_3 Ⅰ组灰岩岩溶裂隙含水层(组): $q=0.000\ 045 \sim 0.102\ 20$		
井田及周边老空水分布状况		无老空积水	位置、范围、积水量清楚	位置、范围或者积水量不清楚	位置、范围、积水量皆不清楚	无小井开采历史,采空区积水位置、范围、积水量清楚	中等	
矿井涌水量(m^3/h)	正常 Q_1	$Q_1 \leqslant 180$	$180 < Q_1 \leqslant 600$	$600 < Q_1 \leqslant 2\ 100$	$Q_1 > 2\ 100$	中央区 $Q_1=204.94$; 北区 $Q_1=393.53$	中等	
	最大 Q_2	$Q_2 \leqslant 300$	$300 < Q_2 \leqslant 1\ 200$	$1200 < Q_2 \leqslant 3\ 000$	$Q_2 > 3\ 000$	中央区 $Q_2=247.39$; 北区 $Q_2=448.37$		
突水量 Q_3(m^3/h)		$Q_3 \leqslant 60$	$60 < Q_3 \leqslant 600$	$600 < Q_3 \leqslant 1\ 800$	$Q_3 > 1\ 800$	51	简单	

续表

分类依据	类别				矿井水文地质条件	单项划分结果	矿井水文地质类型
	简　单	中　等	复　杂	极复杂			
开采受水害影响程度	采掘工程不受水害影响	矿井偶有突水，采掘工程受水害影响，但不威胁矿井安全	矿井时有突水，采掘工程、矿井安全受水害威胁	矿井突水频繁，采掘工程、矿井安全受水害严重威胁	自正式投产以来共出（突）水 71 次，主采 1 煤层的采掘工程受底板灰岩水水害影响，且威胁矿井安全	复杂	复杂
防治水工作难易程度	防治水工作简单	防治水工作简单或者易进行	防治水工作难度较高，工程量较大	防治水工作难度高，工程量大	各种水害的防治水工作难度较高，尤其是灰岩水水害防治工作较难进行，工程量较大	复杂	

表 F4-7 潘四东煤矿

分类依据		类别				矿井水文地质条件	单项划分结果	矿井水文地质类型
		简单	中等	复杂	极复杂			
受采掘破坏或者影响的含水层及水体	含水层性质及补给条件	为孔隙水、裂隙水、岩溶含水层水，补给条件差，补给来源少或极少	为孔隙水、裂隙水、岩溶含水层水，补给条件一般，有一定的补给水源	主要是岩溶含水层水、厚层砂砾石含水层水、老空水、地表水，其补给条件好，补给水源充沛	为岩溶含水层水、老空水、地表水，其补给条件很好，补给来源极其充沛，地表泄水条件差	煤系砂岩裂隙含水层(组)补给水源贫乏，富水性弱。开采A组煤时，太灰水对矿井有充水影响，太灰含水层(组)灰岩岩溶裂隙不发育，富水性弱	简单	复杂
	单位涌水量 q(L/(s·m))	$q \leqslant 0.1$	$0.1 < q \leqslant 1.0$	$1.0 < q \leqslant 5.0$	$q > 5.0$	煤系含水层(组)： q=0.000 63～0.030 3； 太灰组全层(组)： q=0.000 045～0.009 58； C_3 Ⅰ组：q=0.000 06～0.001 9		
矿井及周边老空水分布状况		无老空积水	存在少量老空积水，位置、范围、积水量清楚	存在少量老空积水，位置、范围、积水量不清楚	存在大量老空积水，位置、范围、积水量皆不清楚	无小井开采历史，采空区积水位置、范围、积水量清楚	中等	

续表

分类依据		类别				矿井水文地质条件	单项划分结果	矿井水文地质类型
		简　单	中　等	复　杂	极复杂			
矿井涌水量(m^3/h)	正常 Q_1	$Q_1 \leqslant 180$	$180 < Q_1 \leqslant 600$	$600 < Q_1 \leqslant 2\ 100$	$Q_1 > 2\ 100$	$Q_1 = 175.61$	中等	复杂
	最大 Q_2	$Q_2 \leqslant 300$	$300 < Q_2 \leqslant 1\ 200$	$1\ 200 < Q_2 \leqslant 3\ 000$	$Q_2 > 3\ 000$	$Q_2 = 409.22$		
突水量 Q_3(m^3/h)		无	$Q_3 \leqslant 600$	$600 < Q_3 \leqslant 1\ 800$	$Q_3 > 1\ 800$	$Q_3 = 20$	中等	
开采受水害影响程度		采掘工程不受水害影响	矿井偶有突水，采掘工程受水害影响，但不威胁矿井安全	矿井时有突水，采掘工程、矿井安全受水害威胁	矿井突水频繁，采掘工程、矿井安全受水害严重威胁	目前矿井的主要水害来自煤系砂岩水、灰岩水和老空水。开采 A 组煤时，底板灰岩水水压高，对矿井充水影响大，对采掘工程构成一定威胁，甚至威胁矿井安全	复杂	
防治水工作难易程度		防治水工作简单	防治水工作简单或易进行	防治水工程量较大，难度较高	防治水工程量大，难度高	防治水工程量较大，难度较高	复杂	

表 F4-8 谢桥煤矿

分类依据		类别				矿井水文地质条件	单项划分结果	矿井水文地质类型
		简单	中等	复杂	极复杂			
井田内受采掘破坏或者影响的含水层及水体	含水层(水体)性质及补给条件	为孔隙水、裂隙水、岩溶含水层水,补给条件差,补给来源少或者极少	为孔隙水、裂隙水、岩溶含水层水,补给条件一般,有一定的补给水源	为岩溶含水层水、厚层砂砾石含水层水、老空水、地表水,其补给条件好,补给水源充沛	为岩溶含水层水、老空水、地表水,其补给条件很好,补给来源极其充沛,地表泄水条件差	开采主要受灰岩岩溶裂隙水、煤系砂岩裂隙水、岩溶陷落柱等影响。煤系砂岩裂隙含水层(组)富水性弱,补给条件差。1煤层底板岩溶含水层其补给条件好,补给水源充沛	复杂	极复杂
	单位涌水量 q(L/(s·m))	$q \leqslant 0.1$	$0.1 < q \leqslant 1.0$	$1.0 < q \leqslant 5.0$	$q > 5.0$	煤系水:$q=0.000\,033\,8 \sim 0.073\,6$ 灰岩水 C_3 Ⅰ:$q=0.000\,000\,36 \sim 1.321$		
井田及周边老空水分布状况		无老空积水	位置、范围、积水量清楚	位置、范围或者积水量不清楚	位置、范围、积水量皆不清楚	无小井开采历史;采空区积水位置、范围、积水量清楚	中等	
矿井涌水量(m^3/h)	正常 Q_1	$Q_1 \leqslant 180$	$180 < Q_1 \leqslant 600$	$600 < Q_1 \leqslant 2\,100$	$Q_1 > 2\,100$	$Q_1 = 323.8$	中等	
	最大 Q_2	$Q_2 \leqslant 300$	$300 < Q_2 \leqslant 1\,200$	$1\,200 < Q_2 \leqslant 3\,000$	$Q_2 > 3\,000$	$Q_2 = 364.3$		
突水量 Q_3(m^3/h)		$Q_3 \leqslant 60$	$60 < Q_3 \leqslant 600$	$600 < Q_3 \leqslant 1\,800$	$Q_3 > 1\,800$	$Q_3 = 99.7$ m^3/h(东风井井底车场)	中等	

续表

分类依据	类别				矿井水文地质条件	单项划分结果	矿井水文地质类型
	简单	中等	复杂	极复杂			
开采受水害影响程度	采掘工程不受水害影响	矿井偶有突水，采掘工程受水害影响，但不威胁矿井安全	矿井时有突水，采掘工程、矿井安全受水害威胁	矿井突水频繁，采掘工程、矿井安全受水害严重威胁	矿井时有突水，采掘工程、矿井安全受水害威胁	复杂	极复杂
防治水工作难易程度	防治水工作简单	防治水工作简单或者易进行	防治水工作难度较高，工程量较大	防治水工作难度高，工程量大	井田东翼受岩溶陷落柱影响，防治水工程量大，难度高	极复杂	

表 F4-9 新集二煤矿

分类依据		类别				水文地质条件	单项划分结果	矿井水文地质类型
		简单	中等	复杂	极复杂			
受采掘破坏或者影响的含水层及水体	含水层性质及补给条件	为孔隙水、裂隙水、岩溶含水层水,补给条件差,补给来源少或极少	为孔隙水、裂隙水、岩溶含水层水,补给条件一般,有一定的补给水源	主要是岩溶含水层、厚层砂砾石含水层、老空水、地表水,其补给条件好,补给水源充沛	是岩溶含水层、老空水、地表水,其补给条件很好,补给来源极其充沛,地表泄水条件差	推覆体寒灰相对富水,受“二含”补给,仅对煤层浅部开采影响较大;原地系统太灰富水性弱,奥灰富水性弱～中等,原地系统灰岩水总体高水压,富水性不均一	中等	复杂
	单位涌水量 q(L/(s·m))	$q \leqslant 0.1$	$0.1 < q \leqslant 1.0$	$1.0 < q \leqslant 5.0$	$q > 5.0$	推覆体寒灰: $q=0.000\ 025\ 6 \sim 0.746\ 1$; 原地系统太灰: $q=0.000\ 014\ 7 \sim 0.002\ 31$; 奥灰: $q=0.000\ 37 \sim 0.722$		
矿井及周边老空水分布状况		无老空积水	存在少量老空积水,位置、范围、积水量清楚	存在少量老空积水,位置、范围、积水量不清楚	存在大量老空积水,位置、范围、积水量皆不清楚	无老窑。本矿老采空区存在积水,但积水位置、范围、积水量清楚	中等	

续表

分类依据		类别				水文地质条件	单项划分结果	矿井水文地质类型
		简单	中等	复杂	极复杂			
矿井涌水量(m^3/h)	正常 Q_1	$Q_1 \leqslant 180$	$180 < Q_1 \leqslant 600$	$600 < Q_1 \leqslant 2\ 100$	$Q_1 > 2\ 100$	$Q_1 = 404.6$	中等	复杂
	最大 Q_2	$Q_2 \leqslant 300$	$300 < Q_2 \leqslant 1\ 200$	$1\ 200 < Q_2 \leqslant 3\ 000$	$Q_2 > 3\ 000$	$Q_2 = 490.9$		
突水量 Q_3(m^3/h)		无	$Q_3 \leqslant 600$	$600 < Q_3 \leqslant 1\ 800$	$Q_3 > 1\ 800$	$Q_3 = 171$	中等	
开采受水害影响程度		采掘工程不受水害影响	矿井偶有突水，采掘工程受水害影响，但不威胁矿井安全	矿井时有突水，采掘工程、矿井安全受水害威胁	矿井突水频繁，采掘工程、矿井安全受水害严重威胁	矿井投产后发生水量大于 45 m^3/h 的突水 18 次；1 煤层开采受底板太原组灰岩高承压岩溶水威胁	复杂	
防治水工作难易程度		防治水工作简单	防治水工作简单或易进行	防治水工程量较大，难度较高	防治水工程量大，难度高	原地系统灰岩水害防治工程量较大，难度较高	复杂	

附录5　2020～2022年淮南矿区(极)复杂水文地质类型煤矿采煤工作面接替表

1. 潘二煤矿

表 F5-1　2020年回采工作面接替表

开采煤层	工作面名称	走向(m)×面长(m)×采高(m)	采煤方法	回采起止时间	产量	
					月产(×10⁴ t)	总产(×10⁴ t)
4	18224	745×165×3.2	综采	2019年6月21日～2020年5月31日	6.66	31.97
7	18427内段	420×138×2.4	综采	2020年6月1日～10月19日	5.67	24.77
7	18427外段	620×223×2.4	综采	2020年10月25日～2021年6月30日	9.25	20.97
3	11123	1 250×150×4.5	综采	2018年11月1日～2020年6月30日	8.11	47.03
5	18115	900×165×2.2	综采	2020年7月1日～2021年3月31日	6.2	35.94
3	12123内段	470×215×4.5	综采	2019年12月1日～2020年6月15日	10.5	55.62
3	12123外段	350×215×4.5	综采	2020年9月11日～2021年1月31日	11.96	44.66

表 F5-2　2021年回采工作面接替表

开采煤层	工作面名称	走向(m)×面长(m)×采高(m)	采煤方法	回采起止时间	产量	
					月产(×10⁴ t)	总产(×10⁴ t)
5	18115	900×165×2.2	综采	2020年7月1日～2021年3月31日	7.89	21.82
4	18124内段	140×114×3.2	综采	2021年4月1日～5月28日	4.41	8.53

续表

开采煤层	工作面名称	走向(m)×面长(m)×采高(m)	采煤方法	回采起止时间	产　量	
					月产(×10⁴ t)	总产(×10⁴ t)
4	18124 外段	760×168×3.2	综采	2021 年 6 月 1 日～2022 年 3 月 31 日	6.47	43.98
3	12123 外段	350×215×4.5	综采	2020 年 9 月 11 日～2021 年 1 月 31 日	1.39	14.33
1	11221	1 250×140×3.5	综采	2021 年 2 月 1 日～2022 年 8 月 10 日	6.94	69.86
7	18427 外段	620×223×2.4	综采	2020 年 12 月 1 日～2021 年 6 月 30 日	6.57	38.13
3	11313	540×130×4.5	综采	2021 年 9 月 1 日～2022 年 1 月 30 日	12.15	49.42

表 F5-3　2022 年回采工作面接替表

开采煤层	工作面名称	走向(m)×面长(m)×采高(m)	采煤方法	回采起止时间	产　量	
					月产(×10⁴ t)	总产(×10⁴ t)
4	18124 外段	760×168×3.2	综采	2021 年 6 月 1～2022 年 3 月 31	9.34	25.85
5	18215	770×184×2.2	综采	2022 年 4 月 1 日～9 月 30 日	11.03	63.59
4	18114	920×226×3.2	综采	2022 年 10 月 1 日～2023 年 7 月 21 日	12.4	38.00
1	11221	1 250×140×3.5	综采	2021 年 2 月 1 日～2022 年 8 月 10 日	6.6	45.04
3	11023	550×135×3.5	综采	2022 年 8 月 11 日～12 月 31 日	9.5	45.27
3	11313	540×130×4.5	综采	2021 年 9 月 1 日～2022 年 1 月 30 日	5.6	5.6
4	12224	260×175×3.2	综采	2022 年 10 月 1 日～12 月 31 日	8.46	25.93

2. 谢桥煤矿

表 F5-4　2020 年回采工作面接替表

工作面名称	走向(m)×面长(m)×采高(m)	采煤方法	回采起止时间	产　量	
				日产(t)	总产(×10^4 t)
1322(3)	100×254×4.5	大采高	2020 年 1 月 1～31 日	7 774	21
21216W	1 590×160×3.0	综采	2020 年 2 月 1 日～8 月 31 日	6 862	145
2121(3)E	585×260×5.2	大采高	2020 年 9 月 1 日～12 月 31 日	8 196	100
2212(1)	1 200×200×2.4	综采	2020 年 1 月 1 日～6 月 30 日	6 986	120
11518	1 140×260×3.2	综采	2020 年 7 月 1 日～12 月 31 日	8 923	178
12526W	390×196×4.5	综采	2020 年 1 月 1 日～3 月 31 日	8 782	78
1322(3)	205×254×4.5	大采高	2020 年 4 月 1 日～6 月 30 日	7 774	42
12526E	810×196×3.0	综采	2020 年 7 月 1 日～12 月 31 日	6 781	86

表 F5-5　2021 年回采工作面接替表

工作面名称	走向(m)×面长(m)×采高(m)	采煤方法	回采起止时间	产　量	
				日产(t)	总产(×10^4 t)
2121(3)E	225×260×5.2	大采高	2021 年 1 月 1 日～4 月 20 日	7 143	70
2121(3)W	1 240×208×5.2	大采高	2021 年 5 月 1 日～12 月 31 日	7 500	180
11518	510×260×3.2	综采	2021 年 1 月 1 日～3 月 31 日	8 923	76

续表

工作面名称	走向(m)×面长(m)×采高(m)	采煤方法	回采起止时间	产量	
				日产(t)	总产(×10^4 t)
13418	995×260×3.2	综采	2021年4月1日～10月31日	8 562	150
11618	350×205×3.3	综采	2021年11月1日～12月31日	7 213	44
12526E	360×196×3.0	综采	2021年1月1日～2月28日	6 781	41
12324	1 850×260×2.3	综采	2021年3月1日～12月31日	7 630	205

表 F5-6　2022年回采工作面接替表

工作面名称	走向(m)×面长(m)×采高(m)	采煤方法	回采起止时间	产量	
				日产(t)	总产(×10^4 t)
2121(3)W	1 040×208×5.2	大采高	2022年1月1日～9月30日	8 246	221
2222(1)	610×246×2.4	综采	2022年10月1日～12月31日	8 152	75
11618	1 250×205×3.3	综采	2022年1月1日～7月31日	7 584	157
13518	830×205×3.0	综采	2022年8月1日～12月31日	6 397	96
12324	1 000×260×2.3	综采	2022年1月1日～8月31日	7 630	128
12428	620×215×3.5	综采	2022年9月1日～12月31日	7 213	88

3. 张集煤矿

表 F5-7　2020 年回采工作面接替表

开采煤层	工作面名称	走向(m)×面长(m)×采高(m)	采煤方法	回采起止时间	安装拆除时间		产量	
					安装	拆除	日产(t)	总产(×10⁴ t)
13-1	1312(3)	990×260×4.1	综采	2019 年 1 月 1 日～8 月 2 日	2019 年 10 月 30 日	2020 年 8 月 12 日	8 159	169.7
	1124(3)	1 090×116×4.8	综采	2020 年 8 月 3 日～12 月 12 日	2020 年 6 月 2 日	2020 年 12 月 22 日	7 870	97.59
	1415(3)	76×186×4.0	综采	2020 年 12 月 13～31 日	2020 年 10 月 15 日		4 784	9.09
11-2	1115(1)	985×226×3.0	综采	2019 年 1 月 1 日～6 月 30 日	2019 年 11 月 5 日	2020 年 7 月 10 日	6 228	108.99
	1133(1)	1 100×210×3.4	综采	2020 年 7 月 1 日～12 月 1 日	2020 年 5 月 1 日	2020 年 12 月 11 日	8 779	128.18
	1415(1)	132×240×3.0	综采	2020 年 12 月 2～31 日	2020 年 4 月 15 日		5 170	15.51
	1216(1)	250×256.5×3.1	综采	2019 年 1 月 1 日～2 月 29 日	2019 年 11 月 1 日	2020 年 3 月 10 日	6 121	32.44
	1314(1)	690×240×3.0	综采	2020 年 3 月 1 日～6 月 18 日	2020 年 1 月 1 日	2020 年 6 月 28 日	7 371	81.08

续表

开采煤层	工作面名称	走向(m)×面长(m)×采高(m)	采煤方法	回采起止时间	安装拆除时间		产量	
					安装	拆除	日产(t)	总产($\times10^4$ t)
9-1	11129	1 200×240×1.7	综采	2020年6月19日～12月31日	2020年4月18日	2021年1月10日	4 250	79.90
1	1610A	440×90×4.5	综采	2019年1月1日～2月13日	2019年9月12日		5 925	26.07
	1610A	500×140×4.5	综采	2020年2月14日～5月11日		2020年5月22日	5 689	46.08
	1414A	900×238×4.5	综采	2020年5月12日～12月31日	2020年3月12日		6 240	141.02
8	16138	850×240×3.0	综采	2020年1月1日～5月29日		2020年6月10日	7 036	100.61
6	17236	880×276×4.0	综采	2020年5月30日～12月31日	2020年3月30日		7 039	146.41

表 F5-8 2021 年回采工作面接替表

开采煤层	工作面名称	走向(m)×面长(m)×采高(m)	采煤方法	回采起止时间	安装拆除时间		产量	
					安装	拆除	日产(t)	总产($\times10^4$ t)
13-1	1415(3)	1 184×186×4.0	综采	2021 年 1 月 1 日～7 月 7 日		2021 年 7 月 18 日	7 826	141.65
	1313(3)	850×240×4.1	综采	2021 年 7 月 8 日～12 月 31 日	2021 年 5 月 10 日		7 958	134.49
	1615(3)	800×240×4.5	综采	2021 年 6 月 2 日～11 月 24 日	2021 年 4 月 2 日	2021 年 12 月 5 日	7 581	127.35
11-2	1415(1)	1 673×240×3.0	综采	2021 年 1 月 1 日～9 月 24 日		2021 年 10 月 5 日	7 561	196.58
	1222(1)	500×240×2.8	综采	2021 年 9 月 25 日～12 月 31 日	2021 年 7 月 20 日		6 093	54.84
	1152(1)内	860×235×2.8	综采	2021 年 9 月 7 日～12 月 31 日	2021 年 7 月 10 日		8 551	92.35
9-1	11159	1 550×240×1.7	综采	2021 年 1 月 1 日～9 月 6 日	2020 年 11 月 1 日	2021 年 9 月 16 日	4 265	103.21

续表

开采煤层	工作面名称	走向(m)×面长(m)×采高(m)	采煤方法	回采起止时间	安装拆除时间		产量	
					安装	拆除	日产(t)	总产($\times10^4$ t)
1	1414A	500×238×4.5	综采	2021年1月1日～5月12日		2021年5月22日	6 267	78.34
	1411A	950×90×4.5	综采	2021年5月13日～9月18日	2021年3月13日	2021年9月28日	4 363	56.29
	1613A	450×200×4.5	综采	2021年9月19日～12月31日	2021年7月19日		6 172	59.25
6	17236	700×276×4.0	综采	2021年1月1日～6月1日		2021年8月1日	8 032	116.46
8	14148	200×240×3.0	综采	2021年11月25日～12月31日	2021年9月25日		5 865	21.70

表 F5-9　2022 年回采工作面接替表

开采煤层	工作面名称	走向(m)×面长(m)×采高(m)	采煤方法	回采起止时间	安装拆除时间		产　量	
					安装	拆除	日产(t)	总产($\times10^4$ t)
13-1	1313(3)	200×240×4.1	综采	2022 年 1 月 1 日～2 月 18 日		2022 年 2 月 28 日	6 907	29.01
	西二 13-1 上山采区煤柱面	700×110×4.0	综采	2022 年 2 月 19 日～5 月 9 日	2021 年 12 月 20 日	2022 年 5 月 19 日	5 675	45.40
	1421(3)	1 340×230×4.2	综采	2022 年 5 月 10 日～11 月 18 日	2022 年 3 月 10 日	2022 年 11 月 28 日	10 314	190.80
	1616(3)	540×265×4.5	综采	2022 年 9 月 23 日～12 月 31 日	2022 年 7 月 22 日		9 492	94.92
8	21128	205×200×3.2	综采	2022 年 11 月 19 日～12 月 31 日	2022 年 9 月 20 日		4 565	19.63
	14148	1 750×240×3.0	综采	2022 年 1 月 1 日～9 月 22 日		2022 年 10 月 2 日	7 595	189.88

续表

开采煤层	工作面名称	走向(m)×面长(m)×采高(m)	采煤方法	回采起止时间	安装拆除时间		产　量	
					安装	拆除	日产(t)	总产($\times 10^4$ t)
11-2	1222(1)	1 450×240×2.8	综采	2022年1月1日～9月24日		2022年10月5日	5 607	145.77
	1511(1)	600×240×3.0	综采	2022年9月25日～12月31日	2022年7月20日		7 181	64.63
	1152(1)内段	200×235×2.8	综采	2022年1月1日～2月26日	2022年3月6日		3 938	19.69
	1315(1)	1 360×240×3.0	综采	2022年2月27日～10月4日	2022年1月1日	2022年10月14日	6 910	146.49
	1152(1)	560×240×3.0	综采	2022年10月5日～12月31日	2022年8月5日		6 855	60.32
1	1613A	900×200×4.5	综采	2022年1月1日～8月5日		2022年8月15日	5 643	118.50
	1410A	950×90×4.5	综采	2022年8月6日～12月31日	2022年6月6日	2023年1月10	4 051	56.71

4. 潘四东煤矿

表 F5-10　2020～2022 年回采工作面接替表

开采煤层	工作面名称	走向(m)×面长(m)×采高(m)	采煤方法	回采起止时间	产量	
					月产(×10⁴ t)	总产(×10⁴ t)
1	11311	248×145×3.5	综采	2019 年 4 月～2020 年 1 月	5.3	22.8
13	1131(3)外段	308×95×3.5	综采	2020 年 2 月～2020 年 5 月	4.9	19.8
13	1131(3)内段	930×200×3.5	综采	2020 年 6 月～2021 年 10 月	6.9	136.4
1	11411	400×140×3.5	综采	2021 年 10 月～2022 年 4 月	3.8	21.5
3	11613 外段	400×125×4	综采	2022 年 4 月～7 月	8.1	32.7
13	1151(3)	600×70×4.5	综采	2022 年 8 月～2023 年 2 月	4.8	33.2

5. 顾北煤矿

表 F5-11　2020～2022 年采煤工作面接替表

工作面名称	设计走向长度(m)	可采长度(m)	面长(m)	采高(m)	起止时间
13121	780		205	4.0	2020 年 1 月 1 日～7 月 31 日
13321	1 380	680	205	4.5	2020 年 8 月 1 日～12 月 31 日
		700	205	4.5	2021 年 1 月 1 日～7 月 31 日
13521	1 160	620	205	4.5	2021 年 8 月 1 日～12 月 31 日
		740	205	4.5	2022 年 1 月 1 日～7 月 20 日
13221	1 200	520	205	4.5	2022 年 7 月 21 日～12 月 31 日
		680	205	4.5	2023 年 1 月 1 日～6 月 30 日
13421	1 455	750	205	4.5	2023 年 7 月 1 日～12 月 31 日
		705	205	4.5	2024 年 1 月 1 日～6 月 30 日
14121	765	765	215	4.5	2024 年 7 月 1 日～12 月 31 日
13621	1 250	490	110	4.5	2025 年 1 月 1 日～3 月 31 日
		760	228	4.5	2025 年 4 月 1 日～12 月 31 日

6. 新集二煤矿

表 F5-12　2020～2022年采煤工作面接替表

施工队别	工作面名称	走向长(m)	面长(m)	采高(m)	容重(t/m^3)	剩余可采购储量($\times10^4$ t)	2020年全年计划($\times10^4$ t)	2021年全年计划($\times10^4$ t)	2022年全年计划($\times10^4$ t)
综采一队	220108	1 260	210	3.8	1.38	85			
	220115	986	145	3.5	1.38	79	79		
	230102	645	155	4	1.38	63	63		
	210913	1 700	180	2.8	1.51	149		84	65
	210918	160	825	2.8	1.51	64			9
	211116	100	675	3.2	1.44	36			
综采二队	210103	515	137	3.5	1.38	39			
	211112	855	135	3.2	1.44	61	47		
	220106	885	210	3.8	1.38	112	34	78	
	220111	1150	150	3.5	1.38	96		61	35
	230106	875	180	4	1.38	100			100
	220102	600	200	4	1.38	76			14
	230108	1000	180	3.5	1.38	100			

7. 刘庄煤矿

表 F5-13 2020～2022 年回采工作面接替表

开采煤层	工作面名称	走向(m)×面长(m)×采高(m)	采煤方法	回采起止时间	产量	
					月产(×10⁴ t)	总产(×10⁴ t)
13-1	131302	685×275×4.9	走向长壁	2020 年 1 月 1 日～4 月 20 日	36	125
	171306(外)	1 035×325×5.8	倾斜长壁	2020 年 1 月 1 日～6 月 10 日	53.7	265
	171307	1 445×315×5.9	倾斜长壁	2020 年 10 月 23 日～2021 年 4 月 30 日	57.6	134
	131304	1 815×280×4.8	走向长壁	2021 年 5 月 1 日～2022 年 3 月 5 日	32.1	331
11-2	131101	890×290×2.9	走向长壁	2020 年 4 月 21 日～8 月 31 日	25.5	107
	131102	1 760×290×2.4	走向长壁	2020 年 9 月 1 日～2021 年 4 月 30 日	21.6	81
	131103	1 560×280×3.3	走向长壁	2022 年 3 月 6 日～8 月 10 日	39	205
	131104	1 690×290×2.5	走向长壁	2022 年 8 月 11 日～12 月 31 日	36.6	175
	151104	1 280×295×4.9	走向长壁	2020 年 6 月 11 日～10 月 22 日	57.9	258
	151106	1 535×295×4.8	走向长壁	2022 年 5 月 1 日～12 月 31 日	37.2	303
8	150802	1 810×325×3.8	走向长壁	2021 年 5 月 1 日～12 月 10 日	41.4	310
	150801	1 135×315×3.8	走向长壁	2021 年 12 月 11 日～2022 年 4 月 30 日	39.9	188

8. 口孜东煤矿

表 F5-14　2020～2022年回采工作面接替表

开采煤层	工作面名称	走向(m)×面长(m)×采高(m)	采煤方法	回采起止时间	产　量	
					月产(×10⁴ t)	总产(×10⁴ t)
13	121302	398×335×4.9	综采	2019年5月1日～2020年1月20日	16	16
13	111307	1 240×358×4.4	综采	2020年1月11日～11月5日	32	351
5	140502	1344×266×6.5	综采	2020年11月1日～2021年10月31日	31	371
13	111306	256/667×250/301×5.0	综采	2021年10月1日～2022年5月31日	32	259
5	140506	165/795×108/236×6.9	综采	2022年5月1日～11月30日	25	276
13	111309	448/610×230/340×3.9	综采	2022年11月1日～2023年5月31日	33	237

9. 板集煤矿

表 F5-15　2020～2022年回采工作面接替表

开采煤层	工作面名称	走向(m)×面长(m)×采高(m)	采煤方法	回采起止时间	产　量	
					月产(×10⁴ t)	总产(×10⁴ t)
8	110801	1825×270×2.2	综采	2020年11月26日～2021年9月20日	14.6	146.2
	110804	1 430×280×2.2	综采	2021年9月21日～2022年4月30日	16.3	118.8
	110802	260/795×150/250×2.45	综采	2022年5月1日～8月13日	14.6	51
5	110501	1 890×240×6.19	综采	2022年8月14日～2023年10月17日	23.9	357.7

附录 6　2020～2022 年淮北矿区(极)复杂水文地质类型煤矿采煤工作面接替表

1. 界沟煤矿

表 F6-1　2020～2022 年回采工作面接替表

开采煤层	工作面名称	走向(m)×面长(m)×采高(m)	采煤方法	回采起止时间	产量	
					月产(×10⁴ t)	总产(×10⁴ t)
7_2	$7_2$11	550×160×2.8×1.4	综采	2020 年 1～3 月	5.5	12.0
8_2	$8_2$10	780×160×2.8×1.4	综采	2020 年 3～12 月	5.0	49.0
7_1	$7_1$31 内	410×145×3.2×1.4	综采	2021 年 1～5 月	5.4	27.0
7_1	$7_1$32	700×150×2.8×1.4	综采	2021 年 6 月～2022 年 1 月	5.6	42.0
7_2	$7_2$33	700×130×2.8×1.4	综采	2022 年 1～8 月	4.1	29.0
7_2	$7_2$32	700×160×2.8×1.4	综采	2022 年 8 月～2023 年 4 月	6.75	54.0
7_2	$7_2$35	880×150×2.8×1.4	综采	2023 年 4～12 月	5.4	46
10	102_{01}	400×(130～175)×3.3×1.4	综采	2020 年 10 月～2021 年 4 月	4.5	18.0
10	102_4	880×155×3.3×1.4	综采	2020 年 4 月～2021 年 4 月	5.4	65.0
8_2	$8_2$12	580×170×2.8×1.4	综采	2021 年 4～11 月	5.5	39.0
10	102_5	900×150×3.3×1.4	综采	2021 年 11 月～2022 年 10 月	5.7	63.0
8_2	$8_2$10 上	700×120×2.8×1.4	综采	2022 年 11 月～2023 年 4 月	6.0	33.0
10	102_6	900×150×3.3×1.4	综采	2023 年 4～12 月	4.9	42.0

2. 朱庄煤矿

表 F6-2　2020～2022年回采工作面接替表

开采煤层	工作面名称	走向(m)	面长(m)	采高(m)	采煤方法	回采起止时间	产量	
							月产(×10⁴ t)	总产(×10⁴ t)
5	Ⅲ5427	255	180	2.7	综采	2020年3月31日～7月20日	5.0	20.0
	Ⅲ5419	635	180	2.8	综采	2020年7月21日～2021年2月7日	8.0	51.5
	Ⅲ5417	465	168	2.5	综采	2021年10月27日～2022年4月13日	8.0	41.2
3	Ⅲ325	650	173	1.3	综采	2019年9月16日～2020年1月25日	5.5	23.5
	Ⅲ321	765	180	1.3	综采	2020年7月25日～12月31日	5.5	28.8
	Ⅲ3311	665	180	1.3	综采	2021年9月10日～2022年1月17日	5.5	25.1
	Ⅲ323	800	180	1.3	综采	2022年1月18日～6月27日	5.5	30.1
	Ⅲ339	580	180	1.3	综采	2023年2月24日～7月6日	5.5	21.9
4	Ⅲ425	470	189	2.2	综采	2021年1月1日～6月15日	6.0	31.5
	Ⅲ421	755	196	2.2	综采	2022年5月23日～2023年2月23日	6.0	52.4
	Ⅲ423	769	240	2.2	综采	2023年9月4日～2024年9月20日	5.0	65.4
6	Ⅲ633	560	202	2.8	综采	2019年9月6日～2020年3月30日	8.5	51.0
	Ⅲ635	545	175	2.8	综采	2021年3月11日～9月9日	7.0	43.0
	Ⅲ637	500	171	2.8	综采	2022年6月28日～11月24日	8.0	38.5

续表

开采煤层	工作面名称	走向(m)	面长(m)	采高(m)	采煤方法	回采起止时间	产量	
							月产(×10⁴ t)	总产(×10⁴ t)
6	Ⅱ616	613	170	2.1	综采	2022年11月25日～2023年4月7日	7.5	34.6
	Ⅲ6219	710	161	2.5	综采	2023年4月8日～10月6日	9.0	46.0
	Ⅲ639	580	118	2.8	综采	2023年10月7日～2024年2月10日	8.0	30.9
	Ⅱ618	576	180	2.6	综采	2024年2月11日～8月19日	7.0	44.4
	Ⅱ6110	690	120	2.8	综采	2024年8月20日～12月31日	8.0	37.6

3. 朱仙庄煤矿

表F6-3　2020～2022年回采工作面接替表

开采煤层	工作面名称	走向(m)×面长(m)×采高(m)	采煤方法	回采起止时间	产量	
					月产(×10⁴ t)	总产(×10⁴ t)
8	8105	388×170×10(2.9)	综放＋综采	2020年1～10月	4.87	48.7
	866	480×155×2.7	综采	2020年10月～2021年5月	3.68	29.5
	Ⅱ830	108×108×8	综放	2020年1～4月	3.93	11.8
	Ⅱ851	950×140×8	综放	2020年1月～2021年5月	9.07	154.3
10	Ⅱ1055	950×190×2.5	综采	2020年8月～2021年5月	5.26	52.6
8	8104外段	200×150×8	综放	2021年4～9月	7.5	37.5
	883	720×120×8	综放	2021年8月～2022年7月	8.65	103.8

续表

开采煤层	工作面名称	走向(m)×面长(m)×采高(m)	采煤方法	回采起止时间	产量	
					月产(×10⁴ t)	总产(×10⁴ t)
8	Ⅱ836	520×150×9	综放	2021年5月～2022年3月	8.02	88.2
	887	500×140×7.5	综放	2022年6月～2023年2月	7.71	69.4
	Ⅱ833	310×130×7	综放	2022年2～8月	7.18	41.4
	Ⅱ853	860×175×8.5	综放	2022年7月～2024年3月	8.08	167.8
	8106	540×150×8	综放	2023年1月～2024年2月	6.0	84.0
10	Ⅱ1057	870×170×2.5	综采	2023年1月～2024年7月	2.8	53.1

4. 桃园煤矿

表F6-4　2020～2022年回采工作面接替表

开采煤层	工作面名称	走向(m)×面长(m)×采高(m)	采煤方法	回采起止时间	产量	
					月产(×10⁴ t)	总产(×10⁴ t)
10	Ⅱ1042	210×184×3.5	综采	2020年1月1日～3月15日	7	20.2
	Ⅱ1044	1 460×160×3.7	综采	2020年3月16日～2021年8月31日	7	134.0
	Ⅱ1011	900×170×3.0	综采	2021年9月1日～2022年5月31日	7	67.2
	Ⅱ1012	1 520×186×3.0	综采	2022年6月1日～2023年6月15日	10	124.1
8_2	Ⅱ$8_2$22	330×198×2.0	综采	2020年1月1日～3月31日	7	20.1
8_2	Ⅱ$8_2$23	1 330×190×1.8	综采	2020年10月1日～2021年7月31日	8	77.1
7_2	Ⅱ$7_2$22	670×200×1.6	综采	2021年8月1日～2022年2月28日	5	31.8
8_2	Ⅱ$8_2$25	1 120×190×1.8	综采	2022年3月1日～2023年2月28日	5	56.9

5. 祁南煤矿

表 F6-5 2020～2022 年回采工作面接替表

开采煤层	工作面名称	走向(m)×面长(m)×采高(m)	期初走向	回采起止时间	产量(万吨)		备注
					月产(×10^4 t)	总产(×10^4 t)	
3_2	$3_2$13	610×1 246×2.9	610	2020 年 1 月 1 日～7 月 31 日	11	73	采一线
6_1	$6_1$44	650×210×1.6	650	2020 年 8 月 1 日～2021 年 1 月 31 日	6	37	
7_2	$7_2$28	490×147×2.5	490	2021 年 2 月 1 日～7 月 15 日	6.5	32	
7_2	$7_2$27	870×143×2.5	870	2021 年 7 月 16 日～2022 年 3 月 15 日	7	57	
6_2	$6_2$27	650×196×1.6	650	2022 年 3 月 16 日～9 月 15 日	6	35	
7_2	$7_2$31	1 270×210×3.5	1 270	2022 年 9 月 16 日～2023 年 7 月 31 日	13	138	
7_2	$7_2$42	490×140×2.8	490	2019 年 12 月 16 日～2020 年 6 月 15 日	6	31	采二线
6_1	$6_1$27	690×220×1.6	690	2020 年 6 月 16 日～12 月 15 日	7	38	
7_2	$7_2$43	770×181×2.8	770	2020 年 12 月 16 日～2021 年 7 月 31 日	8	57	
3_2	$3_2$12	520×190×2.6	520	2021 年 8 月 1 日～12 月 31 日	9	44	
6_1	$6_1$42	540×190×1.8	540	2022 年 1 月 1 日～5 月 31 日	6.5	34	
6_1	$6_1$46	560×180×1.8	560	2022 年 6 月 1 日～10 月 31 日	6.5	33	
3_2	$3_2$11	440×210×2.6	440	2022 年 11 月 1 日～2023 年 2 月 28 日	11	44	

6. 恒源煤矿

表 F6-6 2020～2022年回采工作面接替表

开采煤层	工作面名称	走向(m)×面长(m)×采高(m)	采煤方法	回采起止时间	产量	
					月产($\times10^4$ t)	总产($\times10^4$ t)
4	486	570×186×2	综采	2019年11月21日～2020年4月21日	6.5	24
	487	1 130×210×2	综采	2020年4月22日～2021年4月18日	6.5	54
	4810	500×200×2	综采	2020年4月19日～2021年11月25日	6.5	46
	480	1 665×150×2	综采	2021年11月26日～2022年11月19日	6.5	79
	Ⅲ412	2 800×215×2	综采	2022年11月20日～2025年3月19日	7	182
6	Ⅱ634	1 640×174×3	综采	2019年12月31日～2021年1月11日	9	126
	Ⅱ618	520×140×3	综采	2021年1月12日～4月28日	9	30
	Ⅱ6120	550×215×3	综采	2021年4月29日～10月25日	9	50
	Ⅱ635	1 350×190×3	综采	2021年10月26日～2022年10月27日	9	114
	二水平南翼煤柱	800×138×3	综采	2022年10月28日～2023年4月4日	9.3	48

7. 祁东煤矿

表 F6-7 2020～2022 年回采工作面接替表

开采煤层	工作面名称	走向(m)×面长(m)×采高(m)	采煤方法	回采起止时间	产量	
					月产(×10^4 t)	总产(×10^4 t)
7_1	$7_1$33	1 533×196×3.0	走向长壁式	2019 年 11 月 11 日～2020 年 12 月 25 日	12.4	169.9
7_1	$7_1$36	612×213×2.2	走向长壁式	2020 年 1 月 30 日～12 月 31 日	3.0	33.5
8_2	$8_2$37	1 540×204×2.0	走向长壁式	2021 年 1 月 7 日～12 月 25 日	9.6	111.7
9	921	580×133×3.6	走向长壁式	2021 年 1 月 14 日～9 月 25 日	4.9	41.0
7_1	$7_1$34	698×174×1.9	走向长壁式	2021 年 9 月 26 日～2022 年 5 月 11 日	4.7	40.0
9	961	748×255×2.3	走向长壁式	2022 年 1 月 13 日～12 月 25 日	4.9	56.2
8_2	$8_2$35	1 440×185×2.1	走向长壁式	2022 年 5 月 12 日～12 月 25 日	4.4	97.3

8. 任楼煤矿

表 F6-8 2020～2022 年回采工作面接替表

开采煤层	工作面名称	走向(m)×面长(m)×采高(m)	采煤方法	回采起止时间	产量	
					月产(×10^4 t)	总产(×10^4 t)
7_3	Ⅱ$7_3$24N 铺网	12×180×2.5	综采	2019 年 12 月 22 日～2020 年 1 月 19 日		0.73
7_2	$7_2$511	244×180×2.8	综采	2020 年 1 月 20 日～3 月 27 日	9.81	21.58
7_2	$7_2$511 过 0～4 m 断层	115×180×2.8	综采	2020 年 3 月 28 日～5 月 5 日		10.17
7_2	$7_2$511	220×180×2.8	综采	2020 年 5 月 6 日～7 月 6 日	9.73	19.46

续表

开采煤层	工作面名称	走向(m)×面长(m)×采高(m)	采煤方法	回采起止时间	产量	
					月产(×10⁴ t)	总产(×10⁴ t)
7_2	$7_2$511过0～14 m断层	432×180×2.8	综采	2020年7月7日～2021年3月3日		39.85
7_3	Ⅱ$7_3$24S内段	220×128×2.4	综采	2021年3月4日～5月16日	4.87	11.86
7_3	Ⅱ$7_3$24S外段	535×180×2.4	综采	2021年5月17日～12月12日	5.82	40.56
7_2	$7_2$64	1 480×220×1.5	综采	2021年12月3日～2023年2月10日	6.96	100.71
8_2	$8_2$58	540×205×2.3	综采	2019年10月15～2020年7月31日	3.39	32.7
7_2	$7_2$511	80×180×2.8	综采	2019年12月1日～2020年1月19日	2.88	4.81
7_2	$7_2$510N	675×140×4.8	综采	2020年8月1日～2021年3月13日	9.76	73.24
8_2	Ⅱ$8_2$24N	618×220×2.4	综采	2021年3月14日～10月11日	8.14	57.27
7_3	$7_3$55	803×180×2.3	综采	2021年10月12日～2022年5月23日	7.85	58.34
8_2	$8_2$58N	610×245×2.4	综采	2022年5月24日～11月13日	10.91	62.95

参考文献

[1] 武强,赵苏启,孙文洁,等.中国煤矿水文地质类型划分与特征分析[J].煤炭学报,2013,38(6):901-905.

[2] 彭苏萍,王金安.承压水体上安全采煤[M].北京:煤炭工业出版社,2001.

[3] 武强,崔芳鹏,赵苏启,等.矿井水害类型划分及主要特征分析[J].煤炭学报,2013,38(4):561-565.

[4] 王长申,武强,马国平,等.复杂条件下矿井水文地质类型划分方法[J].煤炭学报,2016,41(3):696-702.

[5] 李伟,吴基文,翟晓荣.淮北闸河矿区闭坑矿井水害评价及其防控技术体系[J].煤田地质与勘探,2018,46(S1):16-22.

[6] 虎维岳,赵春虎.基于充水要素的矿井水害类型三线图划分方法[J].煤田地质与勘探,2019,47(5):1-8.

[7] 李宏杰,陈清通,牟义.巨厚低渗含水层下厚煤层顶板水害机理与防治[J].煤炭科学技术,2014,42(10):28-31.

[8] 侯宪港,杨天鸿,李振拴,等.山西省老空水害类型及主要特征分析[J].采矿与安全工程学报,2020,37(5):1009-1018.

[9] 胡建新.矿井水文地质类型划分对矿井防治水工作的建议[J].世界有色金属,2020(17):101-102.

[10] 程晋.复杂条件下矿井水文地质类型划分方法[J].世界有色金属,2019(5):263,265.

[11] 王甜甜,靳德武,杨建,等.改进层次分析法在矿井水文地质类型划分中的应用[J].煤田地质与勘探,2019,47(1):121-126.

[12] 贾尚琼.复杂地质条件下矿区水文地质类型划分方法[J].中国金属通报,2018(7):160-162.

[13] 毛正君,王生全,王赟,等.基于模糊层次分析法的矿井水文地质类型划分[J].煤炭技术,2016,35(7):131-134.

[14] 董书宁,王皓,周振方.我国煤矿水害防治工作现状及发展趋势[J].劳动保护,2020(8):58-60.

[15] 李东,刘生优,张光德,等.鄂尔多斯盆地北部典型顶板水害特征及其防治技术[J].煤炭学报,2017,42(12):3249-3254.

[16] 吴刚,艾德春,邹静,等.综合探测技术在煤矿水害防治中的应用[J].煤炭技术,2018,37(11):141-143.
[17] 沈冰.基于定向钻进的高承压底板水害防治研究[J].煤炭技术,2018,37(11):174-176.
[18] 王海涛.煤矿充水因素及水害防治措施的应用研究[J].山东煤炭科技,2018(10):159-161.
[19] 裴凤玲.矿井主要水害及其防治措施[J].中国矿山工程,2018,47(4):40-42.
[20] 耿耀强,王苏健,邓增社,等.神府矿区大型水库周边浅埋煤层开采水害防治技术[J].煤炭学报,2018,43(7):1999-2006.
[21] 李涛,高颖,陈伟.深部奥灰水特性及其浓缩后在奥灰水害防治中的应用[J].煤炭学报,2018,43(S1):262-268.
[22] 李冲,王君现.深部煤层开采高承压奥灰水害防治关键技术[J].煤矿安全,2018,49(2):71-72+76.
[23] 周志红.矿井水害的类型、成因及防治措施[J].内蒙古煤炭经济,2017(22):21-22.
[24] 郑晨,吴基文.宿县矿区太原组上段灰岩富水性分析[J].煤炭技术,2014,33(10):82-84.
[25] 郑晨,吴基文,沈书豪.宿县矿区太原组上部灰岩水化学特征对岩溶发育的影响[J].煤炭技术,2014,33(9):86-88.
[26] 程乔,胡宝林,郑凯歌,等.淮北矿区刘桥一矿含水层水化学特征研究[J].中国煤炭地质,2014,26(6):42-45,55.
[27] 陈兴海,张平松,吴荣新,等.淮南潘谢矿区浅部煤层开采时压架致灾水文地质特征分析[J].中国煤炭地质,2012,24(11):36-39,62.
[28] 沈慧珍.宿南矿区第四含水层水文地质特征研究[D].安徽理工大学,2005.
[29] 李簹.潘谢矿区新生界底部沉积物水文地质特征及结构分区[J].中国煤田地质,2003(5):32-33,49.
[30] 鲁海峰,孟祥帅,张元,等.采场底板层状结构关键层隔水性能力学分析[J].中国矿业大学学报,2020,49(6):1057-1066.
[31] 王妍,姚多喜,鲁海峰.高水压作用下煤层底板隔水关键层弹性力学解[J].煤田地质与勘探,2019,47(1):127-132,137.
[32] 薛凉,姚多喜,鲁海峰,等.杨柳煤矿主要含水层水化学特征分析[J].煤炭技术,2017,36(11):120-122.
[33] 张好,姚多喜,鲁海峰,等.主成分分析与 Bayes 判别法在突水水源判别中的应用[J].煤田地质与勘探,2017,45(5):87-93.
[34] 孙建,王连国,鲁海峰.基于隔水关键层理论的倾斜煤层底板突水危险区域

分析[J]. 采矿与安全工程学报,2017,34(4):655-662.

[35] 张好,姚多喜,鲁海峰,等. 基于主成分分析的多项 Logistic 回归模型的突水水源判别研究[J]. 高校地质学报,2017,23(2):366-372.

[36] 鲁海峰,姚多喜,胡友彪,等. 水压影响下煤层底板采动破坏深度弹性力学解[J]. 采矿与安全工程学报,2017,34(3):452-458.

[37] 张好,姚多喜,鲁海峰,等. 煤矿地下水化学特征分析及涌水水源判别模型建立[J]. 安徽理工大学学报(自然科学版),2017,37(1):26-32.

[38] 鲁海峰,沈丹,姚多喜,等. 断层影响下底板采动临界突水水压解析解[J]. 采矿与安全工程学报,2014,31(6):888-895.

[39] 鲁海峰,姚多喜. 采动底板突水危险性的结构体系可靠度分析[J]. 中国矿业大学学报,2014,43(6):995-1002.

[40] 鲁海峰,姚多喜,郭立全,等. 渗流作用下岩溶陷落柱侧壁突水的临界水压解析解[J]. 防灾减灾工程学报,2014,34(4):498-504.

[41] 邵亚红,姚多喜,鲁海峰,等. 松散层底部含水层富水性评价[J]. 煤矿安全,2014,45(7):127-130.

[42] 温亮,姚多喜,鲁海峰. 承压水上采煤底板水害治理方法研究综述及展望[J]. 能源技术与管理,2014,39(1):87-89.

[43] XU J T, YANG Z W, WEN G C. GIS-based mine flood preventing and controlling assistance decision system[J]. Journal of Physics: Conference Series, 2021, 1748(4).

[44] CUI X L. Coal mine flood risk analysis based on fuzzy evaluation method [C]//2018 计算机科学与工程技术国际研讨会. 上海,2018.

[45] HUANG L, LIU S, WANG B, et al. Quantitative Calculation of Aquifer Water Quantity Using TEM Data[J]. Earth Ences Research Journal, 2017, 21(1): 51.

[46] ZHANG J C. Investigations of water inrushes from aquifers under coal seams[J]. International Journal of Rock Mechanics & Mining Sciences, 2005, 42(3): 350-360.

[47] ZHANG J C, SHEN B H. Coal mining under aquifers in China: a case study [J]. International Journal of Rock Mechanics & Mining Sciences, 2004, 41 (4): 629-639.

[48] KUZNETSOV S V, TROFIMOV V A. Hydrodynamic effect of coal seam compression[J]. Journal of Mining Science, 1993, 12: 35-40.

[49] QIAN M G, MIAO X X, LI L J. Mechanical behaviour of main floor for waterinrush in longwall mining[J]. Journal of China University of Mining & Technology, 1995, 5(1): 9-16.

[50] MARINELLI F, NICCOLI W L. Simple analytical equations for estimating

ground water inflow to a mine pit[J]. Ground Water, 2000, 38(2): 311-314.

[51] BOUW P C, MORTON K L. Calculation of mine water inflow using interactively a groundwater model and an inflow model[J]. International Journal of Mine Water, 1987, 6(3): 31-50.

[52] HAN J, SHI L Q, YU X G, et al. Mechanism of mine water-inrush through a fault from the floor[J]. Mining Science and Technology, 2009(19): 276-281.

[53] WU Q, ZHOU W F, PAN G Y, et al. Application of a discrete-continuum model to karst aquifers in North China[J]. Ground Water, 2009, 47(3): 453-461.

[54] FAWCETT R J, HIBBERD S, SINGH R N. An appraisal of mathematical models to predict water inflows into underground coal workings[J]. International Journal of Mine Water, 1984, 3(2): 33-54.